实验力学 SHIYAN LIXUE

主　编　王时越　刘国寿

副主编　许　蔚　潘　琪　颜　峰 ▶▶▶▶

重庆大学出版社

内 容 提 要

本书根据普通高等学校"实验力学"课程的基本要求,结合工程检测技术发展的需要,阐述实验应力分析和工程检测中的常用实验技术和数据处理方法。主要内容包括测量数据处理与表示、电阻应变测量技术、光弹性实验方法、数字图像相关法及实验力学实验。本书在编写和内容选取上,力求精练与实用,并融合近年来实验应力分析领域的最新技术。

本书可作为高等理工科院校力学、土木、机械、化工等专业本科生及研究生 32 ~ 64 学时的"实验力学"课程教材,也可作为工程检测技术人员的参考用书。

图书在版编目(CIP)数据

实验力学 / 王时越,刘国寿主编. -- 重庆 : 重庆
大学出版社,2024.3
ISBN 978-7-5689-4391-8

Ⅰ.①实… Ⅱ.①王… ②刘… Ⅲ.①实验应力分析
—高等学校—教材 Ⅳ.①O348

中国国家版本馆 CIP 数据核字(2024)第 039084 号

实验力学

主 编 王时越 刘国寿
副主编 许 蔚 潘 琪 颜 峰
策划编辑:范 琪
责任编辑:文 鹏 邓桂华 版式设计:范 琪
责任校对:刘志刚 责任印制:张 策

*

重庆大学出版社出版发行
出版人:陈晓阳
社址:重庆市沙坪坝区大学城西路 21 号
邮编:401331
电话:(023)88617190 88617185(中小学)
传真:(023)88617186 88617166
网址:http://www.cqup.com.cn
邮箱:fxk@cqup.com.cn(营销中心)
全国新华书店经销
重庆亘鑫印务有限公司印刷

*

开本:787mm×1092mm 1/16 印张:12.75 字数:329 千
2024 年 3 月第 1 版 2024 年 3 月第 1 次印刷
印数:1—1 000
ISBN 978-7-5689-4391-8 定价:42.00 元

前　言

　　本书是根据普通高等学校"实验力学"课程的基本要求及作者多年从事该课程教学的经验,结合工程检测技术近年来发展的实际情况编写而成。

　　本书共分6章。第1章是绪论,第2章讲述测量数据处理与表示,第3章讲述电阻应变测量技术,第4章讲述光弹性实验方法,第5章讲述数字图像相关法,第6章为实验力学实验。编写本书的目的在于使学生掌握实验力学的基本理论和实验方法,为解决工程实际中的结构强度问题和进行力学及相关学科的科学研究,打下坚实的理论基础并掌握较强的实验技能。本书在编写上注重逻辑性和系统性,内容上力求精练与实用,文字叙述循序渐进、通俗易懂。本书可作为高等理工科院校力学专业本科生及研究生32~64学时的"实验力学"课程教材,也可作为机械、土木、材料、交通和化工等专业本科生和研究生选修课的教材,还可作为工程检测技术的参考用书。

　　本书由王时越、刘国寿任主编,许蔚、潘琪、颜峰任副主编。其中第2章2.1—2.2节、第3章的3.1—3.5节、3.7节、第6章的6.1—6.8节由王时越编写,第2章的2.3节、第3章的3.3节和3.5节由刘国寿编写,第1章和第3章的3.6节由许蔚编写,第4章和第6章的6.9—6.11节由潘琪编写,第5章由颜峰编写。全书由王时越和刘国寿统稿。本书在编写过程中,参考了国内外公开出版的一些图书、论文、会议资料、网上资料及兄弟院校的有关讲义,在此致以衷心的感谢。

　　由于编者学识有限,书中难免有疏漏和不妥之处,恳请读者批评指正。

编　者

2023 年 11 月

目　录

第1章

绪　论

　　实验力学是用实验的方法对结构或构件进行力学分析的一门学科,它和应力分析理论一样是解决工程强度问题的一种重要手段,目前已广泛应用于航空、机械、土木等工程领域。实验力学分为实验固体力学和实验流体力学两个分支。实验固体力学包括十多种方法,主要有应变电测方法、光弹性方法、数字图像相关法、脆性涂层法、云纹法、激光全息干涉法、激光散斑干涉法、全息光弹性法、声弹性法等。

　　实验力学的方法,可以用来检验和提高工程结构的设计质量、安全性和可靠性,可以达到减少材料消耗、降低生产成本和节约能源的要求。它还可以为发展新理论、设计新型结构以及新材料的应用提供依据。实验应力分析不仅可以推动理论分析的发展,而且能有效地解决许多理论上尚不能解决的工程实际问题。

　　实验力学可解决下列问题:

　　①在设计过程中,可测定模型中的应力或变形,根据测定的结果来选择构件最合理的尺寸和结构形式。

　　②可测定结构中各构件的真实应力状态,找出最大应力的位置及数值,从而评定结构的安全可靠性,为确定工程结构的承载能力提供实验依据。

　　③可对破坏或失效的构件进行分析,提出改进措施,防止再次出现破坏或失效现象。

　　④测定构件在工作过程中所受载荷大小及方向,或测定影响载荷情况的各种运动参数(如位移、加速度等)。

　　⑤对应力分析理论、计算方法进行校核,并可从实验中探索规律,为理论工作提供前提条件。

　　实验力学与应力分析理论是解决工程强度问题的两种不同途径,目前这两种方法均已相当完善,可以通过不同的途径来解决一些强度问题,但是它们之间又有着密切的关系,必须看成两个相互促进、相互补充而又各自保持自己特点的两种方法。理论必须以实验为基础,一个新的理论计算方法的提出必须以实验为前提,其计算所得的结果要经过实验验证;同样,实验必须以理论为指导,在制订实验计划和分析实验数据时必须采用理论方法。理论方法虽然给出了应力分析的基本方程式,但是在解决实际问题时,采用解析方法常常遇到数学和计算方面的困难,只能对有限的一些简单问题给出精确解,对几何形状或受载复杂的构件往往需要进行一些假设及简化,所得结果为近似值,此时必须采用实验方法来验证。实验力学在应力分析中有其独特的作用,它不仅对理论分析作出贡献,而且能有效地解决许多理论工作不能解决的工程实际问题,不可能被理论所取代。

　　科学技术和工业生产的高速发展,对应力和应变测试技术提出了更高和更新的要求。目前,测试技术正由宏观向微观发展;由静态向动态、瞬态发展;由模拟向数字化发展;由手动向自动化发展;由本地测试向远程、遥控发展;由单机向网络化发展;测试技术的水平越高,对科学研究的促进越大,同时,科学研究的新成果促进测试技术的发展。可以预见,微电子技术、纳米技术和计算机技术的发展将使测试技术产生更大的变化和提高。

　　下面简要介绍工程实际和实验研究中应用较普遍的电阻应变测量方法、光弹性实验法和数字图像相关法。

1.1　电阻应变测量

　　电阻应变测量技术起源于19世纪。1856年,W. Thomson对金属丝进行了拉伸试验,发现金属丝的应变与电阻的变化有一定的函数关系,惠斯通电桥可用来精确地测量这些电阻的变化。1938年,E. Simmons和A. Ruge制造出了第一批实用的纸基丝绕式电阻应变计。1953年,P. Jackson利用光刻技术,首次制成了箔式应变计,随着微光刻技术的进展,这种应变计的栅长可短到小于0.2 mm。1954年,C. S. Smith发现了半导体材料的压阻效应。1957年,W. P. Mason等研制出了半导体应变计并应用半导体应变计制作传感器测量位移、力与力矩等物理量。现在已研制出数万种用于不同环境和条件的电阻应变计。

　　电阻应变测量方法是指用电阻应变计测定构件的表面应变,再根据应变-应力关系确定构件表面应力状态的一种实验应力分析方法。这种方法是将电阻应变计粘贴在被测构件上,当构件受到载荷作用后,构件表面会产生微小变形,敏感栅随之变形,引起应变计电阻产生变化,其变化率与应变计所在处构件的应变成正比。测出应变计电阻的变化,即可按公式算出该处构件表面的应变,并算出相应的应力。根据敏感栅材料的不同,电阻应变计分为金属电阻应变计和半导体应变计两大类。另外,还有薄膜应变计、压电场效应应变计和各种不同用途的应变计,如温度自补偿应变计、大应变计、应力计、测量残余应力的应变计等。电阻应变测量方法具有很高的灵敏度和精度,由于它在测量时输出的是电信号,因此,容易实现测量数字化和自动化,并可进行无线电遥测。电阻应变测量方法可在高温、高压液体、高速旋转及强磁场等特殊条件下进行;同时,电阻应变计的基长可制作得很短,并具有很高的频率响应能力,在应变变化梯度较大的构件上测量时仍然能获得一定的准确度,在高频的动应变测量中具有独特的优点。电阻应变测量方法不仅适用于室内实验、模型实验,还可以在现场对实际结构或部件进行检测,这些特点是任何一种传感元件或传感器不能比拟的。另外,它在对结构和设备的安全监测方面有广泛的应用前景。

　　电阻应变测量技术的缺点主要有:一个电阻应变计只能测量构件表面一个点的某一个方向的应变,不能进行全域性的测量;电阻应变计只能测得被测点上应变计基长内的平均应变值,在应变梯度大的部位,难以测得该处的最高峰值;在温度变化大、强磁场等情况下,需采用一定的措施,才能保证测量精度。

1.2　光弹性实验法

David Brenster 等人在 1816 年前后发现将玻璃板置于偏振光场中,在载荷作用下会出现彩色条纹,而这些条纹的分布与板的几何形状及所受的载荷密切相关。这是由于玻璃板在载荷作用下任一点的各方向应力不同,使得玻璃板任一点各方向的折射率不同,在偏振光场中由于双折射现象产生条纹。19 世纪中期,Neumann 和 Maxwell 等人,在实验基础上建立了应力光学定律,证明了主折射率与主应力呈线性关系,从而得到了应力与光学量之间的定量关系,为光测力学奠定了理论基础。1906 年,赛璐珞被用作光弹性材料之后,酚醛树脂和环氧树脂等光学敏感性材料的出现,推动了光弹性实验法的发展。

光弹性实验法是运用光学原理研究弹性力学问题的一种应力分析方法。某些各向同性透明的非晶体高分子材料受载荷作用时,呈现光学各向异性,使一束垂直入射偏振光沿材料中的两主应力方向分解成振动方向互相垂直、传播速度不同的两束平面偏振光;卸载后,又恢复光学各向同性。这就是所谓的暂时双折射效应。这种方法正是用具有这种效应的透明塑料按一定比例制成零构件模型,置于偏振光场中,施加一定的载荷,利用偏振光通过透明受力模型获得干涉条纹图,直接确定模型各点的主应力差和主应力方向,通过计算,就能确定模型受载时各部位的应力大小和方向。光弹性实验法可得到整个模型的应力条纹图,从而可直接观察模型的全部应力情况,特别是能直接看到应力集中部位,可迅速准确地确定应力集中系数。目前,经典的光弹性实验技术已从二维、三维模型实验(如光弹性法、光弹性应力冻结法)发展成为能用于工业现场测量的光弹性贴片法,研究应力波传播和热应力的动态光弹性法和热光弹性法,进行弹-塑性应力分析的光塑性法,以及研究复合材料力学的正交异性光弹性法。

光弹性方法的主要优点是直观性强,能直接观察出应力集中部位,迅速准确地测量应力集中系数;能获得模型应力的全场信息。这种方法的不足之处,主要是制作模型麻烦、实验准备工作量大、实验精度与电测法相比相对较低。

1.3　数字图像相关法

传统的光测力学的数据采集是利用胶片或干版记录带有被测物体表面位移或变形信息的光强分布,通过显影定影得到照片。但是,显影定影操作费时费力,实验条件难于精确控制,实验结果难以精确重复,不利于后续的计算机图像处理。进入 20 世纪 70 年代,光电子技术与数字图像技术飞速发展,特别是近年来随着 CCD 相机、计算机软硬件及数字图像处理技术的飞速发展,人们希望寻求不需要显影定影操作而直接获得图像并处理得到感兴趣物理量分布的方法,一系列“数字”光测力学技术应运而生。其中,图像相关(Digital Image Correlation,DIC)或数字散斑相关测量(DigitalSpeckle Correlation Measurement,DSCM)技术是当前最活跃、最有生命力的光测技术之一。

数字图像相关法由美国 University of South Carolina 的 W. H. Peters 和 W. F. Ranson 等人在 20 世纪 80 年代提出。该方法直接利用被测物体表面变形前后两幅数字图像的灰度变化来测量该被测试件表面的位移和变形场。数字图像相关法本质上属于一种基于现代数字图像处理和分析技术的新型光测技术，它通过分析变形前后物体表面的数字图像获得被测物体表面的变形（位移和应变）信息。其他基于相关光波干涉原理的光测方法（如全息干涉法、云纹干涉法等），一般都要求使用激光作为光源，光路较复杂，测量需要在暗室环境进行，并且测量结果易受外界振动的影响，这些限制条件使得这些光测方法通常只能应用于实验室内的隔振平台上进行科学研究测量，而难以在无隔振实验条件以及实际工程现场进行测量。

与基于相关光波干涉原理的光测方法相比，数字图像相关法显然具有一些特殊的优势，这些优势包括以下 4 个方面：

①实验设备、实验过程简单。被测物面的散斑模式可以通过人工制斑技术获得或者直接以试件表面的自然纹理作为标记，仅需用单个或两个固定的 CCD 相机拍摄被测物体变形前后的数字图像。

②对测量环境和隔振要求较低。用白光或自然光作为照明光源，不需激光光源和隔振台，避免了对测量环境的较高要求，容易实现现场测量。

③易于实现测量过程的自动化。不需要胶片记录，避免了烦琐的显影定影操作；不需要进行干涉条纹定级和相位处理，能充分发挥计算机在数字图像处理中的优势和潜力。

④适用测量范围广。可与不同空间分辨率的图像采集设备（如扫描电子显微镜、原子力显微镜等）结合，进行宏观、微观尺度的变形测量。

经过 40 多年的发展，该方法日渐成熟和完善，作为一种非接触、光路简单、精度高、自动化程度高的光学测量方法，受到了广泛的重视，并在科学研究和实际工程应用的多个领域中获得应用。

需要说明的是，二维数字图像相关方法利用一个固定的相机拍摄变形前后被测平面物体表面的数字图像，再通过匹配变形前后数字图像中的对应图像子区获得被测物体表面各点的位移。使用单个相机的二维数字图像相关方法，局限于测量平面物体表面的面内位移，并且要得到可靠的测量结果，还有一些额外限制条件，如要求：①被测物面应是一个平面或近似为一平面；②被测物体变形主要发生在面内，离面的位移分量非常小；③相机靶面与被测平面物体表面平行（即相机光轴与被测物面垂直或近似垂直），并且成像系统畸变可以忽略不计。显然，如果被测物体表面为曲面或者物体的变形是三维的，上述二维数字图像相关方法就不再适用。

但如果被测物体表面不能近似成为一平面或者为起伏较大的曲面，或者物体表面出现了显著的离面位移，此时二维数字图像相关方法则不再适用，而基于双目立体视觉原理的三维数字图像相关方法则适合这些情况下的变形测量。三维数字图像相关方法可对平面或曲面物体的表面形貌及三维变形进行测量，适用测量范围广泛，在工程上的应用前景尤为广阔。缺点是需要精确标定双目立体视觉摄像系统，实验和数据处理过程较二维数字图像相关方法复杂。

第2章

测量数据处理与表示

2.1 误差理论

2.1.1 基本概念

1)测量的概念

测量是指通过实验获得并可合理赋予某量一个或多个量值的过程。任何测量结果都含有误差,误差自始至终存在于一切科学实验和测量过程之中。测量方法是对测量过程中使用的操作所给出的逻辑性安排的一般性描述,可用不同方式表述,如替代测量法、微差测量法、零位测量法、直接测量法、间接测量法等。

2)测量误差的概念

测量误差又称为误差,是指测得的量值减去参考量值。

常用的误差表示方法有 3 种:绝对误差、相对误差和引用误差。

(1)绝对误差

绝对误差,即测量误差,是被测量的测得值与参考量值之差,即

$$\Delta = x_i - x_0 \tag{2.1}$$

式中 Δ——绝对误差;

x_i——测量结果或测得值;

x_0——被测量的参考量值。

(2)相对误差

相对误差,即绝对误差除以被测量的参考量值,常用百分数或指数幂表示为

$$r = \frac{\Delta}{x_0} \times 100\% \tag{2.2}$$

式中 r——相对误差;

Δ——绝对误差;

x_0——被测量的参考量值。

（3）引用误差

引用误差，即测量仪器或测量系统的误差除以仪器的特定值，该特定值一般称为引用值，可以是测量仪器的量程或标称范围的上限。引用误差可用百分数表示为

$$r_n = \frac{\Delta x}{x_m} \times 100\% \tag{2.3}$$

式中　r_n——测量仪器或测量系统的引用误差；

　　　Δx——测量仪器的绝对误差，常用示值误差表示；

　　　x_m——测量仪器的量程或标称范围的上限。

仪器的准确度等级，就是根据它允许的最大引用误差来划分。0.1 级，表示该仪器允许的最大引用误差上限为 0.1%。以 r_{nm} 表示为

$$r_{nm} = \frac{\Delta x_m}{x_m} \times 100\% \tag{2.4}$$

式中　r_{nm}——最大引用误差；

　　　Δx_m——仪器量程或标称范围内出现的最大示值误差；

　　　x_m——测量仪器的量程或标称范围的上限。

2.1.2　测量误差的来源

1）测量误差的来源

测量误差的来源主要有人员误差、测量设备误差、被测对象变化误差、方法误差、环境误差等，对应简称为"人、机、料、法、环"5 个方面。

（1）人员误差

由测量人员的生理机能和实际操作，如视觉、听觉的限制或固有习惯、技术水平以及操作失误等所引起的误差。

（2）测量设备误差

测量设备本身的结构、工艺、调整以及磨损、老化等所引起的误差。

（3）被测对象变化误差

被测对象自身在整个测量过程中不断变化着，如被测量块的尺寸变化等所引起的误差。

（4）方法误差

测量方法不完善，主要为测量技术及操作和数据处理所引起的误差。

（5）环境误差

测量环境的各种因素，如温度、湿度、气压、含尘量、电场、磁场与振动等所引起的误差。

2）测量误差的分类

按测量误差的性质或出现的规律，测量误差可分为系统测量误差和随机测量误差。

（1）系统测量误差

系统测量误差简称系统误差，是指在重复测量中保持不变或按可预见方式变化的测量误差的分量，即

$$\gamma_i = \lim_{n \to \infty} \frac{1}{n} \sum_{i=1}^{n} x_i - x_0 = \bar{x} - x_0 \tag{2.5}$$

式中　γ_i——系统测量误差；

$\overline{x}$——对同一被测量进行无限多次测量所得结果的平均值；

x_0——被测量的真值。

系统测量误差的参考量值是真值，或是测量不确定度可忽略不计的测量标准的测得值，或是约定量值。系统测量误差及其来源可以是已知或未知的。对已知的系统测量误差可采用修正补偿。

（2）随机测量误差

随机测量误差简称随机误差，是指在重复测量中按不可预见方式变化的测量误差的分量，即

$$\delta_i = x_i - \lim_{n \to \infty} \frac{1}{n} \sum_{i=1}^{n} x_i = x_i - \overline{x} \qquad (2.6)$$

式中　δ_i——随机测量误差；

x_i——测量结果；

$\overline{x}$——对同一被测量进行无限多次测量所得结果的平均值。

随机测量误差的参考量值是对同一被测量由无穷多次重复测量得到的平均值。一组重复测量的随机测量误差形成一种分布，该分布可用期望和方差描述，其期望通常可假设为零。

（3）测量误差与系统测量误差、随机测量误差的关系

由式（2.5）可知：　　　$\gamma_i = \overline{x} - x_0$

由式（2.6）可知：　　　$\delta_i = x_i - \overline{x}$

根据式（2.1）得

$$\Delta = x_i - x_0 = (x_i - \overline{x}) + (\overline{x} - x_0) = \delta_i + \gamma_i \qquad (2.7)$$

由此可知，测量误差等于系统误差和随机误差的代数和，即测量误差＝系统测量误差＋随机测量误差。

2.1.3　几种常用随机变量的分布特征及误差公式

1）随机误差

（1）正态分布

①正态分布的特性

经统计分析，许多随机误差服从正态分布，它有以下 3 种特性：

a. 对称性：绝对值相等的正负误差出现的可能性相等。

b. 单峰性：绝对值小的误差出现的可能性大，绝对值大的误差出现的可能性小。

c. 有界性：随机误差的绝对值不会超过某一界限。

②正态分布的图形表示

如图 2.1 所示，设数学期望为 0。数学期望决定了图形的中心位置，标准偏差决定了图形中峰的陡峭程度。

③正态分布的随机误差表示法

a. 密度函数

$$f(x) \approx \frac{1}{\sigma \sqrt{2\pi}} e^{-\frac{x^2}{2\sigma^2}}$$

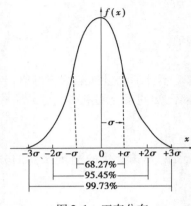

图 2.1　正态分布

式中　e——自然对数的底($e \approx 2.718\ 28$);

x——随机误差;

σ——标准偏差;

σ^2——方差。

上述正态分布密度函数,又称高斯曲线。

b. 数学期望

$$\mu(x) = \int_{-\infty}^{+\infty} xf(x) = 0$$

c. 方差

$$\sigma^2 = \frac{1}{n-1} \sum_{i=1}^{n} (x_i - \bar{x})^2$$

d. 标准偏差

$$\sigma = s(x_i) = \sqrt{\frac{1}{n-1} \sum_{i=1}^{n} (x_i - \bar{x})^2} = \sqrt{\frac{\nu_1^2 + \nu_2^2 + \cdots + \nu_n^2}{n-1}} \tag{2.8}$$

式中　n——测量次数;

x_i——第 i 次测得值;

$\bar{x} = \frac{1}{n} \sum_{i=1}^{n} x_i$——$n$ 次测得的算术平均值;

$x_i - \bar{x}$——第 i 次测得值与平均值之差,称为残余误差或残差,以 ν_i 记之。

由于 n 为有限次,所以上述标准偏差称为实验标准偏差,也称标准差或均方根差,对同一量(x)进行有限(n)次测量,其测得值(x_i)间的分散性可用标准差 $s(x_i)$ 来表述。

可以导出,测量列平均值 $\bar{x}$ 的标准差 $s(\bar{x})$ 是单一测量值标准差 $s(x_i)$ 的 $\frac{1}{\sqrt{n}}$ 倍,即

$$s(\bar{x}) = \frac{s(x_i)}{\sqrt{n}} \tag{2.9}$$

需要指出的是, $s(x_i)$ 是 n 次中单次测量的实验标准差,而 $s(\bar{x})$ 是测量列算术平均值的实验标准差。因随机误差具有抵偿性,故平均值的实验标准差比单次测量值的实验标准差小。

e. 变异系数(相对标准偏差)

变异系数 CV(Coefficient of Variation)又称为离散系数或相对标准偏差,是概率分布离散程度的一个归一化度量,是标准偏差与测量列平均值 $\bar{x}$ 的比值的百分比,即

$$\text{CV} = \frac{s(\bar{x})}{\bar{x}} \times 100\% \tag{2.10}$$

比起标准差来,变异系数的优势是不需要参照数据的平均值。变异系数是一个无量纲量,在比较两组量纲不同或均值不同的数据时,应该用变异系数而不是标准差来作为比较的参考。但当平均值为零的时候,变异系数没有意义,变异系数一般适用于平均值大于零的情况。

(2)非正态分布的随机误差表示方法

①均匀分布(矩形分布)(见图 2.2)

a. 密度函数

$$f(x) = \frac{1}{2a}$$

b. 数学期望

$$\mu(x) = \int_{-a}^{a} xf(x)\,\mathrm{d}x = \int_{-a}^{a} \frac{x}{2a}\mathrm{d}x = 0$$

c. 方差

$$x^2 = \int_{-a}^{a} x^2 f(x)\,\mathrm{d}x = \frac{1}{2a}\int_{-a}^{a} x^2 \mathrm{d}x = \frac{a^2}{3}$$

d. 标准偏差

$$\sigma = \frac{a}{\sqrt{3}}(a\ 为被测量可能值包含概率区间的半宽度)$$

②三角分布(见图 2.3)

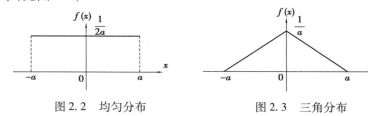

图 2.2　均匀分布　　　　　图 2.3　三角分布

a. 密度函数

$$f(x) = \begin{cases} \dfrac{a+x}{a^2}(-a \leqslant x \leqslant 0) \\[2mm] \dfrac{a-x}{a^2}(0 \leqslant x \leqslant a) \end{cases}$$

b. 数学期望

$$\mu(x) = \int_{-a}^{a} xf(x)\,\mathrm{d}x = \int_{-a}^{0} x\,\frac{a+x}{a^2}\mathrm{d}x + \int_{0}^{a} x\,\frac{a-x}{a^2}\mathrm{d}x = 0$$

$$x^2 = \int_{-a}^{a} x^2 f(x)\,\mathrm{d}x = \int_{-a}^{0} x^2\,\frac{a+x}{a^2}\mathrm{d}x + \int_{0}^{a} x^2\,\frac{a-x}{a^2}\mathrm{d}x = \frac{a^2}{6}$$

c. 标准偏差

$$\sigma = \frac{a}{\sqrt{6}}$$

③梯形分布(见图 2.4)

a. 密度函数

$$f(x) = \begin{cases} \dfrac{a+x}{a^2-b^2}(-a \leqslant x \leqslant -b) \\[3mm] \dfrac{1}{a+b}(-b \leqslant x \leqslant b) \\[3mm] \dfrac{a-x}{a^2-b^2}(b \leqslant x \leqslant a) \end{cases}$$

b. 数学期望

$$\mu(x) = 0$$

c. 标准偏差

$$\sigma = \sqrt{\frac{a^2 + b^2}{6}}$$

④反正弦分布(见图2.5)

a. 密度函数

$$f(x) = \frac{1}{\pi\sqrt{a^2 - x^2}}(-a \leqslant x \leqslant a)$$

b 数学期望

$$\mu(x) = 0$$

c. 标准差

$$\sigma = \frac{a}{\sqrt{2}}$$

⑤t 分布(见图2.6)

a. 标准偏差

$$\sigma = t_p(\nu) = \frac{\bar{x}}{s(\bar{x})}$$

式中　　t_p——包含概率;

　　　　ν——自由度。

b. t 分布是一般形式,而标准正态分布 $N(0,1)$ 是其特殊形式,$t(\nu)$ 成为标准分布的条件是当自由度 ν 趋于 ∞。

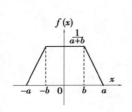

图 2.4　梯形分布

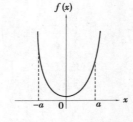

图 2.5　反正弦分布

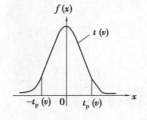

图 2.6　t 分布

(3)统计分析中的常用术语及图示

下面介绍统计分析中的几种常用术语的概念(以标准正态分布为例)。

①置信区间

置信区间也称包含期间,是一个给定的数据区间,通常用标准差 σ 的 k 倍来表示,即$[A-k\sigma, A+k\sigma]$。

②置信因子

置信因子也称包含因子,是置信区间$[A-k\sigma, A+k\sigma]$的标准差前面的放大系数。

③置信概率

置信概率也称置信度或置信水平,就是数据在置信区间的概率,用 p 表示,其表明了区间估计的可靠性,可在置信区间内对概率密度函数的定积分求得。

④显著性水平

估计总体参数落在某一区间内,可能犯错误的概率为显著性水平,用 a 表示。$1-a=p$, p 为置信度或置信水平。

如图 2.7 所示清晰表明了上述几个概念的关系。可见,在同一分布下,置信区间越宽,置信概率就越大,反之亦然。在不同的分布下,当置信区间给定时,标准差越小,置信因子和相应的置信概率就越大,反映出测量数据的可信度越高;当置信概率给定时,标准差越小,置信区间越窄,测量数据的可靠度就越高。

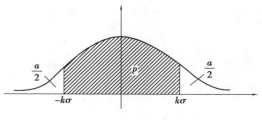

图 2.7　统计分布术语图解

2)系统误差

(1)主要特征

由系统误差的定义和系统误差产生原因的分析,可以得出系统误差的主要特征为系统误差产生在测量之前,具有确定性;多次测量不能减弱和消除它,不具有抵偿性。

(2)系统误差的减弱和消除

要减弱或消除系统误差,首先应发现系统误差。发现系统误差常用的方法有实验对比法、残余误差观察法、残余误差校验法、计算数据比较法、秩和检验法、t 检验法等。

①采用加修正值的方法消除系统误差

因为 $\Delta = x_i - x_0$,所示 $x_0 = x_i + (-\Delta)$。

所谓修正值就是负的绝对误差,它是用代数法与未修正测量结果相加,以补偿系统误差的值。

②恒定系统误差的减弱和消除方法

a. 交换消除法。

b. 替代消除法。

c. 异号抵消法。

③变值系统误差的减弱和消除方法

a. 线性系统误差消除法——对称测量法。

b. 周期性系统误差消除法——半周期偶数测量法。

3)测量误差小结

如图 2.8 所示为有关测量误差的示意图。由图 2.8 可知,任意一个误差 Δ 均可分解为系统误差 γ_i 和随机误差 δ_i 的代数和。图中横坐标表示被测量,x_0 为被测量的真值,x_i 为第 i 次测得值,样本均值 $\bar{x}$ 就是 n 个测量值的算术平均值 $\bar{x} = \dfrac{1}{n} \sum\limits_{i=1}^{n} x_i$,而总体均值 μ 就是当测量次数 $n \rightarrow \infty$ 时统计平均值,或称为数学期望,即 $\mu = \lim\limits_{n \rightarrow \infty} \dfrac{1}{n} \sum\limits_{i=1}^{n} x_i$。设测得值是正态分布 $N(\mu, \sigma)$,则曲线的形状(按 σ 值)决定了随机误差的分布范围 $[\mu - k\sigma, \mu + k\sigma]$ 及其在范围内取值概率,由图 2.8 可知,误差和它的概率分布密度相关,可以用概率论和数理统计的方法来恰当处理。图 2.8 清楚地表示了测得值 x_i、被测量的真值 x_0、平均值 $\bar{x}$、样本总体均值 μ、系统误差 γ_i、随机误差 δ_i、残差 ν_i 之间的相互关系。

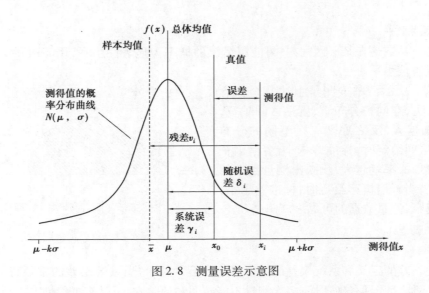

图 2.8 测量误差示意图

2.2 数据修约和数据处理

2.2.1 数据修约

所谓数值修约,是通过省略原数值的最后若干位数字,调整所保留的末位数字,使最后所得到的值最接近原数值的过程。在工作中,往往会遇到多位数的数值,但实际需要的却是限定的较少位数,也就是说,没有必要保留多余的位数,即应对数值进行修约。

进行数值修约,首先要确定修约位数。修约位数一般通过修约间隔(修约值的最小数值单位)来表示,而修约间隔则根据实际需要来确定。修约间隔一经确定,修约值便是其整数倍。

1)确定修约间隔

①指定修约间隔为 10^{-n}(n 为正整数),或指明将数值修约到 n 位小数。

②指定修约间隔为 1,或指明将数值修约到"个"数位。

③指定修约间隔为 10^n(n 为正整数),或指明将数值修约到 10^n 数位,或指明将数值修约到"十""百""千"……数位。

2)进舍规则

数值的修约规则也称舍入规则或进舍规则。数值的有效位数或修约间隔确定后,便应将多余的部分适当舍入。长期以来,较为普遍应用的进舍规则称为"偶舍奇入"规则。

①拟舍弃数字的最左一位数字小于5,则舍去,保留其余各位数字不变。

例如,将 12.149 修约到个位数,得 12;将 12.149 修约到一位小数,得 12.1。

②拟舍弃数字的最左一位数字大于5,则进一,即保留数字的末位数字加1。

例如,将 1267 修约到"百"数位,得 13×10^2。

③拟舍弃数字的最左一位数字是5,且其后有非零数则进一,即保留数字的末尾数字加1。

例如,将 10.501 修约到个位数,得 11。

④拟舍弃数字的最左一位数字为 5,且其后无数字或皆为 0 时,若所保留的末位数字为奇数(1,3,5,7,9)则进一,即保留数字的末位数字加 1;若所保留的末位数字为偶数(0,2,4,6,8),则舍弃。

例如,修约间隔为 0.1(或 10^{-1})。

拟修约数值	修约值
1.050	$1.0×10^{-1}$(或写为 0.1)
0.35	$4×10^{-1}$(或写为 0.4)

再如,修约间隔为 1 000 (或 10^3)。

拟修约数值	修约值
2 500	$2×10^3$(或写为 2 000)
3 500	$4×10^3$(或写为 4 000)

⑤负数修约时,先将它的绝对值按上述的规定进行修约,然后在所得值前面加上负号。

例如,将下列数字修约到"十"数位。

拟修约数值	修约值
−355	−36×10(或写为−360)
−325	−32×10(或写为−320)

再如,将下列数字修约到三位小数,即修约间隔为 10^{-3}。

拟修约数值	修约值
−0.036 5	$−36×10^{-3}$(或写成−0.036)

3)不许连续修约

①拟修约数字应在确定修约间隔或指定数位后一次修约获得结果,不得多次按进舍规则连续修约。

例如,修约 97.47,修约间隔为 1 。

正确的做法:97.47→97

不正确的做法:97.47→97.5→98

再如,修约 15.454 6,修约间隔为 1。

正确的做法:15.454 6→15

不正确的做法:15.454 6→15.455→15.46→15.5→16

②在具体实施中,有时先将获得数值按指定的修约位数多一位或几位报出,而后再进行判定。为避免产生连续修约的错误,应按下述步骤进行:

a. 报出数值最右的非零数字为 5 时,应在数值右上角加"+"或加"−"或不加符号,以分别表明已进行舍、进或未舍未进。

例如,16.50^+ 表示实际值大于 16.50,经修约舍弃为 16.50;16.50^- 表示实际值小于 16.50,经修约进一为 16.50。

b. 如对报出值需要进行修约,当拟舍弃数字的最左一位数字为 5,且其后无数字或皆为零时,数值右上角有"+"者进一,有"−"者舍去,其他仍按进舍规则进行。

例如,将下列数字修约到个数位(报出值多留一位到一位小数)。

实测值	报出值	修约值
15.454 6	15.5⁻	15
−15.454 6	−15.5⁻	−15
16.520 3	16.5⁺	17
−16 520 3	−16.5⁺	−17
17.500 0	17.5	18

③针对 0.5 与 0.2 单位的修约。

在对数字进行修约时,若有必要,也可采用 0.5 单位修约或 0.2 单位修约。

a.0.5 单位修约(半个单位修约)。

0.5 单位修约是指按指定修约间隔对拟修约的数值 0.5 单位进行的修约。

0.5 单位修约方法为将拟修约数值 X 乘以 2,按指定修约间隔对 $2X$ 依进舍规则修约,所得数值($2X$ 修约值)再除以 2。

例如,将下列数字修约到"个"数位的 0.5 单位修约。

拟修约数值 X	$2X$	$2X$ 修约值	X 修约值
60.25	120.50	120	60.0
60.78	→121.56	122	61.0
60.28	→120.56	121	60.5
−60.75	−121.50	−122	−61.0

b.0.2 单位修约。

0.2 单位修约是指按指定修约间隔对拟修约的数值 0.2 单位进行的修约。

0.2 单位修约方法为将拟修约数值 X 乘以 5,按指定修约间隔对 $5X$ 依进舍规则修约,所得数值($5X$ 修约值)再除以 5。

例如,将下列数字修约到"百"数位的 0.2 单位修约。

拟修约数值 X	$5X$	$5X$ 修约值	X 修约值
830	4 150	4 200	840
842	4 210	4 200	840
−930	−4 650	−4 600	−920

c.指定修约间隔的一般修约方法。

当指定修约间隔后,通常可按以下 3 个步骤进行修约:将拟报修约数除以修约间隔→取整数→乘以修约间隔。

例如,将下列数字按 5 的间隔进行修约。

拟修约数值 X	$X/5$	取整数 Z	$5Z$
562.51	112.502	113	565
562.50	112.50	112	560
567.50	113.50	114	570
568.16	113.632	114	570

再如,将下列数字按 0.2 的间隔进行修约。

拟修约数值 X	$X/0.2$	取整数 Z	$0.2Z$
62.51	312.55	313	62.6
62.50	312.50	312	62.4
67.50	337.50	338	67.6
68.16	340.80	341	68.2

2.2.2　数据处理

1) 有效数字

在计量学和实验测试中,有效数字的概念是有差别的。

在计量学中,若某近似数字的绝对误差值不超过该数末位的正负半个单位值时,则从其第一个不是零的数字起到最后一位数的所有数字,都是有效数字。

例如,2/3 的小数值为 0.666…。若取 0.67,则其末位数的半个单位值为 0.005;而绝对误差为 |0.666−0.67|=0.004,不超过 0.005。0.67 的有效数字为二位。

若某近似数的欲取数字的下一位数大于 5,或等于 5 但其后有不为零的数字时,则应将其进位后再确定有效位数。例如 0.128,若取至小数点后第二位,则应先将其中的 8 进位得 0.13,再行定位,即有效数字为二位。

在此定义的有效数字概念常用于实验数据的后期处理。

在实验测试中,一个测量值的有效数字是指从仪器上读取的所有可靠数字及第一位可疑数字。例如,若万能材料试验机的最小分度值为 1kN,那么力值的可靠数字可到个位,第一个可疑数字为小数点后一位。显然,此时有效数字的位数的多少,既与待测量本身的大小有关,也与使用仪器的最小分度值有关。

在实际测量值的读取中,有效数字的位数不能随意增减,应按实际测量值的大小和使用仪器的最小分度值读取全部有效数字,然后根据需要进行数值修约。

2) 有效数字位数的判断

①判断时,对"0"应特别注意,它是否为有效数字,取决于它在近似数中的位置。

②有效数字的位数与单位的换算无关,如有效数字位数增加,宜采用科学记数法,写成 $a×10^n$ 形式。在此形式中,有效数字只体现在 a 中,而与 10^n 无关。

③小数点后面的"0"不可随意取舍,否则会改变有效数字的位数,从而影响数据的准确度。

④测量中,测量结果有效数字的最末位应与误差所在位对齐。

⑤有效数字位数,取决于被测量大小、测量仪器及测量方法,不因其他原因而改变。

3）有效数字的运算规则

有效数字的运算,以不影响测量结果的最后一位有效数字为原则。

（1）单一运算（有效数字在算式中只参与一次运算）

①小数的加、减运算

运算过程中,小数位数多的数比小数位数最少的位数多取一位,多余位可以舍去。最后结果的位数与位数最少者相同。

例如,0.21,0.213 和 0.5 相加,根据上述原则,运算时可取 0.21+0.21+0.5=0.92,而最后结果为 0.9。

②小数的乘、除运算

在相乘或相除过程中,有效数字较多的数应比有效数字少的数多保留一位数。运算结果的位数应从第一个不是零的数字算起与位数少者相同。

例如,0.314 19 与 0.17 相乘,运算时可取 0.314×0.17=0.053 38,而最后结果应取 0.053。

③小数的乘方、开方运算

小数乘方或开方时,其运算结果的位数应从第一个不是零的数字算起与运算前的有效数字的位数相同。

例如,$0.21^2 = 0.044\ 1$,应取 0.044。

（2）复合运算

对复合运算,中间运算所得数字的位数应比单一运算所得数字的位数至少多取一位（如果是运算量大而要求高的精密测试,可酌情多取）,以保证最后结果的有效数字不受运算过程的影响。比有效数字的位数多取的数字常称为安全数字。

4）异常值的判断和剔除

在重复性条件或复现性条件下,对同一量进行的多次测量中,有时可以发现个别值,其数值明显偏离它所属样本的其他值,称为异常值。测量完成后常不能确知数据中是否有异常值,应采用统计方法进行判断。此方法的原理是相同测量条件下一系列观测值应服从某种概率分布在给定一个置信水平时确定一个相应的置信区间,凡超过这个区间的观测值,就应考虑是否属于异常值并予以剔除。

异常值剔除准则很多,有拉依达准则（3σ 准则）、格拉布斯（Grubbs）、迪克逊（Dixon）、肖维纳准则、t 检验准则等,其中使用较多的是拉依达准则（3σ 准则）和格拉布斯（Grubbs）。

（1）拉依达准则（3σ 准则）

拉依达准则又称3σ 准则。一组 n 个独立重复观测值中,第 i 次观测值 x_i 与该组观测值的算术平均值之差 $\bar{x}$ 称为残余误差 ν_i,简称残差,即有

$$\nu_i = x_i - \bar{x} \tag{2.11}$$

一组观测值中,若某一观测值的残差绝对值大于3倍标准偏差,即

$$|\nu_i| > 3\sigma \tag{2.12}$$

则认为该值为异常值,考虑剔除,这就是拉依达准则。此准则可重复使用,即剔除第一个异常值后,再求3σ。然后用式(2.12)进行判断,直至保留的数据中已不含异常值为止。

拉依达准则不适用于 $n \leq 10$ 的情况,此准则以正态分布为依据,在观测次数 n 趋向无穷大时,其置信水平大于99%。n 是有限数,此准则为一个近似的准则。表2.1列出了拉依达准则

的"弃真"概率,弃真的含义是把正常值作为考虑剔除的异常值。由表 2.1 可知,拉依达准则犯"弃真"错误的概率随 n 增大而减小,最后稳定于 0.3%。

表 2.1　拉依达准则的"弃真"概率

观测次数 n	11	16	61	121	333
弃真概率/%	1.9	1.1	0.6	0.4	0.3

（2）格拉布斯（Grubbs）准则

格拉布斯准则是以正态分布为前提,在未知总体标准差情况下,对正态样本或接近正态样本异常值的一种判别方法。

若某个测得值 x_i 的最大残余误差的绝对值满足

$$|v_i|_{max} > G(n,\alpha) \times S(x_i) \tag{2.13}$$

则认为该 x_i 为异常值,应予剔除。此准则可重复使用,直到所保留的数据中已无异常值。

式中　$G(n,\alpha)$——格拉布斯准则的临界值,见表 2.2;

n——测量次数;

α——显著性水平,相当于犯"弃真"错误的概率系数,一般取 0.05 或 0.01;

$S(x_i)$——测量数据组的标准差,由式(2.8)求出。

以上介绍了两种判断异常值的准则,其中拉依达准则使用方便,不用查表,但当观测次数较少($n \leqslant 10$)时不宜使用,这时宜采用格拉布斯准则或其他准则,可以参考国家标准 GB/T 4883—2008《数据的统计处理和解释　正态样本离群值的判断和处理》。在较为准确的实验中,可以选用两三种准则加以判断,当几种准则的结论一致时,应剔除或保留;当几种准则的判断结论不一致时,则应慎重加以考虑,一般以不剔除为宜。

表 2.2　格拉布斯（Grubbs）检验的临界值 $G(n,\alpha)$ 表

n	显著性水平 α					n	显著性水平 α				
	0.10	0.05	0.025	0.01	0.005		0.10	0.05	0.025	0.01	0.005
						11	2.088	2.234	2.355	2.485	2.564
						12	2.134	2.285	2.412	2.550	2.636
3	1.148	1.153	1.155	1.155	1.155	13	2.175	2.331	2.462	2.607	2.699
4	1.425	1.463	1.481	1.492	1.496	14	2.213	2.371	2.507	2.659	2.755
5	1.602	1.672	1.715	1.749	1.764	15	2.247	2.409	2.549	2.705	2.806
6	1.729	1.822	1.887	1.944	1.973	16	2.279	2.443	2.585	2.747	2.852
7	1.828	1.938	2.020	2.097	2.139	17	2.309	2.475	2.620	2.785	2.894
8	1.909	2.032	2.126	2.221	2.274	18	2.335	2.504	2.651	2.821	2.932
9	1.977	2.110	2.215	2.323	2.387	19	2.361	2.532	2.681	2.854	2.968
10	2.036	2.176	2.290	2.410	2.482	20	2.385	2.557	2.709	2.884	3.001

续表

n	显著性水平 α					n	显著性水平 α				
	0.10	0.05	0.025	0.01	0.005		0.10	0.05	0.025	0.01	0.005
21	2.408	2.580	2.733	2.912	3.031	36	2.639	2.823	2.991	3.191	3.330
22	2.429	2.603	2.758	2.939	3.060	37	2.650	2.835	3.003	3.204	3.343
23	2.448	2.624	2.781	2.963	3.087	38	2.661	2.846	3.014	3.216	3.356
24	2.467	2.644	2.802	2.987	3.112	39	2.671	2.857	3.025	3.228	3.369
25	2.486	2.663	2.822	3.009	3.135	40	2.682	2.866	3.036	3.240	3.381
26	2.502	2.681	2.841	3.029	3.157	41	2.692	2.877	3.046	3.251	3.393
27	2.519	2.698	2.859	3.049	3.178	42	2.700	2.887	3.057	3.261	3.404
28	2.534	2.714	2.876	3.068	3.199	43	2.710	2.896	3.067	3.271	3.415
29	2.549	2.730	2.893	3.085	3.218	44	2.719	2.905	3.075	3.282	3.425
30	2.563	2.745	2.908	3.103	3.236	45	2,727	2.914	3.085	3.292	3.435
31	2.577	2.759	2.924	3.119	3.253	46	2.736	2.923	3.094	3.302	3.445
32	2.591	2.773	2.938	3.135	3.270	47	2.744	2.931	3.103	3.310	3.455
33	2.604	2.786	2.952	3.150	3.286	48	2.753	2.940	3.111	3.319	3.464
34	2.616	2.799	2.965	3.164	3.301	49	2.760	2.948	3.120	3.329	3.474
35	2.628	2.811	2.979	3.178	3.316	50	2.768	2.956	3.128	3.336	3.483

5)实验数据的表示方法

进行实验测定,最终得到的是一大堆相关量的数据。如何归纳、整理,以简明的形式把它们表示出来,是一项极其重要而且复杂的工作。实验数据反映了被测定的相关量之间存在的规律,这些规律是探索理论的基础,又可作为工程设计及工程质量控制的依据。

数据处理是指从获得数据开始到得出最后结论的整个加工过程,包括数据记录、整理、计算、分析和绘制图表等。通过数据处理可以确定输入、输出量之间的关系,从而揭示事物的本质及事物之间的内在联系。实验数据的表示方法一般有列表法、作图法、函数法3种,它们各有优缺点,主要根据需要和经验选择使用。

(1)列表法

列表法简单易作,数据便于参考比较,同一表格内可以同时表示几个变数的数值变化,关系明确。这种方法应用很普遍。

列表法所采用的表格,其具体形式由所表示的实验结果的内容而定。一般来说应注意以下几点:

①表格要有标题说明,说明要简明扼要。

②完整的列表应包括表头、序号、名称、项目、说明和数据来源等项。项目应包括名称和单位,一般用公认的符号代表。表格要尽量做到自变量与因变量之间关系明确、简洁、扼要、紧凑、一目了然。

③数据填写要整齐统一。同一竖行的数值,其小数点应上下对齐,数值过大过小时应采用科学记数法,即用"10^n"或"10^{-n}"(n 为整数),如 158000 记为 1.58×10^5。

④自变量的间距应选择适当,通常取 1,2,5 或 10 倍为宜,间距过小,表格太繁,间距过大,使用时常需插值,会降低精度。变量如果是有量纲的量,在表头该变量后要写上单位,但在变量的测定值后不要标注单位。变量如能用符号表示,尽可能用符号表示。

⑤数值在列入表格前,应按测量精度和有效数字的取舍原则来选取,然后填入表格。表中各同类量的有效位数应相同。如自变量无误差,则函数的位数取决于实验精度,两者的有效位数可以不相同。

列表是图形表示和函数表示的基础。规范的原始数据表是得到正确实验结果的前提。这种方法的缺点有:第一,表格所列各相关量的数值只能是有限的,而不能给出所有的函数值;第二,当表格不能清楚地看到相关量之间确切的关系时,即不能看出自变量变动时因变量的变动规律,只能大致估计出其趋势;第三,当表格中数值繁多时,实际应用不方便。

(2)作图法

作图法是把所测得的相关数据在坐标图纸上用曲线表示出来,借以显示实验结果。这样作图所得的曲线称为实验曲线。作图法的优点是形式直观,便于比较,能显示数据中最大或最小值、转折点和周期性等特点。

作图法通常有以下几个步骤:

①坐标系的选定

常用的坐标系有直角坐标系、三角坐标系、对数坐标系等,应根据需要选定。选择坐标系的原则是使所得的曲线最简单。直线是图形中最简单、精度高、便于使用的,应当用变量代换的方法使图形尽可能为直线。例如,直角坐标系中的指数曲线,在对数坐标系里能够化为直线。

②坐标的分度

坐标分度的大小应反映实验值的精度,分度过细,会造成曲线的人为弯曲,具有虚假精度和读出无效数字;分度过粗会降低实验精度,曲线过于平直。坐标分度值不一定从零开始,在一组数据中,自变量和因变量都有最大值和最小值,分度时可用小于最小值的某一整数为起点,大于最大值的某一整数为终点,以使得图形位于图纸的中心位置。坐标分度确定后,要标出主坐标分度值以便读数,为了清晰,不必每一分度都标注数字。

③根据数据描点

对只看变化趋势的情况,则将数据点描在图纸上即可。若要利用曲线图进行计算,则要按一定规则描点,由于实验数据都有一定误差,因此画图时,不能简单摧点,而应用一矩形表示。矩形两边分别代表自变量和因变量的误差,中心代表算术平均值,真值应在此矩形内。一般用两倍标准误差作为误差的合理范围。若同一图中表示几组不同数据,应用不同符号加以区别。

④连接曲线

根据数据点作出连续光滑的曲线,曲线应均匀,拐点和奇异点应尽量少。拐弯处要多选数据点。连线时,应使曲线尽量接近所有点而不是通过所有数据点,尤其是端点,并使曲线两侧的点数接近相等。

⑤注解说明

图形作好后,在坐标轴上要标明它所代表的物理量及计量单位,整个图形要给予图题说明,对有多条曲线的应有可辨别的文字或符号说明等。

（3）函数法

在实验和工程技术中经常用公式来表示所有的测量数据。把全部数据用一个公式来代替，不仅简明扼要，而且可以对公式进行必要的数学运算，便于研究自变量与函数之间的关系，确立被测量的变化规律。

要建立一个能够正确表达测量数据的公式是不容易的，它很大程度上取决于测量人员的理论知识、经验和判断力，同时需要很多次大量的试验，才可能得到与测量数据接近的公式。建立经验公式常常采用一元线性回归分析的方法，具体步骤如下：

a. 以自变量作为横坐标，对应测量值作为纵坐标，把测量数据点描绘成测量曲线。

b. 分析测量曲线，初步确定公式的基本形式。

c. 确定经验公式中的常数。

d. 检验公式的准确性。

①如果测量曲线基本是直线，即两个变量之间是线性关系，可以采用线性拟合方法得到对应的经验公式。最常见的拟合方法为最小二乘法。

最小二乘法的基本原理是求残差平方和最小的情况下的最佳直线。若令拟合直线方程为

$$y = a + bx \tag{2.14}$$

而测量数据 y_i 与该拟合直线上对应的理想值 $\hat{y}_i$ 之间的残差为

$$v_i = y_i - \hat{y}_i \quad (i = 1,2,3,\cdots,n)$$

按照最小二乘法法则，应该使 v 最小，于是分别求 $\frac{\partial v}{\partial a} = 0$ 和 $\frac{\partial v}{\partial b} = 0$，即可解 a 和 b 的值。

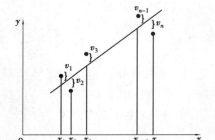

图 2.9　最小二乘法直线拟合

令

$$v = \sum_{i=1}^{n} \left[y_i - (a + bx_i) \right]^2$$

则

$$\frac{\partial v}{\partial a} = \sum_{i=1}^{n} (-2y_i + 2bx_i + 2a) = 0 \quad \Rightarrow \quad \sum_{i=1}^{n} y_i - na - b\sum_{i=1}^{n} x_i = 0$$

$$\frac{\partial v}{\partial b} = \sum_{i=1}^{n} (-2y_i + 2a + 2bx_i)x_i = 0 \quad \Rightarrow \quad \sum_{i=1}^{n} x_i y_i - a\sum_{i=1}^{n} x_i - b\sum_{i=1}^{n} x_i^2 = 0$$

$$a = \frac{\sum_{i=1}^{n} x_i \sum_{i=1}^{n} x_i y_i - \sum_{i=1}^{n} y_i \sum_{i=1}^{n} x_i^2}{\left(\sum_{i=1}^{n} x_i\right)^2 - n\sum_{i=1}^{n} x_i^2} \tag{2.15}$$

$$b = \frac{\sum_{i=1}^{n} x_i \sum_{i=1}^{n} y_i - n\sum_{i=1}^{n} x_i y_i}{\left(\sum_{i=1}^{n} x_i\right)^2 - n\sum_{i=1}^{n} x_i^2} \tag{2.16}$$

②如果根据测量数据描绘的是曲线，则要根据曲线的特点和已有数学曲线，判断曲线属于哪种类型。若无法判断是哪一类曲线，则可以按多项式回归处理。

对某些确定曲线,可以先将该曲线变换为直线方程,然后按一元回归方法处理就方便了。

③直线拟合的相关系数检验。

为了检查通过一元回归得到的拟合直线是否符合实际情况,常用相关系数 r 来描述两个变量 x,y 之间线性关系的密切程度,表 2.3 为相关系数显著性检验表。

表 2.3　相关系数显著性检验表

$n-2$	α		$n-2$	α	
	0.05	0.01		0.05	0.01
1	0.997	1.000	21	0.413	0.526
2	0.950	0.990	22	0.404	0.515
3	0.878	0.959	23	0.396	0.505
4	0.811	0.917	24	0.388	0.496
5	0.754	0.874	25	0.381	0.487
6	0.707	0.834	26	0.374	0.478
7	0.666	0.798	27	0.367	0.470
8	0.632	0.765	28	0.361	0.463
9	0.602	0.735	29	0.355	0.456
10	0.576	0.708	30	0.349	0.449
11	0.553	0.684	35	0.325	0.418
12	0.532	0.661	40	0.304	0.393
13	0.514	0.641	45	0.288	0.372
14	0.497	0.623	50	0.273	0.354
15	0.482	0.606	60	0.250	0.325
16	0.468	0.590	70	0.232	0.302
17	0.456	0.575	80	0.217	0.283
18	0.444	0.561	90	0.205	0.267
19	0.433	0.549	100	0.195	0.254
20	0.423	0.537	200	0.138	0.181

$$r = \frac{L_{xy}}{\sqrt{L_{xx}L_{yy}}} = \frac{\sum\limits_{i=1}^{n}(x_i - \bar{x})(y_i - \bar{y})}{\sqrt{\sum\limits_{i=0}^{n}(x_i - \bar{x})^2}\sqrt{(y_i - \bar{y})^2}} \tag{2.17}$$

式中　$\bar{x} = \dfrac{\sum\limits_{i=1}^{n}x_i}{n}, \bar{y} = \dfrac{\sum\limits_{i=1}^{n}y_i}{n}$。

当 $0<|r|<1$ 时,x 与 y 之间存在线性关系;当 $|r| \to 1$ 时,x 与 y 之间关系密切;而当 $|r| \to 0$

时,x 与 y 之间不存在线性关系,必须进行相关系数检查。

具体检查步骤如下:

a. 按式(2.17)计算相关系数 r。

b. 给定显著水平 α,按 $n-2$ 数值查表2.3,查出相应的临界值 r_α。

c. 比较 $|r|$ 与 r_α 的大小。如果 $|r| \geq r_\alpha$,则 x 与 y 之间存在线性关系。如果 $|r| < r_\alpha$,则 x 与 y 之间不存在线性关系,r 在显著水平 α 是不显著的,即用直线表述 x 与 y 之间的关系是不合理的。

例2.1 某碳素钢的疲劳裂纹扩展速率试验测得 da/dN 与 ΔK 的数据见表2.4,试找出两者之间的经验公式。

解:

①作 da/dN-ΔK 散点图,如图2.10所示,从图中数据点及经验,可初步估计该曲线符合指数函数形式。

②对 da/dN 和 ΔK 取对数,得到 $\lg(da/dN)$ 和 $\lg(\Delta K)$,作其散点图,如图2.11所示,可见近似为一条直线。

③对 $\lg(da/dN)$ 和 $\lg(\Delta K)$ 进行回归分析,求其直线方程。设其方程为

$$\lg\left(\frac{da}{dN}\right) = c\lg(\Delta K) + m$$

由式(2.14)和式(2.15)可得系数

$$c = 1.975, \quad m = -8.115$$

表2.4 da/dN 与 ΔK 数据

序号	ΔK / (MPa·m$^{0.5}$)	da/dN/ (mm·cycle^{-1})	$\lg(\Delta K)$/ (MPa·m$^{0.5}$)	$\lg(da/dN)$ / (mm·cycle^{-1})
1	42.570	1.764 8	1.629 1	−4.753 3
2	47.577	1.898 5	1.677 4	−4.721 6
3	52.881	1.956 6	1.723 3	−4.708 5
4	58.090	2.165 7	1.764 1	−4.664 4
5	63.562	2.407 1	1.803 2	−4.618 5
6	69.743	2.762 5	1.843 5	−4.558 7
7	74.800	3.036 0	1.873 9	−4.517 7
8	81.997	3.660 2	1.913 8	−4.436 5
9	87.378	4.449 0	1.941 4	−4.351 7
10	92.555	5.268 7	1.966 4	−4.278 3
11	97.477	6.308 1	1.988 9	−4.200 1
12	100.369	7.059 9	2.001 6	−4.151 2
13	105.877	8.272 8	2.024 8	−4.082 4
14	111.199	9.421 1	2.046 1	−4.025 9

续表

序号	$\Delta K /$ $(\text{MPa} \cdot \text{m}^{0.5})$	$da/dN/$ $(\text{mm} \cdot \text{cycle}^{-1})$	$\lg(\Delta K)/$ $(\text{MPa} \cdot \text{m}^{0.5})$	$\lg(da/dN)/$ $(\text{mm} \cdot \text{cycle}^{-1})$
15	116.977	11.122 4	2.068 1	−3.953 8
16	120.116	13.134 1	2.079 6	−3.881 6

④计算相关系数：按式(2.17)得 $r = 0.963\ 4$。

⑤相关系数的显著性检验。

取显著水平 $\alpha = 0.05$，$n-2 = 14$，由表 2.4 得 $r_{0.05} = 0.497$，显然 $r_{0.05} < r$，用直线拟合 $\lg(da/dN)$ 和 $\lg(\Delta K)$ 之间的关系是合理的。回归直线方程为

$$\lg\left(\frac{da}{dN}\right) = 1.975\lg(\Delta K) - 8.115$$

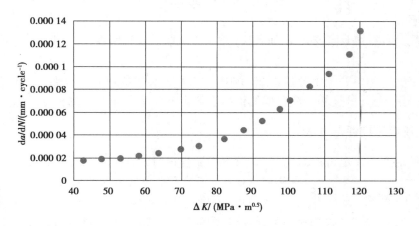

图 2.10　$da/dN\text{-}\Delta K$ 散点图

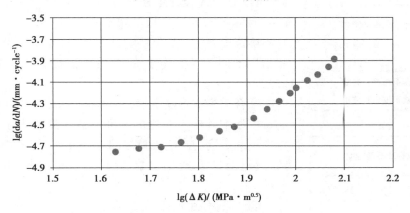

图 2.11　$\lg(da/dN)\text{-}\lg(\Delta K)$ 散点图

该碳素钢的 $da/dN\text{-}\Delta K$ 的经验公式为

$$\frac{da}{dN} = 7.674 \times 10^{-9}(\Delta K)^{1.975}$$

2.3　测量不确定的评定

实验过程中获取的物理量数据总会带有一部分无法消除的偏差——随机性偏差,它们与测量系统、测量方式等因素有关,一个测量数据可能涉及一个或多个会产生随机性偏差的因素,这些因素对测量结果的影响有多大? 如何表征这些影响? 都是应该关心的问题。此外,测量得到的数据往往不是终极目标,我们往往希望找到这些数据背后不同物理量之间的关系或规律,为了找到这些关系或规律,通常可以用哪些方式来呈现实验数据呢? 针对这些问题,本节将介绍不确定度的一些基本知识和几种常见的实验数据表达方式。

2.3.1　不确定度的定义

测量不确定度(简称"不确定度")是用于表征合理地赋予被测量值分散性的非负参数。对此定义说明如下:

①此参数是具有统计意义的非负参数,可以是标准差或其倍数,或说明了置信水平的估计区间半宽。

②不确定度一般由若干个分量组成,其中一些是依据一系列测量数据的统计分布获得的实验标准差,另一些分量是基于经验或其他信息假定的概率分布给出的标准差。

2.3.2　不确定度评定方法

通常不确定度的评定可按如图 2.12 所示的流程进行。

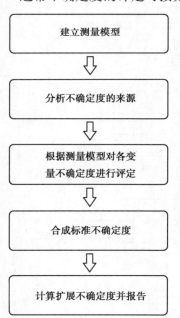

图 2.12　不确定度评定流程

1)几个与不确定度评定有关的概念

①标准不确定度(standard uncertainty):用标准差表示的测量结果的不确定度。标准不确定度按照其评定方法的不同,可以分为 A 类评定和 B 类评定。A 类评定(type A evaluation of uncertainty)是指对样本观测值用统计分析的方法进行不确定度评定。B 类评定(type B evaluation of uncertainty)是指用不同于统计分析的其他方法进行不确定度评定的方法。

②合成标准不确定度(combined standard uncertainty):用测量模型中各输入变量的标准不确定度来表示的输出量的标准不确定度。当输入量之间非独立时,应考虑这些输入量的相关性,即合成不确定度中会含有这些相关量的协方差项。

③扩展不确定度及包含因子(expanded uncertainty & coverage factor):合成不确定度与一个大于 1 的因子(即包含因子)之积即为扩展不确定度。

④自由度(degrees of freedom):方差计算中的独立项数,即总和的项数减去其中受约束的项数。

2）测量模型

在测量的过程中,被测量 Y 通常可以表示为输入量 X_i 的函数形式,且输入量 X_i 也可能是其他的被测量,这个函数可以是根据物理原理或经验建立的,此函数可作为测量模型。

$$Y = f(X_i) \tag{2.18}$$

此处介绍的评定方法仅仅适用于线性函数或函数展开为泰勒级数后可以忽略高阶项的情况,若模型为非线性函数,需要考虑高阶项或使用其他方法(如 MCM 法)对其不确定度进行评定,否则会产生较大误差甚至错误。

3）不确定度的来源

凡是对测量结果产生影响的因素,均是测量不确定度的来源。它们可能来自以下这些方面:

①被测量的定义不完整。

例如,在未明确测量的环境情况下,要求测定某试件截面尺寸的时候测准至 μm 量级,便会引起测量不确定度。

②被测量定义的复现不理想。

这种情况主要针对测量过程中某些条件设定不易满足造成的测量不确定度。

③取样代表性不够。

现实测量中,会遇到测量对象数量或其他方面的限制而造成能获取的样本数量较少的情况。

④对测量过程受环境影响的认识不周全,或对环境条件的测量与控制不完善。

这是一种常见的引入测量不确定度的情况。

⑤模拟仪器的人员读数偏差。

观测者的观测视线和个人习惯的差异,在使用模拟仪器时会引入测量不确定度。

⑥测量中所使用仪器设备计量性能的局限性。

对每台测量仪器的灵敏度、鉴别力、分辨力、死区和稳定性等计量性能是有限制的,它们可能成为测量不确定度的来源。

⑦测量标准和标准物质提供的标准值不准确。

测量是将被测量与测量标准(或标准物质)提供的标准值进行比较的过程,提供的标准值的不确定度会被引入测量结果。

⑧引用常数或其他参量的不准确。

与标准物质等提供的标准值类似,引用常数或其他参量会给测量结果带入不确定度。

⑨测量方法和测量程序中的近似、假定。

在测量方法(程序)中为简便测量过程,在满足精度要求的前提下往往会在有些方面进行近似、假设,这是引起测量不确定度的原因之一。

⑩在相同的测量条件下,被测量重复观测值的随机变化。

这是比较常见的情况,测量过程中产生随机变化的因素是无法避免的。

⑪修正值。

修正值一般是用来对系统误差进行补偿的,但其本身含有不确定度。

在测量不确定度来源的分析过程中,可从仪器设备、方法、环境、人员等方面全面地考虑,并对这些分量作预估,重点关注对测量结果影响较大的来源,尽量做到不遗漏、不重复。

4)标准不确定度的评定

在测量的过程中,往往会遇到很多需要对被测量进行多次(独立)重复观测的情况,通过获取的这些测得值,可以用算术平均值 $\bar{x}$ 来表示该被测量期望值的最佳估计值,而被测量的估计值的标准不确定度可用算术平均值的标准差 $s(\bar{x})$ 表示为

$$u_A(\bar{x}) = s(\bar{x}) = \frac{s(x_k)}{\sqrt{n}} \tag{2.19}$$

此处,$s(x_k)$ 为样本标准差。后续的标准不确定度评定方法,无论是 A 类评定还是 B 类评定方法都是通过不同的方式"找到"$s(x_k)$ 或 $\frac{s(x_k)}{\sqrt{n}}$。

(1)A 类评定方法

基于样本观测值通过统计的方法找到 $s(x_k)$ 的常用方式有两种——贝塞尔公式法和极差法。

①贝塞尔公式法

此法是在拥有一定数量的样本数据前提下,根据方差的性质建立起单个样本标准差与样本均值的标准差之间的联系

$$s(\bar{x}) = \frac{s(x_k)}{\sqrt{n}} = \sqrt{\frac{1}{n(n-1)} \sum_{k=1}^{n} (x_k - \bar{x})^2} \tag{2.20}$$

从式(2.20)可知,$s(\bar{x})$ 与 $s(x_k)$ 有相同的自由度,$v = n-1$($\bar{x}$ 为样本均值,而非总体的期望值)。

②极差法

当样本数量较小时,贝塞尔公式法效果不佳,此时可以考虑用极差法。极差法的原理是用一组样本中的最大值与最小值之差(极差,R)和样本的分布情况来近似的估计样本方差 $s^2(x_k)$ 或标准差 $s(x_k)$。在明确样本分布接近或符合正态分布的情况下,标准差 $s(x_k)$ 可按下式估算为

$$s(x_k) = \frac{R}{C} \tag{2.21}$$

式中　R——极差;
　　　C——极差系数(常见的 C 值见表2.5)。

表2.5　不同样本数量下的极差系数与自由度

样本数量(n)	2	3	4	5	6	7	8	9
极差系数(C)	1.13	1.69	2.06	2.33	2.53	2.70	2.85	2.97
自由度(v)	0.9	1.8	2.7	3.6	4.5	5.3	6.0	6.8

(2)B 类评定方法

有的情况下,不一定了解具体的样本内容,但是知道样本的一些统计信息,如一定概率(置信水平)P 下的区间估计(置信区间)为 $[\bar{x}-a, \bar{x}+a]$,此时如果知道样本的分布情况可以推算出 $\frac{s(x_k)}{\sqrt{n}}$ 的大小。

在日常的测量过程中,测量结果基本都服从或接近服从正态分布,以服从正态分布为例,根据数理统计知识很容易得到它们三者的关系为

$$\begin{cases} \dfrac{s(x_k)}{\sqrt{n}} = \dfrac{a}{k} \\ \Phi(k) = \dfrac{1+P}{2} \end{cases} \tag{2.22}$$

式中　$\Phi(k)$——正态分布 $N(0,1)$ 的分布函数;

　　　k——置信水平 P 的包含因子。

只要知道置信水平 P 和置信区间的半宽 a 和样本的分布情况都可以确定出标准不确定度的大小。为方便查阅将一些获取置信区间半宽 a 的途径和常见分布情况下的 k 值列出。

置信区间半宽 a 的常规途径如下:

①过去的测量数据。

②校准证书、检定证书、测试报告及其他证书文件。

③生产厂家的技术说明书。

④引用的手册、技术文件、研究论文和实验报告中给出的参考数据。

⑤测量仪器的特性及相关资料等。

⑥检定规程、测试标准或校准规范中给出的数据。

⑦其他有用信息。

表 2.6　正态分布下概率 P 与包含因子 k 的关系表

P	0.50	0.68	0.90	0.95	0.954 5	0.99	0.997 3
k	0.675	1	1.645	1.960	2	2.576	3

表 2.7　非正态分布下概率 $P=1$ 时的包含因子 k 与 B 类不确定度的关系表

分布类型	k	$u_B(x)$
均匀	$\sqrt{3}$	$a/\sqrt{3}$
三角	$\sqrt{6}$	$a/\sqrt{6}$
反正弦	$\sqrt{2}$	$a/\sqrt{2}$
两点	1	a
梯形($\beta=0.71$)	2	$2a$

(3)合成标准不确定度

当测量结果受多个因素影响而形成若干个不确定度分量时,测量结果的标准不确定度可通过这些标准不确定度分量合成得到,称其为合成标准不确定度,一般用下式表示为

$$u_c(y) = \sqrt{\sum_{i=1}^{n} \left(\frac{\partial F}{\partial x_i}\right)^2 u^2(x_i) + 2\sum_{1 \le i < j}^{n} \frac{\partial F}{\partial x_i} \frac{\partial F}{\partial x_j} r(x_i, x_j) u(x_i) u(x_j)} \tag{2.23}$$

若令 $a_i = \dfrac{\partial f}{\partial x_i}$,$r(x_i, x_j) = \rho_{ij}$,则上式可表示为

$$u_c(y) = \sqrt{\sum_{i=1}^{n} a_i^2 u^2(x_i) + 2\sum_{1 \leqslant i < j}^{n} \rho_{ij} a_i a_j u(x_i) u(x_i)} \tag{2.24}$$

式(2.24)称为标准不确定度传播公式,其中,$u_c(y)$ 为输出量估计值 y 的合成标准不确定度;$u(x_i)$ 为输入量估计值 x_i 的标准不确定度;a_1 为灵敏系数;ρ_{ij} 为 x_i,x_j 的相关系数。

(4)扩展不确定度

扩展不确定度可以理解为是在一定的概率下被测量可能值的估计区间半宽,只是这个估计区间是根据合成不确定度这条"线索"获取的,扩展不确定度受合成不确定度 u_c 的影响较大。虽为估计区间,仍需了解被测量值的分布情况,再根据要求的概率大小确定出包含因子 k 的大小(与标准不确定度的 B 类评定方法中的 k 值确定方法一致)。此时扩展不确定度可表示为合成不确定 u_c 与 k 的乘积,即

$$U = ku_c \tag{2.25}$$

除去正态分布外,t 分布也是测量过程中常用到的一种分布形式,扩展不确定度会根据给定的置信水平 P 来表示,并记作 U_P,如要求概率 $P = 99\%$ 时便记为 U_{99}。同前述内容类似,可以得到

$$\begin{cases} U_P = k_P u_c \\ \Phi_n(k_P) = \dfrac{1+P}{2} \end{cases} \tag{2.26}$$

其中,$\Phi_n(x)$ 为自由度为 n 的 t 分布函数(k_p 值可在手册或文献中查到)。

例 2.2 为测定某种材料的抗拉强度,现将此材料加工 9 件拉伸试件,并由某试验人员用相同的设备(电子万能材料试验机和电子数显游标卡尺)对其进行测量,其中对同一试件直径进行 3 次重复测量,测量结果见表 2.8。

表 2.8 测量结果记录表

试样号	1	2	3	4	5	6	7	8	9
原始直径 D_1/mm	5.02	5.11	5.08	5.03	5.09	5.04	5.08	5.10	5.07
原始直径 D_2/mm	5.01	5.13	5.06	5.02	5.10	5.05	5.09	5.09	5.08
原始直径 D_3/mm	5.01	5.12	5.06	5.02	5.10	5.05	5.09	5.11	5.06
最大拉力 F/kN	6.676	7.021	6.932	6.758	6.942	6.868	6.892	6.972	6.926

根据检定证书内容,试验机力传感器的示值不确定度 $U = 1\%$($k = 2$),测量直径的游标卡尺的示值不确定度 $U = 0.01$ mm($k = 2$),试计算此材料抗拉强度的最佳估计值和置信水平为 95%的扩展不确定度。

解:材料抗拉强度 R 的最佳估计值为 9 个试件强度的算术平均值 $\overline{R}$,即

$$\overline{R} = \frac{1}{9}\sum_{i=1}^{9} R_i = \frac{1}{9}\sum_{i=1}^{9} \frac{4F_i}{\pi D_i^2} = 341 \text{ MPa}$$

由于测量过程中,每次测量相互独立,测量的中间量 F 与 D 相互无关,所以算术平均值 $\overline{R}$ 的合成不确定度为

$$U_{\overline{R},C} = \sqrt{\sum_{i=1}^{9}\left(\frac{\partial \overline{R}}{\partial R_i}\right)^2 U_{R_i}^2} = \sqrt{\frac{1}{9}\sum_{i=1}^{9} U_{R_i}^2}$$

而

$$U_{R_i} = \sqrt{\left(\frac{\partial R_i}{\partial F_i}\right)^2 U_{F_i}^2 + \left(\frac{\partial R_i}{\partial D_i}\right)^2 U_{D_i}^2}$$

$$\left|\frac{\partial R_i}{\partial F_i}\right| = \frac{4}{\pi D_i^2}$$

$$\left|\frac{\partial R_i}{\partial D_i}\right| = \frac{8F_i}{\pi D_i^3}$$

第一步:各不确定度分量的计算。

针对 U_{Fi} 和 U_{Di} 需要考虑以下几个主要的不确定度来源:

①最大拉力测量引入的不确定度分量 U_{Fi}

主要是由示值引起的 B 类不确定度,根据检定证书内容,其相对不确定度为

$$U_{\mathrm{B},r,Fi} = \frac{1\%}{2} = 0.5\%$$

$$U_{Fi} = F_i U_{\mathrm{B},r,Fi} = 0.5\% F_i$$

对应的不确定度见表2.9。

表2.9　最大拉力测量引入的不确定

i	1	2	3	4	5	6	7	8	9
U_{Fi}/N	33.4	35.1	34.7	33.8	34.7	34.3	34.5	34.9	34.6

②直径测量引入的不确定度分量 U_{Di}

主要是由重复测量引起的 A 类不确定度和示值引起的 B 类不确定度。

重复测量引起的 A 类不确定度——极差法。

$n=3$ 时,极差系数 $C=1.69$,有

$$U_{\mathrm{A},Di} = \frac{R}{C} = \frac{R}{1.69}$$

示值引起的 B 类不确定度——检定证书信息。

$$U_{\mathrm{B},D} = \frac{0.01}{2} = 0.005 \text{ mm}$$

由直径测量引入的不确定度可表示为

$$U_{Di} = \sqrt{U_{\mathrm{A},Di}^2 + U_{\mathrm{B},D}^2}$$

代入计算结果见表2.10。

表2.10　直径测量引入的不确定度

i	1	2	3	4	5	6	7	8	9
$U_{\mathrm{A},Di}$/mm	0.005 9	0.011 8	0.011 8	0.005 9	0.005 9	0.005 9	0.005 9	0.011 8	0.011 8
$U_{\mathrm{B},Di}$/mm	0.005								
U_{Di}/mm	0.007 7	0.012 8	0.012 8	0.007 7	0.007 7	0.007 7	0.0C7 7	0.012 8	0.012 8

第二步:各试样抗拉强度合成不确定度的计算。

根据

$$U_{R_i} = \sqrt{\left(\frac{\partial R_i}{\partial F_i}\right)^2 U_{F_i}^2 + \left(\frac{\partial R_i}{\partial D_i}\right)^2 U_{D_i}^2}$$

可得表 2.11 的结果。

表 2.11   抗拉强度合成不确定度

i	1	2	3	4	5	6	7	8	9
U_{Ri}/MPa	1.988	2.416	2.449	2.003	1.991	2.015	1.986	2.423	2.442

第三步:抗拉强度扩展不确定度的计算。

$$U_{\overline{R},C} = \sqrt{\sum_{i=1}^{9}\left(\frac{\partial \overline{R}}{\partial R_i}\right)^2 U_{R_i}^2} = 2.2 \text{ MPa}$$

另查 t 分布表,自由度为 8 时,$k_{0.95,v=8} = 1.86$,此种材料的抗拉强度最佳估计值为 341 MPa,置信水平为 95% 时的扩展不确定度 $U_{\overline{R},95} = 4.1$ MPa$(k=1.86)$。

第3章

电阻应变测量技术

电阻应变测量方法是指用电阻应变计测定构件的表面应变,并将应变转换成电信号进行测量的方法,简称电测法。电测法的基本原理是:将电阻应变计(简称"应变计")粘贴在被测构件的表面,当构件发生变形时,应变计随着构件一起变形,应变计的电阻值将发生相应的变化,通过电阻应变测量仪器(简称"电阻应变仪"),可测量出应变计中电阻值的变化,并换算成应变值,或输出与应变成正比的模拟电信号(电压或电流),用记录仪记录下来,测得结果是应变,根据应力-应变关系即可计算出被测点的应力,从而达到进行应力分析的目的。也可用计算机按预定的要求进行数据处理,得到所需要的应变或应力值。其工作过程如图3.1所示。

图3.1　电阻应变测量的工作过程

该方法的主要优点是:测量精度高、测量范围广、应变计频率响应好,采取相应措施,可以进行高(低)温、高压液下、高速旋转及强磁场和辐射等特殊条件下的静态及动态应变测量;由于输出信号为电量,测量结果便于数码显示及计算机处理,容易实现应变远距离非接触性遥测;可用应变计制造各种传感器,用来测力、压强、位移、加速度等非应变力学物理量。电阻应变测量技术是实验应力分析应用最多的一种手段。

该方法的主要缺点是:应变计一般只能测量构件表面上一些离散点的应变,获得的信息不是连续的。除混凝土、石膏构件(或模型)等可以设法预埋应变计进行内点应变测量外,对多数材料无法进行内点应变测量。

本章将按图3.1所示工作过程的顺序,介绍电阻应变测量技术的基本原理及测量技术,包括电阻应变计、应变测量电路、电阻应变仪及记录器、静态应变测量、动态应变测量、特殊条件下的应变测量、应变计式传感器等内容。

3.1　电阻应变计

3.1.1　电阻应变计的基本构造

电阻应变计(俗称电阻应变片)是一种将被测量构件的应变量转化为电阻变化量的敏感

元件。自1930年粘贴式碳膜电阻应变计制成以来,随着应变测量和传感器技术的发展,因工作条件、制造材料、工作特性和应用场合等的不同,电阻应变计的结构形式已发展为多种多样,它们的结构不同,但基本构造大致相同(见图3.2),主要由敏感栅、基底、引线、黏结剂、盖层5个部分组成。

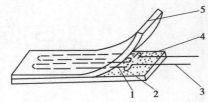

图3.2　电阻应变计的基本构造示意图
1—敏感栅;2—基底;3—引线;4—黏结剂;5—盖层

(1)敏感栅

敏感栅是构成电阻应变计的主要部分。当敏感栅与被测量构件一起变形时,其电阻值将产生与变形对应、成比例的变化。它的材料为金属(丝、箔)或半导体,形状一般呈栅状或条状(见图3.2)。敏感栅的电阻值通常为60~350 Ω,最高达1 000 Ω。

(2)基底

为了保持敏感栅有一定的形状,通常采用黏结剂将敏感栅固定在一定尺寸的纸、有机树脂膜、复合材料或金属薄片等材料上,这些材料称为应变计的基底。构件的变形将通过基底传递给敏感栅,基底材料的性能、制造工艺和几何尺寸等对应变计测量应变的准确性和稳定性都有较大的影响。有时,基底仅起使用前应变计临时固定敏感栅的作用,待敏感栅安装到构件之后,用溶剂将基底从敏感栅上取下,这种基底称为临时基底。

常用的基底材料如下:

①纸。用纸作为应变计基底的优点是柔软并易于粘贴,应变极限大和价格低廉。缺点是耐湿性和耐久性差。通常有厚纸基底和薄纸基底两种。

②胶膜。环氧树脂、酚醛树脂、聚酯树脂和聚酰亚胺等有机类黏结剂均可制成薄膜,用作应变计的基底。它们的特点是柔软,耐湿性和耐久性均比纸好。

③玻璃纤维布。无碱玻璃纤维布的耐湿性、机械强度和电绝缘性能都很好,并且耐化学药品、耐高温(400~450 ℃),多用作中温或高温应变计的基底。由它制成的应变计的刚度比胶膜基底要大。

④金属薄片。不锈钢及耐高温合金等薄片或金属网可作为焊接式应变计的基底。焊接式应变计安装后不需要经过一般应变计粘贴时所需要的加温固化处理,但若要获得高的测量精度,在将应变计基底焊到试件上后需要进行热处理以消除焊接时在金属基底和试件上产生的应力。金属薄片作基底的应变计刚度较大,会对试件产生增强效应,而金属网状基底的应变计增强效应则相对较小。

(3)引线

引线是采用焊接方式与敏感栅相连的、比敏感栅丝尺寸大几倍的金属导线。敏感栅的电阻变化通过引线引导到测量仪器中。为了减少引线带来的误差,通常用低电阻率和电阻温度系数较小的材料制成。其形状有细丝和扁带两种。

（4）盖层

盖层是指覆盖在敏感栅上面,以防止敏感栅遭受机械损伤、受腐蚀的保护物。它的材料可采用与基底材料相同的(或特制的)黏结剂胶膜、浸胶玻璃纤维布、呢绒等。

（5）黏结剂

黏结剂是指电阻应变计的敏感栅在基底上的固定或在敏感栅表面覆盖保护物时,所使用的黏结材料。

3.1.2 电阻应变计的工作原理

电阻应变计是一种用途广泛的高精度力学量传感元件,其基本任务就是把构件表面的变形量转变为电信号,输入相关的仪器仪表进行分析。在自然界中,除超导体外的所有物体都有电阻,不同的物体电阻不同。物体电阻的大小与物体的材料性能和几何形状有关,电阻应变计正是利用了导体电阻的这一特点。

电阻应变计的主要组成部分是敏感栅。敏感栅可以看作一根电阻丝,其材料性能和几何形状的改变会引起栅丝的阻值变化。

设一根金属电阻丝,由物理学可知其电阻为

$$R = \rho \frac{L}{A} \tag{3.1}$$

式中　R——金属丝的电阻;

ρ——金属丝的电阻率;

L——金属丝的初始长度;

A——金属丝的初始截面积。

当金属丝沿轴线方向产生变形时,其电阻值随之发生变化,这一物理现象称为电阻应变效应。为了说明产生这一效应的原因,对式(3.1)取对数并微分,得

$$\frac{\mathrm{d}R}{R} = \frac{\mathrm{d}\rho}{\rho} + \frac{\mathrm{d}L}{L} - \frac{\mathrm{d}A}{A} \tag{3.2}$$

式中　$\mathrm{d}A$——金属丝长度变化时由泊松效应造成的截面积改变。

若导体为圆截面,直径为 D,则有

$$\frac{\mathrm{d}A}{A} = 2\frac{\mathrm{d}D}{D} \tag{3.3}$$

因

$$\frac{\mathrm{d}D}{D} = -\mu\frac{\mathrm{d}L}{L} \tag{3.4}$$

式中　$\dfrac{\mathrm{d}L}{L}$——导体材料的纵向应变;

$\dfrac{\mathrm{d}D}{D}$——导体材料的横向应变;

μ——导体材料的泊松比。

故

$$\frac{\mathrm{d}A}{A} = -2\mu\frac{\mathrm{d}L}{L} \tag{3.5}$$

代入式(3.2)得

$$\frac{\mathrm{d}R}{R} = (1 + 2\mu) \frac{\mathrm{d}L}{L} + \frac{\mathrm{d}\rho}{\rho} \tag{3.6}$$

根据在高压下对金属导线性能的研究,发现导线电阻率是随其体积变化而变化的,可用下式表示为

$$\frac{\mathrm{d}\rho}{\rho} = C \frac{\mathrm{d}V}{V} \tag{3.7}$$

式中　V——金属导线的初始体积,$V = A \times L$;

　　　C——比例系数。

而

$$\frac{\mathrm{d}V}{V} = \frac{\mathrm{d}A}{A} + \frac{\mathrm{d}L}{L} = (1 - 2\mu) \frac{\mathrm{d}L}{L} \tag{3.8}$$

将式(3.8)代入式(3.7)得

$$\frac{\mathrm{d}\rho}{\rho} = C(1 - 2\mu) \frac{\mathrm{d}L}{L} \tag{3.9}$$

再将式(3.9)代入式(3.6)得

$$\frac{\mathrm{d}R}{R} = [C(1 - 2\mu) + (1 + 2\mu)] \frac{\mathrm{d}L}{L} \tag{3.10}$$

设

$$K_0 = C(1 - 2\mu) + (1 + 2\mu) \tag{3.11}$$

则

$$\frac{\mathrm{d}R}{R} = K_0 \frac{\mathrm{d}L}{L} = K_0 \varepsilon_{\mathrm{s}} \tag{3.12}$$

式中　ε_{s}——金属丝的线应变,$\varepsilon_{\mathrm{s}} = \mathrm{d}L/L$。

由此可知,金属导线的电阻相对变化与它的线应变成正比,其比例系数 K_0 通常称为金属导线的灵敏系数,它与导线材料的成分、加工过程和热处理状态有关,而与受力状态(即拉伸或压缩)无关。

应变计常用金属材料的灵敏系数等物理性能见表3.1。

铜镍合金(康铜)应用最广,因为它的灵敏系数对应变的稳定性非常高,不但在弹性变形范围内保持常数,而且进入塑性变形范围仍基本保持常数,所以测量范围大。同时它具有较高的电阻率、较小并且稳定的电阻温度系数,有利于制作具有较大电阻值的小尺寸应变计,通过按炉分选合金的温度特性还可以制造出适合不同结构材料的温度自补偿应变计。

表 3.1　应变计常用金属材料的物理性能

材料名称	牌号或名称	灵敏系数 K_0	电阻率 ρ /$(\Omega \cdot \mathrm{mm}^2 \cdot \mathrm{m}^{-1})$	电阻温度系数 /$(10^{-6} \cdot {}^{\circ}\!\mathrm{C}^{-1})$
铜镍合金	康铜	1.9 ~ 2.1	0.40 ~ 0.54	+20
铁镍铬合金		3.6	0.84	300
镍铬合金	6J22(卡玛)	2.4 ~ 2.6	1.24 ~ 1.42	±20
	6J23	2.4 ~ 2.6	1.24 ~ 1.42	±20

材料名称	牌号或名称	灵敏系数 K_0	电阻率 ρ /($\Omega \cdot mm^2 \cdot m^{-1}$)	电阻温度系数 /($10^{-6} \cdot \text{℃}^{-1}$)
铁铬铝合金		2.8	1.3 ~ 1.5	30 ~ 40
贵金属合金	铂	4 ~ 6	0.09 ~ 0.11	3 900
	铂铱	6.0	0.32	850
	铂钨	3.5	0.68	227

铁镍铬合金具有更高的应变灵敏度和疲劳强度,便于在动态测量中应用。但它具有影响其应用的不利方面:一是线性范围小,当应变大于 0.75% 时,其灵敏度大约从 3.6 降至 2.5,对实际测量的数据处理造成不便;二是它对温度变化尤为敏感,用它做成的应变计安装在钢试件上时,1℃ 温度变化会引起 300 ~ 400 $\mu\varepsilon$ 的表观应变读数,在测量时温度必须稳定,或采取必要的温度补偿措施。

卡玛(镍铬)合金与康铜(铜镍)合金一样可用来制造温度自补偿应变计,它的温度补偿范围更大,抗疲劳特性比铜镍合金好。

3.1.3　电阻应变计的各项工作特性

电阻应变计主要用于测量结构或机械部件应变和作为传感器中的敏感元件,这两项用途对电阻应变计的工作特性要求有所不同。电阻应变计的工作特性有很多项,对常温、中高温、低温几种不同工作温度使用的电阻应变计有不同的工作特性项目。先列出常温电阻应变计的 13 项主要工作特性(参考国家标准 GB/T 13992—2010《金属粘贴式电阻应变计》),再详细叙述。它们分别为灵敏系数、横向效应系数、热输出、应变计电阻、机械滞后、应变计漂移、蠕变、应变极限、绝缘电阻、疲劳寿命、灵敏系数的温度系数、热滞后及瞬时热输出。

1)应变计的灵敏系数

(1)定义

用应变计进行应变测量时,对应变计中金属丝需加一定的电压,为了防止电流过大,产生发热及熔断等现象,要求金属丝有一定的长度,以获得较大的初始电阻值,但测量构件应变时,要求尽可能缩短应变计的长度,以尽可能反映构件在一个小区域内的应变,在应变计中的金属丝一般做成如图 3.1 所示的栅状(称为敏感栅)。固定在构件上的应变计,其敏感栅的电阻变化不仅与敏感栅轴线方向的构件应变有关,而且与敏感栅弯头圆弧方向的构件应变有关,应变计的灵敏系数与上节由一段直的金属丝在拉伸(或缩短)状态下所得灵敏系数数值不相同,它与被测构件应变状态有关。

应变计的灵敏系数是指当将应变计安装在处于单向应力状态的试件表面,使其轴线(敏感栅纵向中心线)与应力方向平行时,应变计电阻值的相对变化与沿其轴向的应变之比值,通常记为 K,即

$$\frac{\Delta R}{R} = K\varepsilon_x \qquad (3.13)$$

式中　R——应变计电阻值;

ε_x——试件表面沿应变计轴向的应变；

ΔR——应变计电阻值的改变量。

（2）应变计灵敏系数的标定

应变计的灵敏系数 K 和金属丝的灵敏系数 K_0 不同，应变计的灵敏系数 K 与敏感栅的材料和形状、黏结剂、基底等有关，其值一般由制造厂实验测定，称为应变计的标定。灵敏系数的测定必须在符合上述定义的实验装置上进行，通常采用纯弯曲梁与等强度梁两种测定方法（见图 3.3），这两种测定方法基本原理相同，图 3.3（a）所示为一个纯弯曲梁实验装置，将被测定 K 值的应变计安装在梁的等弯矩区域内，并使其轴线与梁的轴线方向重合，当梁受载后，在等弯矩区域内，梁的上下表面是一个单向等应力场。可采用杠杆仪或挠度计以及理论计算方法确定梁的轴向应变 ε_x，同时设法测定在该载荷下，此应变计的电阻值的相对变化（$\Delta R/R$），按照式（3.13）即可求得应变计的灵敏系数。

在图 3.3（a）中，沿梁轴线方向安装一个三点挠度计，当梁受载变形后，挠度计上千分表的读数 f 与梁的轴向应变 ε_x 的关系为

$$\varepsilon_x = \frac{fh}{4l_0^2} \qquad (3.14)$$

式中　h——梁的高度，测得 f 后，可由上式求出 ε_x。

$\Delta R/R$ 值的测定一般采用电阻应变仪装置（详见本章第 3.3 节），选用精度较高，经过严格校准过的电阻应变仪，将梁上应变计作为工作片和另一补偿片接入应变仪中（详见本章 3.2 节），把应变仪的灵敏系数调在 $K_{仪}=2$ 上，经过预调平衡后加载，在应变仪上得到 $\varepsilon_{仪}$ 值，则 $\Delta R/R$ 值可由下式求得

$$\frac{\Delta R}{R} = K_{仪}\,\varepsilon_{仪} = 2\varepsilon_{仪} \qquad (3.15)$$

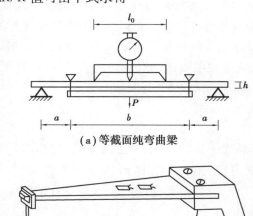

（a）等截面纯弯曲梁

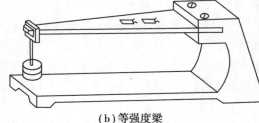

（b）等强度梁

图 3.3　应变计灵敏系数标定梁

由上可知，标定时，应变计轴向与 ε_x 方向重合。注意，梁表面各点处于单向应力状态，但应变是双向的，存在横向应变 $\varepsilon_y = -\mu_0\varepsilon_x$（$\mu_0$ 为材料的泊松比）。在图 3.4 中（L 为栅长，B 为栅宽），直线部分（长为 l）和弯头部分的敏感栅感受的应变并不一样。若直线部分感受拉应变 ε_x，则弯头部分感受的应变逐点变化，在点 a 为 ε_x，在点 b 则为 $-\mu_0\varepsilon_x$。测量所得的电阻变化是这两部分效应的综合结果。然而，用式（3.13）计算 K 值时，却仅代入梁的纵向应变值，这实际上是将弯头部分电阻应变效应的贡献包含于 K 的定义中。这在物理意义上使式（3.13）与式（3.12）有了区别。

2）横向效应系数

（1）横向效应系数的定义及测量方法

在一般情况下，即使构件只承受单向拉伸作用，其表面仍然是处在平面应变状态中，对沿构件轴向粘贴的应变计，其敏感栅的纵向部分由试件轴向伸长而引起电阻值增加，其敏感栅的

横向部分由试件横向缩短而引起电阻值减小。由此可知,将一根直的金属丝绕成敏感栅后,虽然长度不变,粘贴处的应变状态相同,但应变计敏感栅的电阻值变化比单根金属丝的电阻值变化要小,应变计的灵敏系数 K 比单根金属丝的灵敏系数 K_0 要小。这种由敏感栅感受横向应变而使应变计灵敏系数减小的现象,称为应变计的横向效应。

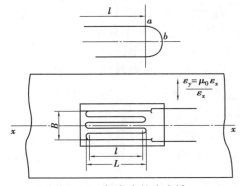

图 3.4　标定中的应变计

应变计处在平面应变状态下,它的电阻变化率是由应变计感受的纵向应变 ε_Z 和横向应变 ε_H 共同引起的,其电阻变化率可表示为

$$\frac{\Delta R}{R} = K_Z \varepsilon_Z + K_H \varepsilon_H \tag{3.16}$$

其中

$$K_Z = \frac{1}{\varepsilon_Z}\left(\frac{\Delta R}{R}\right)_{\varepsilon_H} = 0 \tag{3.17}$$

K_Z 称为应变计的纵向灵敏系数,它表示应变计处于单向应变 ε_Z 状态时,电阻变化率与纵向应变 ε_H 的比值。

$$K_H = \frac{1}{\varepsilon_H}\left(\frac{\Delta R}{R}\right)_{\varepsilon_Z} = 0 \tag{3.18}$$

K_H 称为应变计的横向灵敏系数,它表示应变计处于单向应变 ε_H 状态时,电阻变化率与横向应变 ε_H 的比值。

应变计横向效应的大小可用横向效应系数来表示。应变计的横向效应系数 H 是指应变计的横向灵敏系数 K_H 和它的纵向灵敏系数 K_Z 的比值,即

$$H = \frac{K_H}{K_Z} \tag{3.19}$$

这样,式(3.16)可表示为

$$\frac{\Delta R}{R} = K_Z\left(1 + H\frac{\varepsilon_H}{\varepsilon_Z}\right)\varepsilon_Z \tag{3.20}$$

应变计的横向效应系数 H 与应变计的几何形状、尺寸有关。栅长短而丝栅多的应变计,其 H 值较大。一般应变计的 H 值为 $0.1\% \sim 5\%$。应变计的横向效应系数 H 值通常都由试验测定。如图 3.5 所示为应变计横向效应系数的测定装置,它是一块横截面为槽形的长板,中间是很薄的工作区,其余部分尺寸粗大,这样可以使试件沿宽度方向容易变形,而沿长度方向不易变形。通过手轮螺栓使两边的夹板夹紧,使试件在宽度方向产生弯曲变形。可以做到当沿宽度方向的应变为 $1\,000 \times 10^{-6}$ 时,沿长度方向的应变不大于 2×10^{-6},从而可以近似认为该试件的工作区为沿宽度方向的单向应变场。在试件的工作区沿宽度和长度方向各贴一片待测应变计 R_1 和 R_2,加载后用仪器测得应变计的电阻变化率,则

$$H = \frac{\dfrac{\Delta R_2}{R_2}}{\dfrac{\Delta R_1}{R_1}} \tag{3.21}$$

比较式(3.13)和式(3.20)可知,两式是不同的。前式是应变计灵敏系数 K 值标定的计算公式,其只在下述 3 个特定条件下适用:

①标定梁处于单向应力状态下。

②应变计的纵向与标定梁的应力方向平行。

③标定梁材料的泊松比为 μ_0。

这 3 个条件保证了 $\dfrac{\varepsilon_H}{\varepsilon_Z} = -\mu_0$。如果应变计的使用情况不符合上述 3 个条件,即 $\dfrac{\varepsilon_H}{\varepsilon_Z} \neq -\mu_0$。

那么式(3.13)就不适用了,而式(3.20)仍然适用。实际上式(3.13)仅是式(3.20)在 $\dfrac{\varepsilon_H}{\varepsilon_Z} = -\mu_0$ 条件下的一个特例。此时,根据式(3.20),应变计灵敏系数 K 可表示为

$$K = \frac{\dfrac{\Delta R}{R}}{\varepsilon_Z} = K_Z(1 - \mu_0 H) \tag{3.22}$$

(2)横向效应系数引起的测量误差

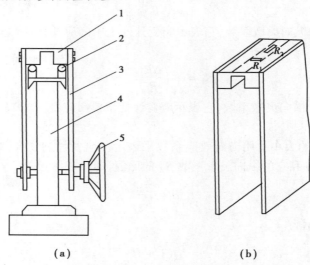

图 3.5 应变计横向效应系数的测定装置
1—测定横向效应系数的试件;2—滚柱;3—加力板;4—支架;5—加载手轮

如果应变计的使用情况不符合上述 3 个特定条件,而仍根据式(3.13)标定 K 值进行应变测量,就会产生误差。下面进行误差分析,设使用应变计原 K 值测得的应变值为

$$\varepsilon'_Z = \frac{1}{K}\left(\frac{\Delta R}{R}\right) = \frac{\varepsilon_Z + H\varepsilon_H}{1 - H\mu_0}$$

ε'_Z 与欲测应变 ε_Z 的相对误差为

$$e = \frac{\varepsilon'_Z - \varepsilon_Z}{\varepsilon_Z} = \frac{1}{\varepsilon_Z}\left(\frac{\varepsilon_Z + H\varepsilon_H}{1 - H\mu_0} - \varepsilon_Z\right) = \frac{H}{1 - H\mu_0}\left(\mu_0 + \frac{\varepsilon_H}{\varepsilon_Z}\right) \tag{3.23}$$

式(3.23)反映了应变计横向效应对应变测量的影响,分 3 种情况进行分析:

①若 $H = 0$,则 $e = 0$。表明无论是什么应力状态,只要应变计的横向效应系数为零,则无横向效应引起的误差。

②若 $H \neq 0$，只要 $\dfrac{\varepsilon_H}{\varepsilon_Z} = -\mu_0$，那么 e 仍为零。表明只要测点处于单向应力状态，且应变计是沿应力方向粘贴，则无横向效应引起的误差。

③若 $H \neq 0$、$\dfrac{\varepsilon_H}{\varepsilon_Z} \neq -\mu_0$，则应变计横向效应带来的应变测量误差不仅与 H 值的大小有关，而且与应变计感受的横向应变、纵向应变的比值 $\dfrac{\varepsilon_H}{\varepsilon_Z}$ 有关。

例3.1　在单向拉伸试件上，用一片应变计测定试件的横向应变，所贴应变计的纵向垂直于应力方向（见图3.6），试件的泊松比 $\mu = \mu_0 = 0.285$，若应变计的横向效应系数分别为 $H = 1\%$ 和 $H = 5\%$，求横向效应引起的误差。

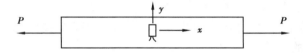

图 3.6　单向拉伸试件

解：设应变计纵向应变为 ε_Z、横向应变为 ε_H，设试件的纵向应变为 ε_x、横向应变为 ε_y，则

$$\frac{\varepsilon_H}{\varepsilon_Z} = \frac{\varepsilon_x}{\varepsilon_y} = -\frac{1}{\mu_0}$$

将 $H = 1\%$ 代入式（3.23）：

$$e = \frac{0.01}{1 - 0.01 \times 0.285}\left(0.285 - \frac{1}{0.285}\right) = -3.23\%$$

将 $H = 5\%$ 代入式（3.23）：

$$e = \frac{0.05}{1 - 0.05 \times 0.285}\left(0.285 - \frac{1}{0.285}\right) = -16.4\%$$

显然，当横向效应系数较大时，此例中应变计的横向效应给应变测量带来较大的误差。

（3）横向效应的测量修正

在应变测量时，为了提高测量精度，可选用横向效应系数小的应变计，或者采用修正方法消除应变计横向效应带来的测量误差。为了测定构件表面某一点处 x 方向上的真实应变 ε_x，除了在该点沿 x 方向贴一片应变计外，尚需沿与 x 方向垂直的 y 方向贴一片应变计。根据这两片应变计测得的应变读数 ε_x' 和 ε_y'，经过修正可得到测点处在 x 方向的真实应变 ε_x。与此同时，可得到该点处在 y 方向的真实应变 ε_y。由式（3.20）和式（3.22）得

$$\varepsilon_x' = \frac{1}{K}\left(\frac{\Delta R}{R}\right) = \frac{\varepsilon_x + H\varepsilon_y}{1 - \mu_0 H}$$

$$\varepsilon_y' = \frac{\varepsilon_y + H\varepsilon_x}{1 - \mu_0 H}$$

由上两式得

$$\begin{cases} \varepsilon_x = \dfrac{1 - \mu_0 H}{1 - H^2}(\varepsilon_x' - H\varepsilon_y') \\[2mm] \varepsilon_y = \dfrac{1 - \mu_0 H}{1 - H^2}(\varepsilon_y' - H\varepsilon_x') \end{cases} \qquad (3.24)$$

式(3.24)是一般平面应变状态下消除应变计横向效应影响的修正公式。

一般箔式应变计的 H 比丝绕式应变计的小很多,这是因为箔式应变计敏感栅的横栅可制得较宽,电阻较小,横向效应系数 H 随栅长减小而增大。例如,某种箔式应变计的栅长为 0.5 mm,1 mm,3 mm,5 mm,其横向效应系数分别为 2.0%,1.6%,1.2%,0.8%;某丝绕式应变计的栅长为 5 mm,10 mm,其横向效应系数分别为 2%,1%。

3) 热输出

应变计的敏感栅是金属材料制成的,其电阻率受温度影响,有

$$\rho_T = \rho_0(1 + \alpha_T \Delta T)$$

其中,ρ_T,ρ_0 分别是温度 T 和室温 T_0 时的电阻率,$\Delta T = T - T_0$,α_T 是电阻温度系数。若应变计粘贴在某构件上,环境温度变化引起构件温度变化 ΔT 所产生的电阻相对变化称为应变计的温度效应,用"热输出"这一工作特性度量应变计的温度效应,它定义为应变计安装在具有某线膨胀系数的试件上,试件可自由膨胀并不受外力作用,在缓慢升(或降)温的均匀温度场内,由温度变化引起的指示应变,用 ε_T 表示。

由温度变化形成的总电阻相对变化 $\left(\dfrac{\Delta R}{R}\right)_T$ 对应的热输出 ε_T 可表示为

$$\varepsilon_T = \left(\frac{\Delta R}{R}\right)_T \Big/ K = \frac{\alpha_T}{K}\Delta T + (\beta_e - \beta_g)\Delta T \tag{3.25}$$

式中　β_e——试件材料线膨胀系数;

　　　β_g——敏感栅材料的线膨胀系数;

　　　ΔT——温度变化。

式(3.25)说明 ε_T 与 α_T、β_g 有关外还与试件材料 β_e 有关,即 β_e 不同的材料上,同种应变计的热输出大小是不同的。

热输出检定方法是将若干枚电阻应变计安装在某试件上(一般厚度为 2 ~ 3 mm),并固定一热电偶以测温度,将应变计接线到电阻应变仪,取 $K_仪 = 2.00$,将试件放在加热装置内,在室温时调整应变仪指示为零,然后以 3 ~ 5 ℃/min 速率逐渐升温或以不高于 2 ℃/min 速率连续升温至极限工作温度,逐级升温的温度间隔级应不少于 5 个。

由每一温度级下各应变计热输出读数计算平均值 ε_T 及标准误差 S_T,给出平均热输出曲线。

4) 应变计电阻

这是指应变计未经安装,也不受外力,在室温下测量得到的电阻值。由于电阻应变仪和常用应变测量仪器测量电桥的桥臂电阻均按 120 Ω 设计,因此,应变电测中电阻值为 120 Ω 的应变计最为常用,也有阻值为 60 Ω,250 Ω,380 Ω,500 Ω,1 000 Ω 等的应变计。应变计制造单位要对应变计的阻值进行逐一测量,并按阻值分装成包,在包装上注明平均阻值及最大偏差。

5) 机械滞后

对已安装的应变计,当温度恒定时,在增加和减少机械应变过程中,同一机械应变下指示应变的差数,称为机械滞后 Z_j,如图 3.7 所示。机械应变是指仅由施加机械载荷而在试件上产生应力所引起的单位变形;指示应变是指由应变计测得的应变值,它是由指示器的读数经过对测量系统的影响进行修正得出的。

电阻应变计的敏感栅、基底和黏结剂在承受机械应变之后留下的残余变形会导致应变计

产生机械滞后。机械滞后总是存在的,其大小与应变计所承受的应变量有关,加载时的机械应变越大,卸载过程中的机械滞后就越大。尤其是新安装的应变计,第一次承受应变载荷时,常常产生较大的机械滞后,经历几次加卸载循环之后,机械滞后便明显地减少。通常在正式实验之前,最好以设计载荷(或稍大一些)对试件或构件预加载几次,以减小机械滞后的影响。

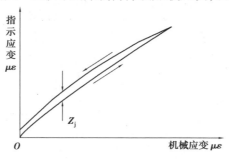

图 3.7　应变计的机械滞后

6) 应变计漂移

应变计的零点漂移(简称"零漂")是指在温度恒定的条件下,即使被测构件未承受应变,应变计的指示应变也会随时间的增加而逐渐变化的现象。

不同温度条件下,产生零漂现象的主要原因不同。在常温下工作的应变计,产生零漂的主要原因是敏感栅通以工作电流之后产生的温度效应、在制造和安装应变计过程中所造成的内应力,以及黏结剂固化不充分等。随着工作温度的增加,产生零漂的主要原因变为敏感栅材料的逐渐氧化、黏结剂和基底材料性能的变化等。在高温下工作的应变计,敏感栅材料氧化的速度迅速增加,并出现合金中某些元素挥发的现象,材料的电阻率发生变化,从而使应变计产生很大的零漂。

7) 蠕变

已经安装的应变计,在承受恒定机械应变情况下,温度恒定时指示应变随时间变化,称为应变计蠕变。一般在一小时内测定,对常温应变计要测定室温下蠕变并要求尽可能小。

蠕变现象与应变计基底材料有关,还与黏结剂的性能、固化程度、胶层的厚度以及粘贴时间长短有关,是一个综合作用效果。

8) 应变极限

已安装的应变计,在温度恒定时,指示应变和真实应变的相对误差不超过规定数值时的最大真实应变值,称为应变计应变极限。测定应变极限时,以相对误差±10% 为限制值,一般常温应变计应变极限为 8 000 ~ 20 000 μm/m,大应变应变计应变极限可高达 5 万(5%)、10 万(10%)至 20 万(20%)μm/m。

9) 绝缘电阻

已安装的应变计,其敏感栅及引线与被测试件之间的电阻值,称为应变计的绝缘电阻。应变计室温绝缘电阻一般很高,达 500 ~ 1 000 MΩ,如受潮湿或黏结剂固化不完全会引起绝缘电阻不稳定和急剧减小,致使无法进行测量。使用应变计时,这个电阻值往往作为黏结层固化程度和是否受潮的标志。绝缘电阻过低,会造成应变计与试件之间漏电而产生测量误差。安装在构件上的应变计通入工作电流以后,绝缘电阻可认为是与应变计敏感栅电阻形成并联关系,并联电路的分流作用使通过敏感栅的电流变小。绝缘电阻越低,分流作用就越大,通过敏感栅上的电流就越小,致使测量灵敏度降低,直接影响测量结果。绝缘电阻下降,将使应变计的指示应变比实际的应变值减小。一般来说,绝缘电阻越高越好,如果较低(如几十兆欧),只要稳定,也能满足测量要求。测定应变计绝缘电阻一般采用 15 ~ 100 V 电压兆欧表或高阻表。

10)疲劳寿命

应变计的疲劳寿命是指已安装在试件上的应变计,在恒定幅值的交变应变作用下,应变计连续工作,直至产生疲劳损坏时的循环次数。测定应变计的疲劳寿命时,规定交变应变的幅值为(1 000±50)μm/m,在恒定幅值的交变应力作用下,如果应变计断路、应变计输出幅值变化 10%,即认为其发生了疲劳损坏。

11)灵敏系数的温度系数

测定常温、中温、高温、低温应变计在工作温度范围内,灵敏系数随温度变化的数据。计算应变计在不同温度下的灵敏系数及其分散,计算每只应变计在相应温度范围内每 100 ℃灵敏系数的变化率 d_{Ki} 为

$$d_{Ki} = \frac{100 \cdot (K_{itm} - \overline{K}_0)}{(t_m - t_0) \cdot \overline{K}_0} \times 100\% \tag{3.26}$$

式中　$\overline{K}_0$——室温下被测应变计的平均灵敏系数;

　　　K_{itm}——单只应变计在极限工作温度下的灵敏系数;

　　　t_0——室温;

　　　t_m——极限工作温度。

将全部被检应变计的灵敏系数的变化率 d_K 取平均值,即为该批应变计每 100 ℃灵敏系数的变化率 $\overline{d}_K$。

$$\overline{d}_K = \frac{1}{n} \cdot \sum_{i=1}^{n} d_{Ki} \tag{3.27}$$

12)热滞后

已安装的应变计,当试件可自由膨胀并不受外力作用时,在室温与极限工作温度之间升温和降温,每一温度级的各应变的读数差,以其中最大值经灵敏系数修正即为该温度级应变计的热滞后值。

13)瞬时热输出

当应变计安装在某一线膨胀系数的试件上,试件可自由膨胀并不受外力作用,以一定速度快速升(或降)温时,由温度变化引起的指示应变,称为瞬时热输出。

3.1.4　电阻应变计的工作特性等级

应变计各单项工作特性分为 A、B、C 三级,各等级的工作特性应符合国家标准《金属粘贴式电阻应变计》(GB/T 13992—2010)中规定的技术指标要求。静态应用的常温应变计分为两种:一种用于应力分析;另一种用于传感器。其工作特性及技术要求分列于表 3.2 和表 3.3。对动态应用的常温应变计以及各种用途的中温、高温和低温应变计,在表 3.4 中所列出的应测和评级工作特性,其技术要求与用于应力分析的常温应变计相应的工作特性相同。

根据应变计测定结果依表 3.2 和表 3.3 按下列原则定级:

①A 级应变计:评级的工作特性必须全部达到 A 级,应测的工作特性均达到 C 级以上。

②B 级应变计:评级的工作特性必须全部达到 B 级,应测的工作特性均达到 C 级以上。

③C 级应变计:工作特性必须全部达到 C 级。

④对栅长小于 1 mm 的常温应变计和极限工作温度高于 600 ℃的高温应变计,它们的等级可以不按表 3.4 中规定的项目评定。

表 3.2　用于应力分析的应变计单项技术指标

序号	工作特性	说明			级别		
					A	B	C
1	应变计电阻	对平均值的允差	单栅	±%	0.3	0.5	0.8
			双栅		0.7	1.0	1.5
			多栅		0.8	1.0	1.5
		对标称值的偏差		±%	1.0	1.5	2.0
2	灵敏系数	对平均值的分散		±%	1	2	3
3	机械滞后	室温下的机械滞后		μm/m	3	5	8
		极限工作温度下的机械滞后		μm/m	10	20	30
4	蠕变	室温下的蠕变		μm/m	3	5	10
		极限工作温度下的蠕变		μm/m	20	30	50
5	横向效应系数	室温下的横向效应系数		±%	0.6	1	2
6	灵敏系数的温度系数	工作温度范围内的平均变化		±%/100℃	1	2	3
		每一温度下灵敏系数对平均值的分散		±%	3	4	6
7	热输出	平均热输出系数		(μm/m)/℃	1.5	2	4
		对平均热输出的分散		±μm/m	60	100	200
8	漂移	室温下的漂移		μm/m	1	3	5
		极限工作温度下的漂移		μm/m	10	25	50
9	热滞后	每一工作温度下		μm/m	15	30	50
10	绝缘电阻	室温下的绝缘电阻		MΩ	10^4	$2×10^3$	10^3
		极限工作温度下的绝缘电阻		MΩ	10	5	2
11	应变极限	室温下的应变极限		μm/m	$2×10^4$	10^4	$8×10^3$
		极限工作温度下的应变极限		μm/m	$8×10^3$	$5×10^3$	$3×10^3$
12	疲劳寿命	室温下的疲劳寿命		循环次数	10^7	10^6	10^5
		极限工作温度下的疲劳寿命					
13	瞬时热输出	根据用户需要,测试并给出应变计平均瞬时热输出数据或曲线					

表3.3 用于传感器的应变计单项技术指标

序号	工作特性	说明			级别		
					A	B	C
1	应变计电阻	对平均值的允差	单栅	±%	0.2	0.3	0.6
			双栅		0.7	1.0	1.5
			多栅		0.8	1.0	1.5
		对标称值的偏差		±%	0.5	0.8	1.5
2	灵敏系数	对平均值的分散		±%	1	2	3
3	机械滞后	室温下的机械滞后		μm/m	3	5	8
		极限工作温度下的机械滞后		μm/m	10	20	30
4	蠕变	蠕变对平均值的分散		±μm/m	3	5	10
		极限工作温度下的蠕变		μm/m	20	30	50
5	灵敏系数的温度系数	工作温度范围内的平均变化		±%/100℃	1	2	3
		每一温度下灵敏系数对平均值的分散		±%	3	4	6
6	热输出	平均热输出系数		(μm/m)/℃	1.5	2	4
		对平均热输出的分散		±μm/m	30	100	200
7	漂移	室温下的漂移		μm/m	1	3	5
		极限工作温度下的漂移		μm/m	10	25	50
8	疲劳寿命	室温下的疲劳寿命		循环次数	107	106	105
		极限工作温度下的疲劳寿命		循环次数			

表3.4 应变计应测和评级工作特性

序号	工作特性	常温应变计			中温、高温和低温应变计		
		静态		动态	静态	动态	快速升（降）温
		用于应力分析	用于传感器				
1	应变计电阻	○●	○●	○●	○	○	○
2	灵敏系数	○●	○●	○●	○	○	○
3	机械滞后	○	○●	--	--	--	--
4	蠕变	○●	○	--	--	--	--
5	横向效应系数	●	--	--	○		○
6	灵敏系数的温度系数	●	●	--	○●	○●	○●
7	热输出	○●*	○●	--	○●	--	--
8	漂移	--	○	○	--	--	--
9	热滞后	--	--	--	○	--	--

续表

序号	工作特性		常温应变计			中温、高温和低温应变计		
			静态		动态	静态	动态	快速升（降）温
			用于应力分析	用于传感器				
10	瞬时热输出		--	--	--	--	--	○●
11	绝缘电阻		○	○	○	--	--	--
12	应变极限		--	--	○	--	--	--
13	疲劳寿命		--	--	○●	--	--	--
14	极限工作温度	机械滞后	--	--	--	○	--	○
15		蠕变	--	--	--	○●	--	--
16		漂移	--	--	--	○	--	--
17		绝缘电阻	--	--	--	○	○	○
18		应变极限	--	--	--	○	○	○
19		疲劳寿命	--	--	--	--	○●	--

注：

○：为出厂检验应测的工作特性（简称"应测"）；

●：为评定应变计等级的工作特性（简称"评级"）；

*：非温度自补偿的应变计可不做热输出检验；

--：为不检项目。

3.1.5　电阻应变计的类型

电阻应变计的分类方法很多，通常是根据应变计敏感栅材料、基底材料、应变计的安装方式、工作温度范围、用途等进行分类。

根据敏感栅材料不同，应变计可分为金属应变计、半导体应变计及金属或金属氧化物浆料应变计3类。金属应变计包括丝式（丝绕式、短接式）应变计、箔式应变计和薄膜应变计；半导体应变计包括体型半导体应变计、扩散型半导体应变计和薄膜半导体应变计；金属或金属氧化物浆料主要用于制作厚膜应变计。

根据基底材料不同，应变计可分为纸基应变计、胶膜基底（缩醛胶基、酚醛基、环氧基、聚酯基、聚酰亚胺基等）应变计、玻璃纤维增强基底应变计、金属基底应变计及临时基底应变计等。

根据安装方式不同，应变计可分为粘贴式应变计、焊接式应变计和喷涂式应变计。

根据允许使用的工作温度范围，应变计可分为低温应变计（-30 ℃以下）、常温应变计（-30 ~ 60 ℃）、中温应变计（60 ~ 350 ℃）及高温应变计（350 ℃以上）。

根据用途，应变计可分为一般用途、特殊用途和传感器专用应变计。前两种一般用于结构应力应变测量和作传感器敏感元件，后者专用于性能要求的传感器中。

1）金属丝式应变计

金属丝式应变计的敏感栅一般是用直径为 0.01 ~ 0.05 mm 的铜镍合金或镍铬合金的金

属丝制成,可分为丝绕式和短接式两种。丝绕式应变计是用一根金属丝绕制而成(见图3.8)。短接式应变计是用数根金属丝按一定间距平行拉紧,然后按栅长大小再横向焊以较粗的镀银铜导线,再将铜导线相间地切割开来而成(见图2.9)。

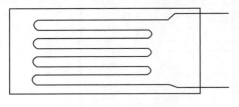

图3.8 丝绕式应变计

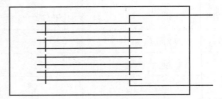

图3.9 短接式应变计

(1)丝绕式应变计

丝绕式应变计的疲劳寿命和应变极限较高,可作为动态测试用传感器的应变转换元件。丝绕式应变计多用纸基底和纸盖层,其造价低,容易安装。但这种应变计敏感栅的横向部分是圆弧形,其横向效应较大,测量精度较差,而且其端部圆弧部分制造困难,形状不易保证相同,使应变计性能分散,在常温应变测量中逐步被其他种类的应变计代替。

(2)短接式应变计

短接式应变计也有纸基和胶基等种类。短接式应变计由于在横向用粗铜导线短接,因此横向效应系数很小(<0.1%),这是短接式应变计的最大优点。另外,在制造过程中敏感栅的形状较易保证,其测量精度高。但它的焊点多,焊点处截面变化剧烈,这种应变计疲劳寿命短。

2)金属箔式应变计

金属箔式应变计电阻敏感元件不是金属丝栅,而是通过光刻、腐蚀等工序制成的薄金属栅,称为箔式电阻应变计,如图3.10所示。它的基底和盖层多为胶质膜,基底厚度一般为0.03~0.05 mm。它是把应变合金轧制成厚0.001~0.01 mm的金属箔,经过一定热处理后,涂刷一层树脂(环氧、聚酯、聚酰亚胺等),经聚合处理后形成基底;在未涂树脂的一面用光刻腐蚀工艺得到敏感栅;焊上引出线,在敏感栅一面涂一层保护膜即成。其工作原理基本与丝绕式应变计相同。金属箔式应变计的优点是:尺寸准确,便于成批生产;制造工艺灵活,可以制成小栅长(可达0.2 mm)和特殊用途的应变计;散热性好,允许通过较大的电流,便于提高输出灵敏度;敏感栅横向部分的尺寸可设计得远大于纵向部分尺寸,使横向单位长度电阻远远小于纵向栅丝的单位长度电阻,可以有效地减小应变计的横向效应系数;基底为胶基,绝缘性和耐热性好,蠕变及机械滞后小,灵敏系数分散性也小。由于这些优点,在常温应变测量中,箔式应变计逐渐取代了丝绕式应变计。

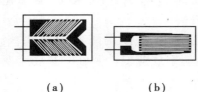

(a)   (b)   (c)

图3.10 金属箔式应变计

3)单轴与多轴应变计

金属电阻应变计可以按敏感栅的结构形状分为以下几类:

①单轴应变计。单轴应变计一般是指具有一个敏感栅的应变计[见图3.10(b)]。这种应变计可用来测量单一方向的应变。

②单轴多栅应变计。把几个单轴敏感栅粘贴在同一个基底上,可构成平行轴多栅和同轴

多栅,如图 3.11 所示。这种应变计可方便地测量构件表面的应变沿某个方向的应变变化梯度。

（a）平行轴多栅

（b）同轴多栅

图 3.11　单轴多栅应变计

③应变花(多轴应变计)。具有两个或两个以上轴线相交呈一定角度的敏感栅制成的应变计称为多轴应变计,也称应变花,如图 3.12 所示。其敏感栅可由金属丝或金属箔制成。采用应变花可方便地测定构件上某一点处的多个应变分量。

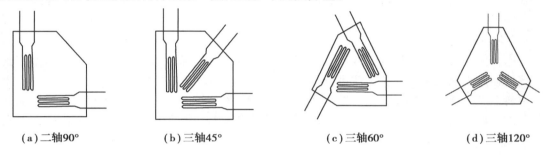

（a）二轴90°　　　　（b）三轴45°　　　　（c）三轴60°　　　　（d）三轴120°

图 3.12　应变花

4)薄膜应变计

薄膜应变计的"薄膜"是制作时用真空蒸发、溅射、等离子化学气相淀积等技术而得到的薄膜。例如,采用真空镀膜工艺,在薄的绝缘基片上蒸发金属电阻薄膜,再加上保护层就制成了薄膜式应变计。其厚度约在零点几纳米到几百纳米。薄膜应变计的制造工艺环节少,工艺周期短,成品率高,获得广泛的应用。

5)几种特殊用途的应变计

(1)裂纹扩展应变计

裂纹扩展应变计的敏感栅由平行栅条组成(见图 3.13),一般用于断裂力学实验中,检测构件在载荷作用下裂纹扩展的过程及扩展的速率。实验时粘贴在构件裂纹尖端处,随着裂纹的扩展,栅条依次被拉断,应变计的电阻逐级增加。根据事先作出的断裂顺序与电阻变化曲线,可推断裂纹的扩展情况。根据各栅条断裂时间,即可计算出裂纹的扩展速率。

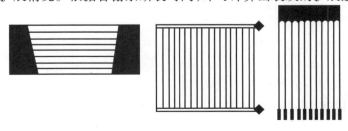

图 3.13　裂纹扩展应变计

（2）疲劳寿命应变计

疲劳寿命应变计用于测量构件的疲劳寿命，它由经过退火处理的康铜箔制成的敏感栅夹在两层浸过环氧树脂的玻璃纤维布中间形成。当应变计粘贴在承受交变载荷的构件上时，应变计丝栅在交变载荷作用下发生冷作硬化，而使电阻发生变化，电阻变化值与交变应力的大小、循环次数成比例，通常可用实验方法来建立经验公式。使用时可由电阻变化来推算交变应变的大小及循环次数，从而预测构件的疲劳寿命。

（3）大应变量应变计

大应变量应变计用于测量5%～20%大应变或超弹性范围应变。为避免丝栅与粗引线之间的应力集中，中间采用细引线过渡。箔式应变计的引线应弯成弧形，然后焊接，敏感栅由经过获得大变形及退火处理的康铜制成，基底可用浸过增塑剂的纸（应变5%～12%）或聚酰亚胺（应变20%），黏结剂可用环氧树脂、聚氨酯添加增塑剂制成。这种应变计受压时敏感栅会发生轴向屈曲，承受的拉应变远大于压应变。当用于交变应变量测时，测量范围不应超过允许的压应变界限。

（4）双层应变计

在进行薄壳、薄板应变的测量时，需要在壳和板的内、外表面对称贴片。而对体积小或密封的结构在内表面贴片几乎是无法进行的。双层应变计为解决这些问题提供了条件，在不太厚的塑料上、下表面粘贴应变计，并在应变计表面涂环氧树脂保护层。使用时将此双层应变计粘贴在被测构件的外表面，利用弯曲应变线性分布及轴向应变均匀分布特点，同时测出弯曲及轴向应变。

（5）防水应变计

在潮湿环境或水下，特别在高水压作用下，应采用防水应变计。常温短期水下应变测量可在箔式应变计表面涂防护层（如水下环氧树脂）。长期测量可用热塑方法将应变计夹在两块薄塑料板中间，或采用防水、防霉、防腐蚀的特种胶材料作为应变计的基底和覆盖层制成防水应变计。

（6）屏蔽式应变计

屏蔽式应变计的上、下两面均有铜箔构成屏蔽层，常用于电流变化幅度大的环境中的应变测量，如在电焊机旁或电气化机车轨道应变的测量。在强磁场中，若采用镍铬敏感材料，可减小磁致效应。

3.1.6　电阻应变计的型号组成

国家标准《金属粘贴式电阻应变计》（GB/T 13992—2010）对应变计的型号编制进行了统一的规定，由汉语拼音字母和数字组成，共有8项，在实际应用中，制造单位往往按7项给出（见图3.14）。

①第一项的字母表示应变计的类别。

应变计类别代号：B—箔式应变计；S—丝式应变计；T—特殊用途应变计。

②第二项的字母表示应变计的基底材料。

应变计基底材料代号：H—环氧类；F—酚醛类；J—聚酯类；B—玻璃纤维布浸胶类；A—聚酰亚胺类；Q—其他。

③第三项的数字表示应变计的标称电阻值，其单位为欧姆（Ω）。

④第四项的数字表示应变计的栅长。

栅长小于 1 mm 时，小数点省略。如栅长 0.2 mm，表示为 02。对某些应变计，它们的敏感栅尺寸不能用栅长来表示，则该项数字所表示的结构尺寸由制造单位规定。

⑤第五项由两个字母组成，表示应变计敏感栅的结构形状。

对存在栅中心距的应变计，可在字母后的括号内加数字以表示栅间距；应变计结构形状常用代号见表3.5。

⑥第六项的数字表示应变计的极限工作温度，常温应变计此项省略。

⑦第七项括号内的数字，表示温度自补偿应变计所适用试件材料的线膨胀系数，对非温度自补偿应变计此项省略。

示例 1：BH350-3AA100（23）表示：应变计的类别为箔式，基底材料为环氧类，应变计的标称电阻值为 350 Ω，栅长为 3 mm，应变计敏感栅的结构形状为单轴，极限温度为 100 ℃，温度自补偿所适用试件材料线膨胀系数为 23×10^{-6}/℃ 的电阻应变计。

示例 2：BF120-5CA 表示：应变计的类别为箔式，基底材料为酚醛类，电阻值为 120 Ω，栅长为 5 mm，应变计敏感栅的结构形状为三轴 45° 的常温电阻应变计。

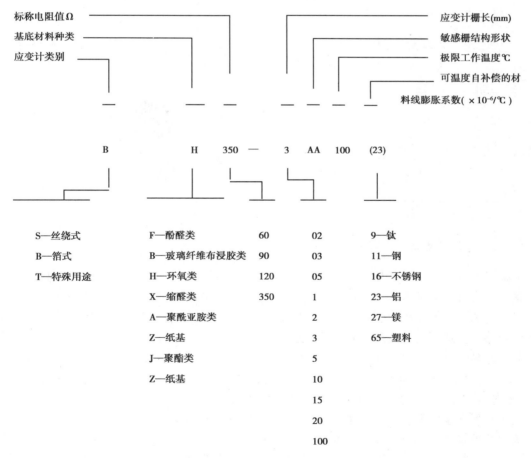

图 3.14　电阻应变计的型号组成

表 3.5　应变计敏感栅结构形状说明

序号	代表字母	结构形状	说明	序号	代表字母	结构形状	说明
1	AA	—	单轴	13	FB	‖	平行轴二栅
2	BA	⌐	二轴 90°	14	FC	‖‖	平行轴三栅
3	BB	⌐	二轴 90°	15	FD	‖‖‖	平行轴四栅
4	BC	+	二轴 90°重叠	16	GB	—	同轴二栅
5	CA	∠	三轴 45°	17	GC	- - -	同轴三栅
6	CB	⊁	三轴 45°重叠	18	GD	- - - -	同轴四栅
7	CC	△	三轴 60°	19	HA	<	二轴二栅
8	CD	人	三轴 120°	20	HB	<<	二轴四栅
9	DA	∕∐	四轴 60°/90°	21	HC	<<<	二轴六栅
10	DB	∐	四轴 45°/90°	22	HD	<<<<	二轴八栅
11	EA	✕	二轴四栅 45°	23	JA		螺旋栅
12	EB	▭	二轴四栅 90°	24	KA		圆膜栅

3.1.7　电阻应变计的黏结剂

电阻应变计的黏结剂是用于制作电阻应变计基底(胶膜或厚纸、玻璃纤维)用材料、覆盖层和粘贴应变计所用的各种黏结剂的总称。常温应变计是通过黏结剂(俗称应变胶)粘贴到构件表面上的。在测量中,构件表面的应变是通过黏结层和应变计基底传递给敏感栅的,根据应变计类型选择适当的应变胶,对提高应变计的粘贴质量至关重要。

应变计黏结剂要满足一定的要求,理想的黏结剂在固化后要有较强的黏结力、抗剪切强度高、蠕变小、受温度及湿度影响小、热膨胀系数与构件相近、对应变计基底及敏感栅无腐蚀作用、绝缘电阻大,此外,工艺性要好、易涂刷、固化速度适当等。

表 3.6 列出了常温应变计的常用黏结剂,分别对其进行说明。

硝化纤维素黏结剂是早期使用的应变胶,以丙酮-硝化纤维素(赛璐珞)为代表。其价格低廉,使用方便,曾广泛用于粘贴纸基应变计。但这种胶中溶剂(丙酮)占 85%,溶质(赛璐珞)只占 15%,固化时有大量溶剂挥发,胶层体积收缩,使应变计敏感栅受到压缩而产生残余应力,它的另一个缺点是容易吸潮。

表 3.6　粘贴应变计的常用黏结剂

序号	类型	主要成分	牌号	适用应变计	最低固化条件	固化压力/(N·cm⁻²)	使用温度/℃
1	硝化纤维素黏结剂	硝化纤维素、溶剂	—	纸基底	室温:10 h,或 60 ℃:2 h	5～10	−50～60
2	氰基丙烯酸酯黏结剂	氰基丙烯酸酯	KH501 KH502	纸、胶、玻璃纤维布基底	室温:1 h	粘贴时指压	−50～60
3	环氧树脂类黏结剂	环氧树脂、邻苯二甲酸二丁酯、乙二胺	—	胶、玻璃纤维布基底	常温固化	10	−50～100
3	环氧树脂类黏结剂	环氧树脂、胺类固化剂	914		室温:2.5 h	粘贴时指压	−60～80
4	酚醛树脂类黏结剂	酚醛树脂、聚乙烯醇缩丁醛	JSF-2	酚醛胶、玻璃纤维布基底	150 ℃:1 h	10～20	−60～150
5	氯仿黏结剂	氯仿(三氯甲烷)、有机玻璃粉末	—	玻璃纤维布基底(粘贴于有机玻璃试件)	室温:3 h	粘贴时指压	—

氰基丙烯酸酯黏结剂是目前应用很广泛的品种,又称快干胶。这种胶无须加压、加温,仅靠自然吸收空气中的微量水分,即可在常温下短时间内产生聚合反应而固化,用它粘贴应变计,几分钟就能粘住,1 h 后就可以用于测量(但要达到最高黏结强度需待 10～24 h 后),使用时只需加一定指压即可。这种胶在现场测试、任务紧急的情况下具有明显优势。其缺点是不易保存,应在暗处 10 ℃以下密封储存,且不超过半年。这种胶的耐潮性能稍好于硝化纤维素黏结剂,但必须采取防潮措施,未经防潮处理,一般半年以上粘贴的应变计就不能正常使用了。它的另一个缺点是固化速度过快,不易操作,要求有熟练的操作技巧。

环氧树脂类黏结剂是一种通用性很强的胶。用它做应变胶,黏结力强,能承受较大的应变,抗湿性、绝缘性好,固化时因无挥发物故收缩量小,不致造成应变计的残余应力。这种胶是二液性(双组分)的,胶体是环氧树脂,可长期保存,使用时需加入固化剂,方能产生聚合反应而固化。配置环氧胶常用的环氧树脂为浅黄色至琥珀色的透明黏稠液体(遇热变稀),加入胺类固化剂时,将产生放热反应,释放出热量,可在室温下固化。环氧胶的配方很多,但都应严格遵守各种材料的配比,尤其是使用胺类固化剂时更应注意。表 3.6 所列常温固化环氧胶的配比为:

环氧树脂:	100 g
邻苯二甲酸二丁酯(增塑剂):	20 g
乙二胺(固化剂):	6～7 g

环氧树脂胶要现用现配。配制时,先用天平称好环氧树脂质量,盛于烧杯等敞口容器中,加热至流态;加入增塑剂搅拌均匀,再加入固化剂并迅速将烧杯浸入冷水中散热。然后用玻璃

棒沿一个方向搅拌,使混合物由黏度很大变为黄色半流体即可使用。因乙二胺加入后与环氧树脂发生放热反应,初期 15 min 内可达 70～80 ℃,故使用中烧杯要置于冷水中降温,否则就会使一部分尚未反应的乙二胺急剧反应而产生大量气泡,环氧树脂也随之变为多孔固体。

表 3.6 中的另一种环氧胶 914 是新型室温快速固化黏结剂。它将树脂(A)和固化剂(B)两个组分分装在两个锡管中,使用时按质量比 6(A)∶1(B)或体积比 5(A)∶1(B)混合均匀,在几分钟内用完,在室温下 3～5 h 即可固化。

酚醛树脂类黏结剂需要加热才能产生聚合反应,而且反应中有水产生。水受热会汽化,为了避免水汽不能完全逸出而在胶层中生成气泡,这种聚合过程需要对应变计施加适当压力。由于要加温、加压进行固化,因此这种胶使用不太方便,一般用于传感器的应变计粘贴。有些胶基应变计的基底材料为酚醛树脂,如用这种胶粘贴应变计有利于发挥应变计的性能。

氯仿是可以溶化有机玻璃的溶剂,加入少量有机玻璃粉末,可以适当增加其黏稠度成为氯仿黏结剂,它只适合在有机玻璃上粘贴玻璃纤维布基底或纸基应变计,应变计粘贴后,黏结层中的少量氯仿会立即溶化有机玻璃表面并在短时间内挥发而固化,其固化速度与氰基丙烯酸酯黏结剂接近。

3.1.8 电阻应变计的选择及粘贴技术

在应变测量时,只有正确选用和安装使用应变计,才能保证测量精度和可靠性,达到预期的测试目的。应变计的选择和粘贴是非常重要的一个环节,同时是一项非常细致的工作。

1)电阻应变计的选择

应变计的种类繁多,选用时应根据测试的环境条件、被测构件的应变状态、被测构件的材料性质、应变计的尺寸和电阻值及测量精度等因素来决定。一般考虑以下几个方面:

(1)测试的环境条件

①环境温度。测量时应根据构件的温度选择合适的应变计,使得在给定的试验温度范围内,应变计能正常工作。

②环境湿度。潮湿对应变计性能影响极大,会出现绝缘电阻降低、黏结强度下降等现象,严重时则无法进行测量。为此,在潮湿环境中,应选用防潮性能好的胶膜应变计,如酚醛-缩醛、聚酯胶膜应变计等,并采取恰当的防潮措施。

③磁场环境。应变计在强磁场作用下,敏感栅会伸长或缩短,使应变计产生输出。敏感栅材料应采用磁致伸缩效应小的镍铬合金或铂钨合金。

(2)被测构件的应变状态

①应变分布梯度。应变计测出的应变值是应变计栅长范围内的平均应变,当构件上的应变沿测试方向为均匀分布时,可以选用任意栅长的应变计,对测试精度无直接影响,此种情况尽量选择栅长大的应变计,其横向效应系数小,且粘贴的方位比较容易控制。如果是对应变梯度大的构件进行测试,则应视具体情况选用栅长小的应变计。

②应变性质。对静态应变测量,温度变化是产生误差的重要原因,如有条件,可针对具体试件材料选用温度自补偿应变计。对动态应变测量,应选用疲劳寿命高的应变计,如箔式应变计。

(3)被测构件的材料性质

①若被测构件的材料为弹性模量较高的均质材料(如金属材料),则对应变计无特殊

要求。

②若被测构件的材料为非均质材料(如木材、混凝土等),则应选用栅长较大的应变计,以消除材料不均匀带来的影响。用于混凝土表面应变测量的应变计,其栅长一般应比颗粒的直径大 4 倍以上。

(4)应变计尺寸

应变计尺寸的选择是根据试件的材料和应力状态,以及允许粘贴应变计的面积而定。例如,对混凝土、铸铁、木材等表面粗糙、不匀的材料,选用栅长较大的应变计。对表面光滑、均匀的材料,选用栅长较小的应变计。对试件表面应力分布均匀或变化不大,且允许粘贴面较大的情况下,选用栅长较大的应变计。若在试件的应力集中区域,或允许粘贴面积很小的情况下,选用栅长较小(如 1 mm 以下)的应变计。对塑料等导热性差的材料,一般选用栅长大的应变计。应变计的尺寸越小,粘贴的方位越难控制,对粘贴质量的要求越高。在确保测量精度和有足够安装面积的前提下,选用栅长较大的应变计为宜。

如果应变计用于动态应变测量,则选择应变计的栅长时,还应考虑应变计对频率的响应等要求。

(5)应变计的电阻值

应变计电阻值的选择一般根据测试仪器对应变电阻值和测量应变灵敏度的要求,以及测试条件等来选定。例如,应力分析测试常用的电阻应变仪通常是按应变计电阻值为 120 Ω±5 Ω 进行设计,应力分析测试时,普遍选用电阻值为 120 Ω 的应变计。而用于传感器的通常选用高电阻值(如 350 Ω,500 Ω,1 000 Ω,5 000 Ω)的应变计,这样可以提高其稳定性。有时为了减少应变计引线和连接导线的电阻对应变计应变灵敏度的衰减作用,或为了提高动态应变测量的信噪比,也选用高电阻值的应变计。

(6)根据测试精度

一般认为以胶膜为基底、以铜镍合金和镍铬合金材料为敏感栅的应变计性能较好,它具有精度高、长时间稳定性好以及防潮性能好等优点。

2)电阻应变计的粘贴

(1)检查、分选应变计

检查应变计的外观,剔除那些敏感栅有形状缺陷、片内有气泡、霉变或锈点等的应变计。再用万用表逐一测量剩下的应变计阻值,检查应变计有无断路、短路的情况,并按阻值进行分选,以保证使用同一温度补偿片的一组应变计的电阻值相差不超过 0.50 Ω。

(2)构件测点表面处理

构件表面需事先进行处理,干净光滑的表面只需用中粒度砂纸沿与贴片方向呈±45°交叉打出纹路,这样便于加强胶层附着,提高粘贴强度;不光滑、不干净的表面,应先用手提砂轮机、刮刀或锉刀等工具平整,除去油漆、电镀层、氧化皮、锈斑等,油污可用甲苯、四氯化碳、汽油等清洗,最后与光滑表面一样用砂纸打出纹路。如果不是立即粘贴应变计,可在构件表面涂一层凡士林暂作保护,等粘贴时再清除。

(3)粘贴应变计

用脱脂棉球蘸丙酮等挥发性溶剂清洗测点表面,以清除油脂、灰尘等,反复进行直至棉球上无污迹,然后用钢画针画出贴片定位线,再进行一次擦洗,直至棉球上不见污迹为止。禁止用手触摸或口吹已处理好的表面,否则容易使测点表面生锈。稍停几分钟,等表面溶剂彻底挥发后方可粘贴应变计,溶剂若不彻底挥发,将使测点表面略带酸性,影响胶的黏结力。

使用硝化纤维素应变胶时,先用小排笔在测点面上薄薄涂一层胶,将应变计放上,用尖嘴镊子轻轻找正方位,然后盖上一层聚乙烯薄膜(或玻璃纸),用手指沿应变计粘贴方向轻轻滚压挤出多余胶水,使胶层薄而均匀,再检查一下应变计方位,调整后用拇指垂直于测点面加压数分钟使气泡完全排出即可。最后从应变计无引线的一端开始向有引线的一端揭掉聚乙烯薄膜,用力方向尽量与黏结表面平行。

使用氰基丙烯酸酯黏结剂(如502胶水、501胶水黏结剂)时,用半干酒精棉球擦一下应变计底面,以防曾用手触摸使基底存有汗渍。待酒精完全挥发后,用尖头无齿小弹力镊子平夹应变计引出线一端的基底上(注意不要夹着敏感栅),用手捏直应变计引出线并使其稍弯向非粘贴面一方,再使应变计粘贴面向上,在其上滴上一小滴胶液,然后翻转应变计,把握好贴片方向和测点位置,将应变计置于测点,靠胶液自身的流浸性使测点面与应变计粘贴面都浸均胶水,用镊子迅速找正应变计方位,然后在应变计上垫一层聚乙烯薄膜,用中指轻按非引出线一端并平稳向引出线一端轻轻滚压,挤出多余胶水。去掉薄膜,迅速检查并纠正应变计方位,再垫上薄膜用拇指垂直于测点面施压 3~5 min 即可。如果应变计粘贴效果不佳,如有气泡、方位误差太大或应变计损坏等,需要重贴新的应变计时,一定要除去原胶层,重新清洁处理好测点表面。

(4)固化

硝化纤维素胶靠自然干燥使溶剂挥发即可固化。为了促进这一过程,可在自然干燥几小时后,用红外线灯照射(避免直接照射应变计),将贴片区加热到 60~70 ℃,几小时后即可测量。有曲率的表面,在固化过程中要对应变计加一些压力,以免应变计翘起。加压时垫一层玻璃纸和橡胶等柔软材料。501、502 胶靠空气中的少量水分产生聚合反应而固化,无须加热加压,1 h 后基本固化。

(5)检查

检查应变计外观,并对其电阻值和绝缘电阻进行测量,应变计粘贴后,其阻值应无明显变化。绝缘电阻是应变胶固化程度的标志,胶层完全固化,绝缘电阻可达上万兆欧。一般的测量要求绝缘电阻不小于 100 MΩ,动态测量时间一般不长,绝缘电阻有几十兆欧即可。环境恶劣而且测量时间长,绝缘电阻要达到几千兆欧。外观检查可用应变仪进行,将应变计接到应变仪,调整好零点,用橡皮压应变计表面,注意示值的反应,如果压后示值不能恢复,说明应变计未能完全粘牢,应刮掉重粘。

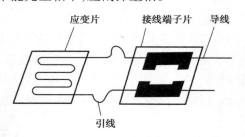

图 3.15　接线端子片连接导线示意图

(6)连接固定导线

导线连接可在黏结剂固化过程中进行,这是非常细致的工作。应变计引出线一般会被粘到构件表面,注意用镊子轻轻拉离,用力过大、过急都容易使引出线损坏或使焊点脱离。在应变计与导线之间最好通过接线端子进行连接,如图 3.15 所示。接线端子片要在贴片时同时粘贴。导线必须固定(动态测量时,构件上的导线必须完全固定),以免在拉动时损坏应变计。应变计引出线、导线与端子的连接用锡焊,锡焊时端子的焊点处应用砂纸砂掉保护层,使用松香或焊油给焊点处及线头处挂锡,然后焊接,注意引出线应弯曲,不可拉得太紧。使用焊油时必须在焊完后将残留的焊油用酒精棉球清理干净,以免影响导线间的绝缘,造成测量时的不稳定。已焊好的导线应在试件上沿途固定,固定的方法有用胶布粘、用胶粘(如用 502 胶粘)等。焊好的应变计要用万用表或应变仪检查是否存在不通或不稳定等问题。出现问题要查明原因,立即解决。

3.1.9　电阻应变计的防护

在实际测量中,应变计可能处于多种环境之中,外界的有害因素,如水、蒸汽、机油等都会对应变计起破坏作用。胶层和基底吸收水分后,会造成电学性能变坏、应变传递能力降低而使指示应变漂移,反复受潮会造成应变计自行脱落。要根据需要对应变计采取一定的防护措施,使其与外界有害因素隔离,有时需要兼有一定的机械保护作用。

用硝化纤维素胶粘贴的纸基应变计最容易受潮,若不是粘贴好以后短时间内立即使用,一般都需要采取防潮措施。胶基应变计防潮性能好,若使用环氧树脂类胶进行粘贴,在使用环境不太恶劣、非长期使用时,可以不采取防潮措施。对常温应变计,常采用硅橡胶密封剂防护方法。这种方法是用硅橡胶直接涂在经一般清洁处理的应变计周围,在室温下经 12 ~ 24 h 即可黏合固化,放置时间越长,黏合效果越好。硅橡胶作为防护的优点是使用方便、防潮性能好、附着力强、储存期长、耐高低温、对应变计无腐蚀作用,缺点是强度较低。

应变计的防护工作要在应变计粘贴好并检查一切性能符合要求的情况下进行。为了提高绝缘电阻,防护前应变计应经过红外灯烘烤。硝化纤维素在经烘烤后的短时间内吸潮速度特别快,防护工作要及时进行。特别是室外作业,应变计应及时烘烤,及时防护,不可过夜。

应变计的防护方法取决于其工作条件、工作期限及要求的测量精度,几种有效的方法如下:

静态实验、条件不太恶劣时,简单的方法是将构件加热到 60 ℃ 左右,在应变粘贴区域涂一层约 2.5 mm 厚的石蜡,为了保护防护层不被碰坏,可在防护层外面包一层绝缘胶带。因低于 5 ℃ 石蜡会变脆而开裂,高于 80 ℃ 石蜡开始熔化,故按此防护的应变计可在 5 ~ 80 ℃ 条件下工作,并可承受很高的湿度甚至浸水。

用医用纯凡士林进行防护是一种简单易行的方法。将凡士林加热熔化,升温过程中去掉水分,冷却后即可使用。凡士林防水耐潮性能很好,对应变计及胶层无腐蚀作用。它的缺点是容易被剥掉,熔点低(55 ℃ 左右),只适用于短时间使用和不需要机械保护的防护。

还有一种防潮剂,配方(质量比)为石蜡∶松香∶凡士林∶机油=45∶7∶15∶10。它与纯石蜡相比,涂敷性较好,不易开裂。但它质地较软,易被刮掉。另外,它溶于机油,不适合对机油进行防护。

硅橡胶(如 703、704、705)是使用很方便的防护材料,它盛藏于锡管中,用时挤出涂到应变计粘贴面上,胶液有一定流动性,涂敷范围可小于预定防护面,让其自然扩大面积。室温下 4 h 防护层可基本定形,12 ~ 24 h 完全固化。固化后的胶层柔软而有弹性,并有一定强度,对构件表面基本没有加强作用。这种胶防潮、防老化、电绝缘性能都很好,温度适用范围较广(在 200 ℃ 仍有很好的黏附性),可以用作长期防护。703 强度最好但不透明,705 强度最差但透明,可以根据需要适当选择。

环氧树脂类黏结剂是具有很好防潮、防水和防油功能的防护材料,它附着强度高,抗破坏性能好,但不够柔软,对构件表面有一定加强作用,不适于小尺寸构件上应变计的防护。

实际应用中可采用复合防护层的办法,先用凡士林涂一层,再用面积大于凡士林防护层的纱布浸透环氧树脂黏结剂覆盖两层。这种方法比单纯用树脂防护更为理想,适合长期防护,但操作较为复杂。

3.2 应变测量电桥电路及应用

应变计受应变作用时,它的电阻值要发生变化。把应变计接入某种测量电路,使电路输出一个能模拟这个电阻变化的信号,之后对这个电信号进行处理就可以测定应变。常规应变测量使用电阻应变仪,它的输入回路称为应变电桥,应变电桥能把应变计的微小阻值变化转换成输出电压的变化。应变电桥有直流电桥和交流电桥两种,其基本原理是相同的,本章以直流电桥为例讲述应变电桥的有关理论及其应用。

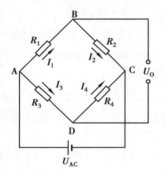

图 3.16 直流电桥

3.2.1 直流电桥

直流电桥如图 3.16 所示。设电桥各桥臂电阻分别为 R_1,R_2,R_3,R_4;电桥的 A,C 为输入端,接直流电源,输入电压为 U_{AC},B,D 为输出端,输出电压为 U_0。在大多数仪器中,电桥的输出端接到放大器的输入端,放大器的阻抗很大,可以近似认为输出端为开路,设流经 AB,BC,AD,CD 的电流分别为 I_1,I_2,I_3,I_4,则有

$$I_1 = I_2$$
$$I_3 = I_4$$

由 ABC 半个电桥可得

$$I_1 = \frac{U_{AC}}{R_1 + R_2}$$

则 R_1 两端的电压降为

$$U_{AB} = I_1 R_1 = \frac{R_1}{R_1 + R_2} U_{AC}$$

同理,R_3 两端的电压降为

$$U_{AD} = \frac{R_3}{R_3 + R_4} U_{AC}$$

可得到电桥输出电压为

$$U_0 = U_{AB} - U_{AD} = \left(\frac{R_1}{R_1 + R_2} - \frac{R_3}{R_3 + R_4} \right) U_{AC} = \frac{R_1 R_4 - R_2 R_3}{(R_1 + R_2)(R_3 + R_4)} \quad (3.28)$$

由式(3.28)可知,欲使电桥平衡,也就是使电桥的输出电压为零,则桥臂电阻必须满足

$$R_1 R_4 = R_2 R_3 \quad (3.29)$$

电桥中的电阻可以全部是或部分是应变计,在应变测量中,在测试前都要将电桥调平衡,即满足式(3.29),使电桥的输出电压 $U_0 = 0$。当被测构件变形时,粘贴在构件上的应变计感受应变,电阻值发生变化,电桥不再满足平衡条件,输出电压不再为零。

设初始处于平衡状态的电桥各桥臂相应的电阻增量为 ΔR_1，ΔR_2，ΔR_3，ΔR_4，则由式 (3.28) 得到电桥输出电压为

$$U_0 = \frac{(R_1 + \Delta R_1)(R_4 + \Delta R_4) - (R_2 + \Delta R_2)(R_3 + \Delta R_3)}{(R_1 + \Delta R_1 + R_2 + \Delta R_2)(R_3 + \Delta R_3 + R_4 + \Delta R_4)}$$

应变测量中一般采用全等臂电桥，即 $R_1 = R_2 = R_3 = R_4$，且应变计电阻变化很小，$\Delta R_i << R_i$，展开上式并略去高阶微量，于是得到输出电压与电阻变化率的线性关系为

$$U_0 = \frac{U_{AC}}{4} \left(\frac{\Delta R_1}{R_1} - \frac{\Delta R_2}{R_2} - \frac{\Delta R_3}{R_3} + \frac{\Delta R_4}{R_4} \right) \tag{3.30}$$

设 4 个桥臂电阻都用应变计，根据应变计的应变变化与电阻变化率的关系，由式 (3.30)，得

$$U_0 = \frac{K U_{AC}}{4} (\varepsilon_1 - \varepsilon_2 - \varepsilon_3 + \varepsilon_4) \tag{3.31}$$

上式表明：

①电桥的输出电压 U_0 与桥臂电阻的变化率 $\Delta R/R$（或应变计感受的应变 ε）呈线性关系（在一定的应变范围内）。电阻应变仪的工作原理就是利用上述关系，以电桥输出量的大小来确定应变值。

②各个桥臂电阻的变化率 $\Delta R/R$（或应变 ε）对输出电压的影响是线性叠加的，相邻桥臂相减，相对桥臂相加。

需要注意：

①式 (3.31) 是由全等臂电桥（$R_1 = R_2 = R_3 = R_4 = R$）推出的，对输出端对称的半等臂电桥（$R_1 = R_2 = R'$ 和 $R_3 = R_4 = R''$，而 $R' \neq R''$，也称为等臂电桥）仍然适用，但不适压对供桥端对称的半等臂电桥（$R_1 = R_3 = R'$ 和 $R_2 = R_4 = R''$，而 $R' \neq R''$，也称为立式桥）。

②导出式 (3.30) 的过程中，略去了高阶微量，会引起误差，误差的大小与测试的应变量 ε 的大小有关，ε 越大，误差越大。有研究表明，当 $\varepsilon = 1\ 000\ \mu\text{mm/mm}$ 时，误差为 0.1%；当 $\varepsilon = 20\ 000\ \mu\text{mm/mm}$ 时，误差为 2%。可见，对科学研究和工程测试均是可以接受的。

3.2.2　直流电桥的电阻平衡电路

测量前要求电桥处于平衡状态，即电桥的输出电压为零。但是，应变计的阻值总是有偏差，接触电阻和导线电阻也有差异，需要有预调平衡电路才能满足上述要求。在应变仪中常采用如图 3.17(a) 所示的电阻平衡线路，也就是在电桥电路中增加电阻 R_5 和电位器 R_6，如图 3.17(b) 所示。将 R_6 分成 R'_6 及 R''_6 两个部分，如图 3.17(c) 所示。

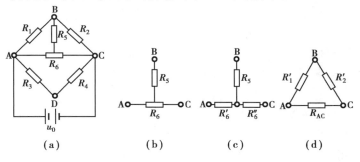

图 3.17　电阻平衡

设 $R'_6 = n_1 R_6$，$R''_6 = n_2 R_6$，$n_1 + n_2 = 1$，$R'_6 + R''_6 = (n_1 + n_2) R_6 = R_6$。由星形连接[图 3.17(c)]变为三角形连接[图 3.17(d)]的计算公式为

$$R'_1 = \frac{R''_6 R'_6 + R'_6 R_5 + R''_6 R_5}{R''_6}$$

$$= \frac{n_2 R_6 n_1 R_6 + n_1 R_6 R_5 + n_2 R_6 R_5}{n_2 R_6}$$

$$= n_1 R_6 + \frac{1}{n_2} R_5$$

同理

$$R'_2 = \frac{R''_6 R'_6 + R'_6 R_5 + R''_6 R_5}{R'_6} = n_2 R_6 + \frac{1}{n_1} R_5$$

由上式算出的 R'_1 和 R'_2 是并联在 R_1 和 R_2 上的，R'_1 与 R_1 及 R'_2 与 R_2 并联后的阻值变为

$$\Delta R_1 = R_1 - \frac{R_1 R'_1}{R_1 + R'_1} = \frac{R_1^2}{R_1 + R'_1} = \frac{R_1^2}{R_1 + n_1 R_6 + \frac{1}{n_2} R_5} \tag{3.32}$$

$$\Delta R_2 = \frac{R_2^2}{R_2 + n_2 R_6 + \frac{1}{n_1} R_5} \tag{3.33}$$

由上式可知，当 R'_1 最小（即 $n_1 = 0$，$n_2 = 1$）时的 ΔR_1 最大，即

$$\Delta R_{1\max} = \frac{R_1^2}{R_1 + R_5} \tag{3.34}$$

当 R'_2 最小（即 $n_1 = 1$，$n_2 = 0$）时的 ΔR_2 最大，即

$$\Delta R_{2\max} = \frac{R_2^2}{R_2 + R_5} \tag{3.35}$$

由式(3.32)、式(3.33)可知，R_5 的大小决定了调节电阻的范围，R_5 越小，调节范围就越大。又由式(3.32)、式(3.33)可知，R_6 的大小影响调节平衡的速度，当 R_6 的数值越小时，在相同的 n_1，n_2，R_5 条件下，ΔR_1（ΔR_2）就越大，调平衡速度就快，但是 R_5，R_6 的值不能太小，过小时对桥臂的阻值减小太多，会给测量带来较大的误差，一般 R_5 和 R_6 均为 10 kΩ 以上。

一般情况下，电桥的桥臂电阻为 120 Ω，如果要求调平衡范围为 1.0 Ω，可由式(3.34)求得平衡电阻 R_5 的大小为

$$1.0 = \frac{120^2}{120 + R_5}$$

得到 $R_5 = 14.28$ kΩ。

在电桥中增加了电阻 R_5 和 R_6，会减小桥臂中的电阻值，从而给测量带来误差。下面举例说明：

假设应变计 R_1 承受应变为 1 000 μm/m，求在调平衡电阻 $R_6 = 10$ kΩ，$K = 2.00$，$R_1 = 120$ Ω 时所引起的测量误差。

由式(3.13)求得

$$\Delta R_1 = R_1 K \varepsilon = 120 \times 2 \times 1\ 000 \times 10^{-6} = 0.24\ \Omega$$

桥臂中增加了平衡电路,使得桥臂电阻变化量不是 ΔR_1,以极限情况进行分析,即 $n_1 = 0$,$n_2 = 1$,这时在 R_1 上并联了电阻 R_5,计算得到应变计没有产生阻值变化时的桥臂电阻为

$$R_{1,5} = \frac{R_1 R_5}{R_1 + R_5} = \frac{120 \times 1 \times 10^4}{120 + 1 \times 10^4} = 118.577\ \Omega$$

应变计产生阻值变化后的桥臂电阻为

$$R'_{1,5} = \frac{120.24 \times 1 \times 10^4}{120.24 + 1 \times 10^4} = 118.811\ \Omega$$

则桥臂电阻的变化为

$$\Delta R' = R'_{1,5} - R_{1,5} = 118.811 - 118.577 = 0.234\ \Omega$$

电桥反映出的应变为

$$\varepsilon' = \frac{\Delta R'}{K R_{1.5}} = \frac{0.234}{2 \times 118.577} = 986.7\ \mu m/m$$

测量误差为

$$\Delta = \frac{\varepsilon - \varepsilon'}{\varepsilon} \times 100\% = \frac{1\,000 - 9\,867}{1\,000} \times 100\% = 1.33\%$$

3.2.3　应变电桥的特性和温度补偿

1)应变电桥的特性

如图 3.18 所示,设在电桥的 4 个桥臂上都接的是应变计,电阻分别为 $R_1 = R_2 = R_3 = R_4 = R$,如果桥臂电阻改变 ΔR_1,ΔR_2,ΔR_3,ΔR_4,由式(3.30)可得

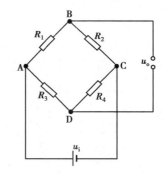

$$u_o = \frac{u_i}{4}\left(\frac{\Delta R_1}{R_1} - \frac{\Delta R_2}{R_2} - \frac{\Delta R_3}{R_3} + \frac{\Delta R_4}{R_4}\right) \qquad (3.36)$$

式中　u_i——电桥的桥压;

　　　u_o——电桥的输出电压。

若 4 个桥臂上的应变计的灵敏系数均为 K,由式(3.13)可知 $\dfrac{\Delta R_i}{R_i} = K\varepsilon_i$,代入式(3.36),则输出电压为

图 3.18　电桥

$$u_o = \frac{u_i}{4}K(\varepsilon_1 - \varepsilon_2 - \varepsilon_3 + \varepsilon_4) \qquad (3.37)$$

式中　$\varepsilon_1, \varepsilon_2, \varepsilon_3, \varepsilon_4$——应变计 R_1, R_2, R_3, R_4 所感受的应变值。

设应变仪的输出应变为 ε_d,令

$$\varepsilon_d = \frac{4u_o}{u_i K}$$

代入式(3.37),得

$$\varepsilon_d = (\varepsilon_1 - \varepsilon_2 - \varepsilon_3 + \varepsilon_4) \qquad (3.38)$$

由式(3.38)可知,电桥有下列两个主要特性:

①两相邻桥臂上应变计的应变相减。即应变同号时,输出应变为两邻桥臂应变之差;异号时为两相邻桥臂应变之和。

②两相对桥臂上应变计的应变相加。即应变同号时,输出应变为两相对桥臂应变之和;异号时为两相对桥臂应变之差。

利用电桥的上述特性,合理地进行应变计的桥路布置(也称为布片方案),可以增大读数应变 ε_d 的数值,并且可测出复杂受力杆件中的内力分量。

2)温度效应及其补偿

进行应变测量时,构件总是要处于某一温度场中,若环境温度变化,构件会发生热胀冷缩的现象(受到约束的除外),从而引起粘贴在构件上的应变计敏感栅电阻的变化。另外,当敏感栅材料的线膨胀系数与构件材料不同时,敏感栅要受到附加拉伸(或压缩)变形,会引起相应的电阻变化。上述现象的综合作用效果称为温度效应。

由温度引起的导体电阻变化率可近似看作与温度变化呈线性关系,即

$$\left.\frac{\Delta R}{R}\right|_T' = \alpha_T \Delta T$$

式中 α_T——电阻温度系数;

ΔT——温度变化。

若以 β_e 和 β_g 分别表示构件和敏感栅材料的线膨胀系数,则当 $\beta_e \neq \beta_g$ 时,粘贴在构件上的应变计在构件可以自由膨胀时所产生的附加应变为

$$\varepsilon_T = (\beta_e - \beta_g)\Delta T$$

相应的电阻变化为

$$\left.\frac{\Delta R}{R}\right|_T'' = k(\beta_e - \beta_g)\Delta T$$

温度效应引起的电阻变化为上述两种结果的叠加,有

$$\left.\frac{\Delta R}{R}\right|_T = \left.\frac{\Delta R}{R}\right|_T' + \left.\frac{\Delta R}{R}\right|_T'' = [\alpha_T + k(\beta_e - \beta_g)]\Delta T \tag{3.39}$$

这一变化当然要引起电桥输出的变化,严重时,温度变化 1 ℃ 可引起数十个微应变,必须设法排除,排除这种温度效应引起的附加应变的方法称为温度补偿。

温度补偿的方法有两大类:一类是桥路补偿法,其中可细分为补偿块补偿法和工作片补偿法;另一类是温度自补偿法。

(1)桥路补偿法

①补偿块补偿法

此方法是准备一个材料与被测构件相同,但不受外力的补偿块,并将它置于构件被测点附近,使补偿片与工作片处于同一温度场中,如图 3.19(a)所示。在构件被测点处粘贴电阻应变计 R_1,称为工作应变计(以下简称"工作片"),接入电桥的 AB 桥臂,另外在补偿块上粘贴一个与工作应变计规格相同的电阻应变计 R_2,称为温度补偿应变计(以下简称"补偿片"),接入电桥的 BC 桥臂,在电桥的 AD 和 CD 桥臂上接入固定电阻 R,组成等臂电桥,如图 3.19(b)所示。这样,根据电桥的基本特性式(3.38),在测量结果中便消除了温度的影响。必须强调,这种方法要满足 3 个条件:a.工作应变计和补偿应变计规格相同(阻值、灵敏系数和电阻温度系数相同);b.补偿块和被测构件材料相同;c.补偿块和被测构件处于同一个温度场。

②工作片补偿法

在同一被测试件上粘贴几个工作应变计,将它们适当地接入电桥中(如相邻桥臂)。当试

件受力且测点环境温度变化时,每个应变计的应变中都包含外力和温度变化引起的应变,根据电桥基本特性式(3.38),在应变仪的读数应变中能消除温度变化所引起的应变,从而得到所需测量的应变,这种方法称为工作片补偿法。在这种方法中,工作应变计既参加工作,又起到温度补偿的作用。

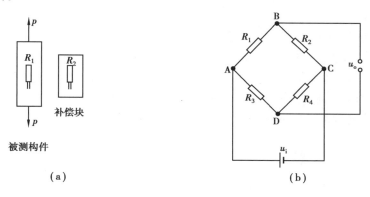

图 3.19 电桥

(2)温度自补偿法

温度自补偿法由温度自补偿应变计来完成。这种应变计是选择专门的电阻应变丝材(或箔材)和特殊构造制成。在式(3.25)中,k,β_g 基本上不能变,而 α_T 却可以通过调整应变合金的成分,尤其是通过热处理的方法,在很大范围内(从负值到正值)改变。这样,对一定材料(β_e)的构件,在一定温度范围内,可以做到 $\alpha_T + K_0(\beta_e - \beta_g) \approx 0$。一般认为在温度范围内平均热输出小于 $0.5 \sim 1(\mu\text{mm/mm})/℃$ 的应变计属于温度自补偿应变计,即能排除温度效应的影响。使用这种应变计,可以不必再加温度补偿片。温度自补偿应变计仅限于某种膨胀系数的构件材料。例如,对 $\beta_e = 11 \times 10^{-6}/℃$ 的材料能温度自补偿的应变计不适用于 $\beta_e > 11 \times 10^{-6}/℃$ 或 $\beta_e < 11 \times 10^{-6}/℃$ 的材料,在上一节讲到应变计型号组成时所提到的型号为 BH350-3AA100(23)的应变计,其中的“23”,就表示该温度自补偿应变计所适用的构件材料线膨胀系数为 $23 \times 10^{-6}/℃$,材料线膨胀系数为其他数据的构件该应变计均不适用。

使用温度自补偿应变计时可不使用温度补偿片。但在高温范围内,即使使用自补偿应变计也有几百微应变的热输出,这应从总应变读数中扣除修正,才能保证真实应变测量的精度。在高温条件下,可采用另一种高温温度自补偿应变计,这种高温温度自补偿应变计利用的是另一种原理。

3.2.4 电阻应变计在电桥中的接线方法

实际测量时,根据电桥基本特性和不同的使用情况,采用不同的接线方法(也称为组桥方法)可以达到以下目的:①实现温度补偿;②从复杂的变形中测出所需要的某一应变分量;③扩大应变仪的读数,减少读数误差,提高测量精度。

根据不同的使用情况,电桥各桥臂的电阻可以部分或全部是应变计,应变计可以全部是工作片,也可以是工作片和补偿片一起使用。以下为测量时应变计在电桥中常采用的几种接线方法。

1）半桥接线法

若在测量电桥的桥臂 AB 和 BC 上接电阻应变计，而另外两臂 AD 和 CD 接电阻应变仪的内部固定电阻 R，则称为半桥接线法（半桥线路）。

对等臂电桥（$R_1=R_2=R_3=R_4$），实际测量时，有以下两种情况：

（1）单臂测量

单臂测量接法如图 3.20 所示。AB 桥臂接工作片 R_1，BC 桥臂接温度补偿片 R_2，CD 和 AD 桥臂接电阻应变仪的内部固定电阻 R。设工作片 R_1 感受构件变形引起的应变为 ε、感受温度引起的应变为 ε_t，则工作片 R_1 感受到的应变 $\varepsilon_1=\varepsilon+\varepsilon_t$，桥臂 BC 上的温度补偿片 R_2 只感受温度引起的应变也为 ε_t，则 $\varepsilon_2=\varepsilon_t$。AD 和 CD 接的是固定电阻，无应变变化，即相当于式（3.38）中的 $\varepsilon_3=\varepsilon_4=0$，应变仪的读数应变为

$$\varepsilon_d = \varepsilon_1 - \varepsilon_2 = (\varepsilon + \varepsilon_t) - \varepsilon_t = \varepsilon \tag{3.40}$$

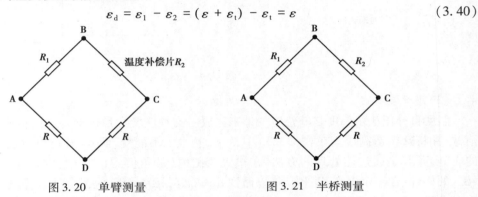

图 3.20　单臂测量　　　　　　图 3.21　半桥测量

即

$$\varepsilon_d = \varepsilon \tag{3.41}$$

这种接桥方法在实际应用中也称为 1/4 桥接线法（简称"1/4 桥"）。用一个工作片、一个补偿片，可消除温度的影响，直接测出构件的应变。

（2）半桥测量

半桥测量接法如图 3.21 所示，电桥的两个桥臂 AB 和 BC 上均接工作片 R_1 和 R_2，另外两桥臂 AD 和 CD 接电阻应变仪的内部固定电阻 R。设工作片 R_1 感受构件变形引起的应变为 ε'_1、感受温度引起的应变为 ε_t，则工作片 R_1 感受到的应变 $\varepsilon_1=\varepsilon'_1+\varepsilon_t$。设工作片 R_2 感受构件变形引起的应变为 ε'_2、感受温度引起的应变为 ε_t，则工作片 R_2 感受到的应变 $\varepsilon_2=\varepsilon'_2+\varepsilon_t$。AD 和 CD 接的是固定电阻，无应变变化，即相当于式（3.38）中的 $\varepsilon_3=\varepsilon_4=0$，应变仪的读数应变为

$$\varepsilon_d = \varepsilon_1 - \varepsilon_2 = (\varepsilon'_1 - \varepsilon_t) - (\varepsilon'_2 - \varepsilon_t) = \varepsilon'_1 - \varepsilon'_2 \tag{3.42}$$

即

$$\varepsilon_d = \varepsilon'_1 - \varepsilon'_2 \tag{3.43}$$

这种接桥方法在实际应用中简称为半桥。将两个工作片接在相邻桥臂，不用补偿片也可消除温度的影响。如果 ε'_1 和 ε'_2 为一正一负，读数应变的绝对值将大于工作片感受到的应变，提高了测量的灵敏度。

2）全桥接线法

在测量电桥的 4 个桥臂上全部接电阻应变计，称为全桥接线法（简称"全桥"）。

对等臂电桥（$R_1=R_2=R_3=R_4$），实际测量时，有以下两种情况：

（1）全桥测量

测量电桥的 4 个桥臂上都接工作片，如图 3.22 所示。工作片感受构件变形引起的应变分别为 $\varepsilon'_1,\varepsilon'_2,\varepsilon'_3,\varepsilon'_4$，感受温度引起的应变均为 ε_t，则 4 个应变计感受的应变分别为

$$\varepsilon_1 = \varepsilon'_1 - \varepsilon_t$$
$$\varepsilon_2 = \varepsilon'_2 - \varepsilon_t$$
$$\varepsilon_3 = \varepsilon'_3 - \varepsilon_t$$
$$\varepsilon_4 = \varepsilon'_4 - \varepsilon_t$$

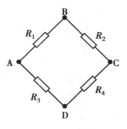

图 3.22　全桥接线法

将上面四式代入式（3.38），可得应变仪的读数应变为

$$\varepsilon_d = \varepsilon_1 - \varepsilon_2 - \varepsilon_3 + \varepsilon_4 = (\varepsilon'_1 - \varepsilon_t) - (\varepsilon'_2 - \varepsilon_t) - (\varepsilon'_3 - \varepsilon_t) - (\varepsilon'_4 - \varepsilon_t)$$

即

$$\varepsilon_d = \varepsilon'_1 - \varepsilon'_2 - \varepsilon'_3 - \varepsilon'_4 \tag{3.44}$$

（2）对臂测量

电桥相对两臂 AB 和 CD 上接工作片，另相对两臂 BC 和 AD 上接温度补偿片。设工作片 R_1 和 R_4 感受构件变形引起的应变分别为 ε'_1 和 ε'_4，感受温度引起的应变为 ε_t，补偿片 R_2 和 R_3 感受温度引起的应变为 ε_t，则

$$\varepsilon_1 = \varepsilon'_1 + \varepsilon_t$$
$$\varepsilon_2 = \varepsilon_t$$
$$\varepsilon_3 = \varepsilon_t$$

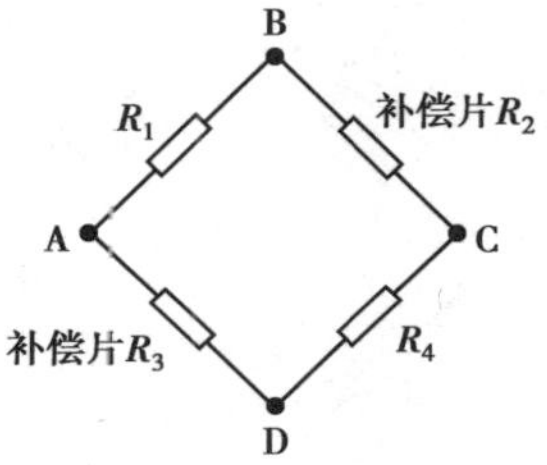

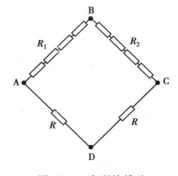

图 3.23　对臂测量

$$\varepsilon_4 = \varepsilon'_4 + \varepsilon_t$$

将上面四式代入式（3.38），可得应变仪的读数应变为

$$\varepsilon_d = \varepsilon_1 - \varepsilon_2 - \varepsilon_3 + \varepsilon_4 = (\varepsilon'_1 - \varepsilon_t) - \varepsilon_t - \varepsilon_t + (\varepsilon'_4 - \varepsilon_t) \tag{3.45}$$

即

$$\varepsilon_d = \varepsilon'_1 - \varepsilon'_4 \tag{3.46}$$

3）串联接线法

在应变测量过程中，可将应变计串联起来接入测量桥臂，如图 3.24 所示。设在 AB 桥臂中串联了 n 个阻值为 R 的应变计，则总阻值为 nR，当每个应变计的电阻改变量分别为 $\Delta R'_1$，$\Delta R'_2,\cdots,\Delta R'_n$ 时，则

$$\varepsilon_1 = \frac{1}{K}\left(\frac{\Delta R_1}{R_1}\right) = \frac{1}{K}\left(\frac{\Delta R'_1 + \Delta R'_2 + \cdots + \Delta R'_n}{nR}\right)$$

$$= \frac{1}{n}(\varepsilon'_1 + \varepsilon'_2 + \cdots + \varepsilon'_n) \tag{3.47}$$

图 3.24　串联接线法

由式（3.47）可知：

①串联接线后桥臂的应变为各个应变计应变值的算术平均值。这一特点在实际测量中具有实用价值。

②当每一桥臂中串联的各个应变计的应变相同时，即 $\varepsilon'_1 = \varepsilon'_2 = \cdots = \varepsilon'_n = \varepsilon'$ 时，则

$$\varepsilon_1 = \varepsilon'$$

表明当桥臂中串联的各个应变计的应变相同时,桥臂的应变就等于串联的单个应变计的应变值。

③串联后的桥臂电阻增大,在限定电流下,可以提高供桥电压,相应地读数应变增大。

4)并联接线法

在应变测量过程中,可将应变计并联起来接入测量桥臂,如图3.25所示。如果在 AB 桥臂上并联 n 个阻值分别为 $R_1,R_2,\cdots,R_n$ 的应变计,其总电阻值为 R,则

$$\frac{1}{R} = \frac{1}{R_1} + \frac{1}{R_2} + \cdots + \frac{1}{R_n} = \sum_{i=1}^{n} \frac{1}{R_i}$$

对上式微分,有

$$\frac{1}{R^2}\mathrm{d}R = \frac{1}{R_1^2}\mathrm{d}R_1 + \frac{1}{R_2^2}\mathrm{d}R_2 + \cdots + \frac{1}{R_n^2}\mathrm{d}R_n = \sum_{i=1}^{n} \frac{1}{R_i^2}\mathrm{d}R_i$$

若各应变计的阻值均相等,即 $R_1 = R_2 = \cdots = R_n = R_0$,则总电阻 $R = R_0/n$,有

$$\frac{1}{R^2}\mathrm{d}R = \sum_{i=1}^{n} \frac{1}{R_0^2}\mathrm{d}R_i$$

即

$$\frac{1}{R}\mathrm{d}R = \frac{1}{n}\sum_{i=1}^{n} \frac{1}{R_0}\mathrm{d}R_i$$

有

$$\varepsilon_1 = \frac{1}{K}\frac{\Delta R}{R} = \frac{1}{n}\sum_{i=1}^{n}\varepsilon_i' = \frac{1}{n}(\varepsilon_1' + \varepsilon_2' + \cdots + \varepsilon_n') \tag{3.48}$$

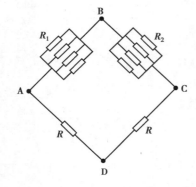

图 3.25　并联接线法

由式(4.48)可知:

①并联接线后桥臂的应变为各个应变计应变值的算术平均值。

②当同一桥臂中并联的所有应变计的电阻改变量都相同时,即 $\Delta R_1' = \Delta R_2' = \cdots = \Delta R_n' = \Delta R'$,各个应变计的应变也均相同,设为 ε',则桥臂的应变为

$$\varepsilon_1 = \frac{1}{K}\left(\frac{\Delta R'}{R}\right) = \varepsilon' \tag{3.49}$$

可见,当桥臂中并联的各个应变计的应变相同时,桥臂的应变就等于并联的单个应变计的应变值。

③并联后的桥臂电阻减小,在通过应变计的电流不超过最大工作电流的条件下,电桥的输出电流可以相应地提高 n 倍,这对直接用电流表或记录仪器是有利的。

从以上分析可知,采用不同的接线方式(布片方案),所得的读数应变是不同的,或者说被测试件的应变与应变仪的读数应变之间的关系是不同的。在实际应用时,应根据具体情况和要求灵活应用。一般原则是在满足一定测量要求下,应变计的接线方法(布片方案)尽可能简单并且能够得到较高的读数应变。

3.2.5　测量电桥的应用

在实际测量时,必须根据测量的目的和要求在构件上正确地选择测点的位置。测点处粘

贴的应变计,感受的是构件表面在测点处的拉应变或压应变。在很多情况下,这个应变可能是由多种内力因素造成的。在结构分析和强度计算中常常需要在多种内力因素引起的应变中确定某一种内力因素产生的应变,而把其余的应变排除。但是,应变计本身不会分辨它示值中的各应变成分,在应变测量中,必须根据测量目的,分析构件中的应力应变分布,合理选择贴片位置、方位以及贴片数量,利用电桥的特性,合理地把应变计接入电桥,以便在测量结果中排除不需要的成分,保留需要的成分,并消除误差源的影响(如载荷、作用点、方向偏差的影响等),补偿温度效应,以尽可能高的灵敏度测出所需的被测量。

1) 拉压应变的测量

如图 3.26 所示的受拉构件,欲测其拉伸应变,可以采用以下两种方案:

(1) 单臂测量

在构件表面沿轴向粘贴工作片 R_1,在补偿块上粘贴温度补偿片 R_2,如图 3.27(a)所示,工作片 R_1 感受到的应变 ε_1 中除有载荷 F 引起的拉伸应变 ε_F 外,还有温度变化引起的应变 ε_t,即

$$\varepsilon_1 = \varepsilon_F + \varepsilon_t$$

而温度补偿片 R_2 感受的应变 ε_2 中只有温度变化引起的应变 ε_t,即

$$\varepsilon_2 = \varepsilon_t$$

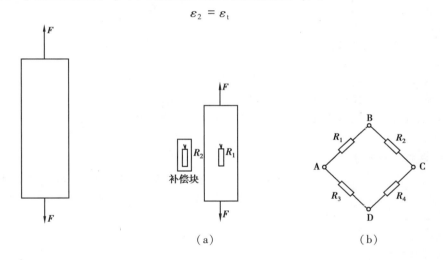

图 3.26　受拉构件　　　　图 3.27　受拉构件拉伸应变的单臂测量法

按图 3.27(b)所示接成半桥线路进行单臂测量,图中 R_3、R_4 为仪器内部固定电阻,则应变仪的读数应变由式(3.38)得

$$\varepsilon_d = \varepsilon_1 - \varepsilon_2 = (\varepsilon_F + \varepsilon_t) - \varepsilon_t = \varepsilon_F$$

这样布片和接线,可测出载荷 F 作用下引起的拉伸应变,并且用补偿块补偿法消除了温度的影响。

(2) 半桥测量

在构件表面沿轴向和横向分别粘贴应变计 R_1 和 R_2,如图 3.28(a)所示。此时应变计 R_1 感受到的应变除有载荷 F 引起的拉伸应变 ε_F 外,还有温度变化引起的应变 ε_t,而应变计 R_2 感受到的应变 ε_2 中则有载荷 F 引起的横向应变 $-\mu\varepsilon_F$(μ 为杆件材料泊松比)和温度变化引起的应变 ε_t,即

$$\varepsilon_1 = \varepsilon_F + \varepsilon_t$$

$$\varepsilon_2 = -\mu\varepsilon_F + \varepsilon_t$$

按图 3.28(b) 所示接成半桥线路进行半桥测量,图中 R_3、R_4 为仪器内部固定电阻,应变仪的读数应变由式(3.38)得

$$\varepsilon_d = \varepsilon_1 - \varepsilon_2 = (\varepsilon_F + \varepsilon_t) - (-\mu\varepsilon_F + \varepsilon_t) = (1 + \mu)\varepsilon_F$$

杆件拉伸应变为

$$\varepsilon_F = \frac{\varepsilon_d}{1 + \mu}$$

由此可知,这样布片和接线,可以测出载荷 F 作用下引起的拉伸应变,并且不需要补偿块。

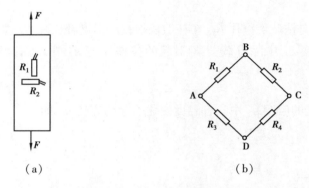

(a)   (b)

图 3.28   受拉构件拉伸应变的半桥测量法

用工作片补偿法就可消除温度的影响。此外可使读数应变增大 $(1+\mu)$ 倍,提高了测量灵敏度。在实际测量中经常采用这种半桥测量方案,但测量前应准确获得被测构件的泊松比 μ 的数值。

2)弯曲应变的测量

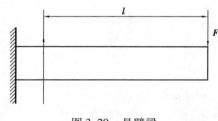

图 3.29   悬臂梁

欲测如图 3.29 所示悬臂梁的指定截面(距自由端的距离为 l)的弯曲应变,可以采用以下的 3 种方案:

(1)半桥测量法

梁弯曲时,同一截面上、下表面的应变,其绝对值相等,上表面产生拉应变 ε_M,下表面产生压应变 $-\varepsilon_M$。可在被测截面的上、下表面沿杆件轴向各粘贴一个应变计,如图 3.30(a)所示,此时各应变计的应变分别为

$$\varepsilon_1 = \varepsilon_M + \varepsilon_t$$

$$\varepsilon_2 = -\varepsilon_M + \varepsilon_t$$

按图 3.30(b)所示接成半桥线路进行半桥测量,图中 R_3、R_4 为仪器内部固定电阻,则应变仪的读数应变由式(3.38)得

$$\varepsilon_d = \varepsilon_1 - \varepsilon_2 = (\varepsilon_M + \varepsilon_t) - (-\varepsilon_M + \varepsilon_t) = 2\varepsilon_M$$

梁上表面贴片处的弯曲应变为

$$\varepsilon_M = \frac{1}{2}\varepsilon_d$$

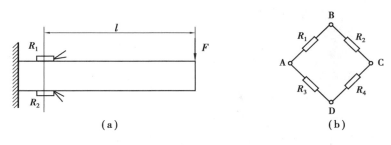

图 3.30 悬臂梁弯曲应变半桥测量法

由此可知,这样布片和接线,可使应变仪读数应变为梁弯曲应变的两倍,提高了测量灵敏度。

(2)全桥测量法

梁弯曲时,同一截面上、下表面的应变,其绝对值相等,上表面产生拉应变 ε_M,下表面产生压应变 $-\varepsilon_M$。可在被测截面的上表面贴两片应变计 R_1,R_4,在下表面沿杆件轴向粘贴两片应变计 R_2,R_3,如图 3.31(a)所示,此时各应变计的应变分别为

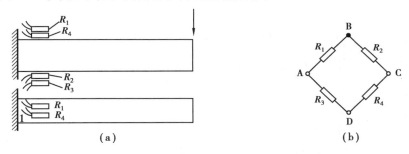

图 3.31 悬臂梁弯曲应变的全桥测量法

$$\varepsilon_1 = \varepsilon_4 = \varepsilon_M + \varepsilon_t$$
$$\varepsilon_2 = \varepsilon_3 - \varepsilon_M + \varepsilon_t$$

按图 3.31(b)所示接成全桥线路进行测量,图中 R_3、R_4 为仪器内部固定电阻,则应变仪的读数应变由式(3.38)得

$$\varepsilon_d = \varepsilon_1 - \varepsilon_2 - \varepsilon_3 + \varepsilon_4 = 2(\varepsilon_M + \varepsilon_t) - 2(-\varepsilon_M + \varepsilon_t) = 4\varepsilon_M$$

梁上表面贴片处的弯曲应变为

$$\varepsilon_M = \frac{1}{4}\varepsilon_d$$

由此可知,这样布片和接线,可使应变仪读数应变为梁弯曲应变的 4 倍,提高了测量灵敏度。

3)拉弯组合变形时的应变测量

如图 3.32 所示为杆件承受弯曲和拉伸变形时的弯曲应变和拉伸应变。该杆各点的应变由弯矩和轴向拉力共同产生,在上表面弯矩引起的应变和轴力引起的应变相加,在下表面

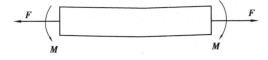

图 3.32 拉弯受力构件

弯矩引起的应变和轴力引起的应变相减。若要分别测定仅由弯矩引起的弯曲应变 ε_M 和仅由轴向拉力引起的拉伸应变 ε_F，可以分别采取以下方案：

（1）弯曲应变的测量方法

在杆件的上、下表面沿轴向粘贴应变计 R_1，R_2，如图 3.33(a)所示，各应变计的应变为

$$\varepsilon_1 = \varepsilon_F + \varepsilon_M + \varepsilon_t$$
$$\varepsilon_2 = \varepsilon_F - \varepsilon_M + \varepsilon_t$$

按图 3.33(b)所示接成半桥线路进行半桥测量，这里 R_3、R_4 为仪器内部固定电阻，应变仪的读数应变为

$$\varepsilon_d = \varepsilon_1 - \varepsilon_2 = (\varepsilon_F + \varepsilon_M + \varepsilon_t) - (\varepsilon_F - \varepsilon_M + \varepsilon_t) = 2\varepsilon_M$$

弯曲应变为

$$\varepsilon_M = \frac{1}{2}\varepsilon_d$$

由此可知，这样贴片和接线，可以消除轴向力和温度变化的影响，测出仅由弯矩引起的弯曲应变，且将读数应变放大两倍。

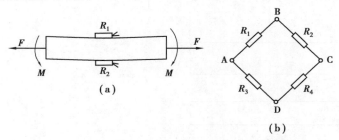

图 3.33　拉弯组合变形时弯曲应变的半桥测量法

还可按全桥的接线法进行测量。在杆件的上表面沿轴向粘贴两片应变计 R_1，R_4，在杆件的下表面沿轴向粘贴两片应变计 R_2，R_3，按图 3.33(b)所示接成全桥线路进行测量，同样可以消除轴向力和温度变化的影响，测出仅由弯矩引起的弯曲应变，且能将读数应变放大 4 倍。

（2）拉伸应变的测量方法

①串联测量法

在杆件的上、下表面沿轴向粘贴应变计 R_1，R_2，另在补偿块上粘贴两个温度补偿应变片 R_3，R_4，如图 3.34(a)所示，并将 R_1，R_2 和 R_3，R_4 分别串联起来，按图 3.34(b)所示接成半桥线路。此时若各应变计相应的应变分别以 ε_1，ε_2，ε_3，ε_4 表示，则它们各自为

$$\varepsilon_1 = \varepsilon_F + \varepsilon_M + \varepsilon_t$$
$$\varepsilon_2 = \varepsilon_F - \varepsilon_M + \varepsilon_t$$
$$\varepsilon_3 = \varepsilon_t$$
$$\varepsilon_4 = \varepsilon_t$$

式中　ε_M——由弯矩引起的弯曲应变；

　　　ε_F——仅由轴向拉力引起的拉伸应变；

　　　ε_t——仅由温度变化引起的应变。

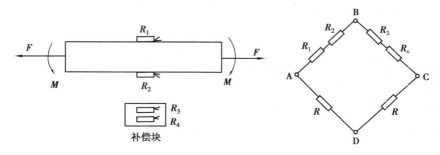

图 3.34　拉弯组合变形时弯曲应变的半桥测量法

设桥臂 AB 和 BC 的电阻所感受的应变分别为 ε'_1 和 ε'_2,则

$$\varepsilon'_1 = \frac{\varepsilon_1 + \varepsilon_2}{2} = \varepsilon_F + \varepsilon_t$$

$$\varepsilon'_2 = \frac{\varepsilon_3 + \varepsilon_4}{2} = \varepsilon_t$$

应变仪的读数应变由式(3.38)则为

$$\varepsilon_d = \varepsilon'_1 - \varepsilon'_2 = \varepsilon_F$$

可见用这种方式贴片和接线,可以消除弯矩的影响,测出仅由轴向拉力引起的拉伸应变。此外,在测量中还利用补偿块补偿法消除了温度的影响。

②全桥测量法

贴片方式仍然如图 3.34(a)所示,将 R_1,R_2 和 R_3,R_4 按图 3.31(b)所示接成全桥线路。各应变计相应的应变 ε_1,ε_2,ε_3,ε_4 与上述相同,应变仪的读数应变按式(3.33)则为

$$\varepsilon_d = \varepsilon_1 - \varepsilon_2 - \varepsilon_3 + \varepsilon_4 = 2\varepsilon_F$$

可见用这种方式贴片和接线,也可以消除弯矩的影响,测出仅由轴向拉力引起的拉伸应变,且将读数应变放大了两倍。

4)材料弹性模量 E 和泊松比 μ 的测量

材料弹性模量 E 和泊松比 μ 的测量一般是在试验机上做拉伸试验进行测定。由于试件可能会有初曲率,同时试验机夹头难免会存在一些偏心作用,使得试件两面的应变不相同,试件除产生拉伸变形外,还附加了弯曲变形,因此在测量中需设法消除弯曲变形的影响。

(1)测量弹性模量 E

如图 3.35(a)所示为一拉伸试件,在其两侧面沿试件轴线 y 方向粘贴工作片 R_1,R_4,另在补偿块上粘贴补偿片 R_2,R_3,并分别将 R_1 和 R_4,R_2 和 R_3 接入应变仪电桥的相对两桥臂,按图 3.35(b)所示接成全桥线路进行对臂测量。

若以 ε_F,ε_M 分别代表轴向拉伸和弯曲变形所引起的应变, ε_t 为温度变化引起的应变,则各应变计 R_1,R_2,R_3,R_4 的应变 ε_1,ε_2,ε_3,ε_4 分别为

$$\varepsilon_1 = \varepsilon_F + \varepsilon_M + \varepsilon_t$$

$$\varepsilon_2 = \varepsilon_3 = \varepsilon_t$$

$$\varepsilon_4 = \varepsilon_F - \varepsilon_M + \varepsilon_t$$

应变仪的读数应变由式(3.38)为

$$\varepsilon_{yd} = \varepsilon_1 - \varepsilon_2 - \varepsilon_3 + \varepsilon_4 = 2\varepsilon_F$$

由轴向拉伸变形引起的应变为

$$\varepsilon_{\mathrm{F}} = \frac{1}{2}\varepsilon_{yd}$$

可见在读数应变中已经消除了弯曲变形和温度变化的影响。若试件截面积为 A，则得到材料弹性模量为

$$E = \frac{\sigma}{\varepsilon_{\mathrm{F}}} = \frac{2F}{\varepsilon_{yd}A}$$

（2）测量泊松比 μ

在如图 3.35（a）所示的拉伸试件两侧面，沿与试件轴线垂直的 x 方向粘贴工作片 R_1'，R_4'，另在补偿块上粘贴补偿片 R_2'，R_3'，分将 R_1' 和 R_4'，R_2' 和 R_3' 接入相对两桥臂，并按图 3.35（b）所示接成全桥线路进行对臂测量。此时各应变计 R_1'，R_2'，R_3' 和 R_4' 的应变 ε_1'，ε_2'，ε_3' 和 ε_4' 分别为

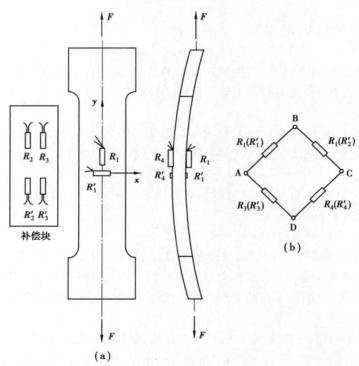

图 3.35 E，μ 的测定

$$\varepsilon_1' = -\mu(\varepsilon_{\mathrm{F}} + \varepsilon_{\mathrm{M}}) + \varepsilon_{\mathrm{t}}$$
$$\varepsilon_2' = \varepsilon_3' = \varepsilon_{\mathrm{t}}$$
$$\varepsilon_4' = -\mu(\varepsilon_{\mathrm{F}} - \varepsilon_{\mathrm{M}}) + \varepsilon_{\mathrm{t}}$$

应变仪的读数应变为

$$\varepsilon_{xd} = \varepsilon_1' - \varepsilon_2' - \varepsilon_3' + \varepsilon_4' = -2\mu\varepsilon_{\mathrm{F}}$$

再将测量弹性模量所得到的 $\varepsilon_{\mathrm{F}} = \varepsilon_{yd} / 2$ 代入上式，便可得到材料的泊松比为

$$\mu = \left| \frac{\varepsilon_{xd}}{\varepsilon_{yd}} \right|$$

5）弯曲切应力的测量

如图 3.36 所示,悬臂梁承受横向力 F 作用产生横力弯曲,在梁的中性层(即轴线)上是纯切应力状态,切应力为 τ。由应力分析得知,在与轴线呈 45°方向的面上只有正应力 σ_1 或 σ_3,且

$$\sigma_1 = \tau$$
$$\sigma_3 = -\tau$$

如果沿着与轴线呈 45°方向贴片,则在 σ_1 方向上有拉应变 ε,在 σ_3 方向上有压应变 $-\varepsilon$,每个应变片的应变为

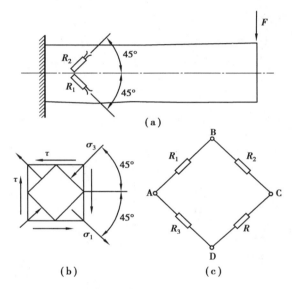

图 3.36　悬臂梁的弯曲切应力测量

$$\varepsilon_1 = \varepsilon + \varepsilon_t$$
$$\varepsilon_2 = -\varepsilon + \varepsilon_t$$

按图 3.36(c)所示接成半桥线路,图中 R_3、R_4 为仪器内部固定电阻,由式(3.38)可得应变仪的读数应变为

$$\varepsilon_d = \varepsilon_1 - \varepsilon_2 = 2\varepsilon$$

45°方向外载引起的线应变为

$$\varepsilon = \frac{1}{2}\varepsilon_d \tag{3.50}$$

根据广义胡克定律

$$\varepsilon = \frac{1}{E}(\sigma_1 - \mu\sigma_3) = \frac{1+\mu}{E}\tau \tag{3.51}$$

因

$$G = \frac{E}{2(1+\mu)} \tag{3.52}$$

故

$$\tau = \frac{E}{1+\mu}\varepsilon = 2G\varepsilon \tag{3.53}$$

式(3.51)、式(3.52)、式(3.53)中,E,μ,G 分别为被测构件材料的弹性模量、泊松比和切变模量。

将式(3.50)代入式(3.53),即可求得切应力为

$$\tau = G\varepsilon_{\mathrm{d}}$$

若在梁中性层处的前后两面沿 45°和-45°各粘贴两片应变计,按全桥接线法接入电桥,可测得剪应力的大小且提高测量的灵敏度。

6)扭转切应力的测量

如图3.37(a)所示的圆轴受扭时,表面各点为纯剪切应力状态,其主应力大小和方如图 3.37(b)所示,即在与轴线分别呈45°方向的面上,有最大拉应力 σ_1 和最大压应力 σ_3,且 $\sigma_1 = -\sigma_3 = \tau$。在 σ_1 作用方向有最大拉应变 ε_N,在 σ_3 作用方向有最大压应变 $-\varepsilon_N$,它们的绝对值相等。可沿与轴线呈 45°方向粘贴应变计 R_1 和 R_2,此时各应变计的应变为

$$\varepsilon_1 = \varepsilon_N + \varepsilon_t$$
$$\varepsilon_2 = -\varepsilon_N + \varepsilon_t$$

按图3.37(c)所示接成半桥线路进行半桥测量,则应变仪读数应变为

$$\varepsilon_{\mathrm{d}} = \varepsilon_1 - \varepsilon_2 = 2\varepsilon_N$$

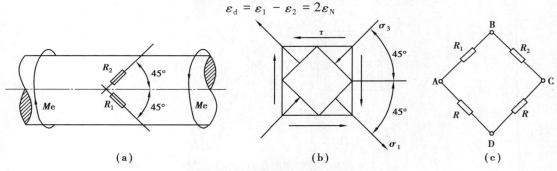

图3.37 圆轴的扭转切应力测量

由扭矩作用在 σ_1 作用方向所引起的应变为

$$\varepsilon_N = \frac{1}{2}\varepsilon_{\mathrm{d}}$$

测出 ε_N 后,根据广义胡克定律,并将 $\sigma_1 = \tau$ 和 $\sigma_3 = -\tau$ 代入上式,可得

$$\varepsilon_N = \frac{1}{E}(\sigma_1 - \mu\sigma_3) = \frac{1+\mu}{E}\tau$$

由此可得

$$\tau = \frac{E}{1+\mu}\varepsilon_N \tag{3.54}$$

将式(3.54)中的 E,μ 改用切变模量 G 表示,根据式(3.52)得切应力为

$$\tau = 2G\varepsilon_N$$

再将 $\varepsilon_N = \varepsilon_{\mathrm{d}} / 2$ 代入上式,便可得到扭转切应力为

$$\tau = G\varepsilon_{\mathrm{d}}$$

7)拉弯扭组合变形时的扭转切应力测量

如图3.38所示圆轴受拉伸、弯曲和扭转组合作用,如要测其扭转切应力,常按图3.38(a)

所示贴片,并按图 3.38(b)所示接成全桥线路进行全桥测量。这样既能消除弯曲、轴向力和温度变化的影响,又可增大读数应变,提高测量灵敏度。

若以 $\varepsilon_F,\varepsilon_M,\varepsilon_N,\varepsilon_t$ 分别代表轴向拉力、弯矩、扭矩在被测点 45°方向上引起的应变和温度变化引起的应变,则各应变计的应变分别为

$$\varepsilon_1 = \varepsilon_F + \varepsilon_M + \varepsilon_N + \varepsilon_t$$
$$\varepsilon_2 = \varepsilon_F - \varepsilon_M - \varepsilon_N + \varepsilon_t$$
$$\varepsilon_3 = \varepsilon_F + \varepsilon_M - \varepsilon_N + \varepsilon_t$$
$$\varepsilon_4 = \varepsilon_F - \varepsilon_M + \varepsilon_N + \varepsilon_t$$

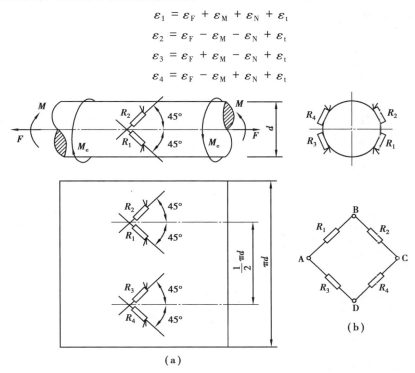

图 3.38　拉弯扭组合变形时的扭转切应力测量

应变仪的读数应变由式(3.38)为

$$\varepsilon_d = \varepsilon_1 - \varepsilon_2 - \varepsilon_3 + \varepsilon_4 = 4\varepsilon_N$$

仅由扭矩作用所引起被测点在 45°方向的应变为

$$\varepsilon_N = \frac{1}{4}\varepsilon_d$$

代入式(3.54),即可得到扭转切应力为

$$\tau = \frac{G}{2}\varepsilon_d$$

3.3　电阻应变仪

电阻应变仪(简称"应变仪")的主要功能是通过测定应变电桥中与应变计电阻值变化相应的(输出)电压大小,进而确定出应变的变化情况,并向显示端和(或)存储记录端输出。早期的应变仪需配合独立的记录仪使用,显示部分以刻度方式显示应变读数。随着技术的发展,应变仪逐渐将记录仪的功能融会其中,存储记录的信号从模拟信号变为数字信号。

3.3.1　电阻应变仪的种类

电阻应变仪按其频率响应范围主要分为静态应变仪和动态(含超动态)应变仪两大类,另外,还有一种响应频率介于两者之间的动静态应变仪;按应变电桥桥源的类型可分为交流供桥电阻应变仪和直流供桥电阻应变仪。随着电子技术的发展,交流供桥电阻应变仪已逐渐退出应变测量领域。

3.3.2　电阻应变仪的工作原理

尽管人们常常根据应变仪的响应频率将其分为静态和动态,但事物都是处于运动之中的,静态也是动态的一种特殊情况,这两种电阻应变仪既有相同之处也包含着不同的地方。电阻应变仪的基本工作单元如图 3.39 所示。

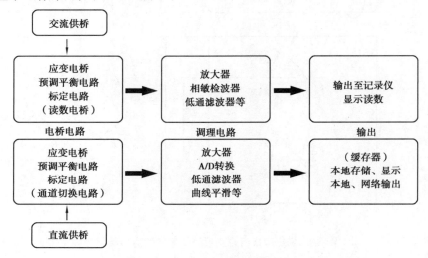

图 3.39　电阻应变仪基本工作单元

静态电阻应变仪主要是为测量变化极缓慢(或不变)的应变信号而设计的,它不需要对信号有非常快速的响应,不会配备缓存器。它是一个单通道的应变仪,针对多个测点的静态应变测量,通常会使用配有通道切换装置的静态应变仪。

动态电阻应变仪是用于测量应变信号随时间变化的主要设备。根据动态应变信号的特点,动态应变仪必须对信号能快速响应。当信号频率过高时,需要配备合适的数据缓存器,以保证数据安全地输出。在工程测量中,一般将响应频率大于 10 kHz 的动态应变仪称为超动态电阻应变仪。针对不同的测量对象合理地选择相应的响应频率的应变仪,既不会造成资源的浪费,也可以准确无遗漏地测取所需数据。

为了能准确地得到任一时刻应变的大小,在应变仪的桥路里,应设计应变标定装置,即标定电路。通常的方法是使用在桥臂上并联电阻的方法来获取标准应变信号。不计应变计横向效应影响的情况下,应变计的电阻变化率与被测应变的关系为 $\frac{\Delta R}{R}=K\varepsilon$,在原电阻 R 上并联 R^* 后,阻值变化率变为 $\frac{\Delta R}{R}=1-\frac{R^*}{R^*+R}$,这样就可建立起并联电阻与应变值之间的关系 $R^*=$

$\dfrac{1-K\varepsilon}{K\varepsilon}R$。

在应变电桥实际的工作中,其输出电压非常小。假设只有一个工作片的电桥里,且桥压 $E=2\text{ V}$,灵敏系数 $K=2$,则输出电压 $U=\dfrac{1}{4}EK\varepsilon$,若遇到的最大应变为 10^{-2},则相应的输出电压为 10 mV,而在通常的测量中,工作应变值要小得多,U 常常只是个微伏级的量,必须经放大器放大到足够大,才能推动后续的仪表。放大器的设计应考虑电桥输出电压的特点。根据给应变电桥提供电压的不同方式(交流、直流)介绍应变仪基本工作原理的几个要点。

1)预调平衡电路

在测量过程中,导线的长短各异、应变片电阻值之间的差异、连接点接触电阻不可能完全相同等因素会让应变电桥无法保持平衡,且不平衡的程度往往超出应变片工作应变带来的影响。另外,在交流供桥的工况下,随着振荡器提供电压的频率增加,分布电容的影响越明显。需要有一套能"帮助"应变电桥在测量之前保持平衡的电路或装置,这便是预调平衡电路。根据电学知识,应变电桥的平衡条件为

$$\begin{cases} R_1R_3 = R_2R_4 & (\text{直流供桥}) \\ Z_1Z_3 = Z_2Z_4 & (\text{交流供桥}) \end{cases} \tag{3.55}$$

其中,R 为电阻,Z 为阻抗。在平衡过程中需要考虑电阻、电容平衡的问题,如图 3.40 所示,R_S 和 R_{B1} 主要用来调节电阻平衡,而 R_{B2} 和 C_1 主要用来调节电容平衡。

当 R_{B1} 改变大小时,桥臂 AD,CD 之间的电阻将随之发生改变,这样大阻值电阻 R_S 的大小将直接决定电阻平衡调节的范围,当 R_{B1} 调至端头时,其中某一桥臂的阻值变化最大。设桥臂电阻均为 R,若预设电阻平衡的调节范围(0 ~ S),较容易确定 R_S 的阻值。

$$\begin{cases} R - \dfrac{RR_S}{R + R_S} = SR \\ R_S = \left(\dfrac{1}{S} - 1\right)R \end{cases} \tag{3.56}$$

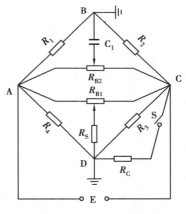

图 3.40　预调平衡电路

在一定频率的电压作用下,当调节 R_{B2} 阻值时,AB,BC 桥臂电容改变,可使电容平衡。除此之外,可在两相邻桥臂上,分别并联一可调电容(一个增加,一个减少)来使电容达到平衡。电阻平衡和电容平衡的调节互有影响,需交替调节才能使电阻、电容均能达到平衡。

2)交流供桥电阻应变仪

根据傅里叶级数的理论,任一个有限区间上的复杂波,都可看作由一系列具有一定振幅和相位的简谐波叠加而成。所有简谐分量的频率在频率坐标轴上占有一定的区间(带宽),它可能从零(直流分量)一直到很高的频率(高次谐波)。显然,要无失真地放大这样一个电压信号,绝非一个普通交流放大器所能胜任,必须采用宽带放大器或直流放大器。早期,直流放大器的零点漂移一直是个痛点,为控制住它,必然会使直流放大器的设计和制造都复杂化。如果改用交流桥源,用一个专门的正弦波振荡器向电桥供电,则当测量静态应变时,电桥将输出一个频率与桥源电压频率相同的交流信号;当测量动态应变时,电桥的输出电压将包含一系列频

率与桥源频率相近的简谐波。这样,只要加接一个窄频带交流放大器就足够了。通过振荡器产生一定频率的交流电压来给应变电桥的方式在早期的应变仪中极为常见。

当桥压为交流电压时,假设应变电桥的输入电压 E 为正弦交流电压,即 $E = E_m \cdot \sin \omega_H t$,其中, E_m 为电压幅值, $\omega_H = 2\pi f_H$, f_H 是振荡器的振荡频率。

①如果工作片感受一静态拉应变 ε_0,则电桥输出电压

$$U = \frac{1}{4} E_m \cdot K \cdot \varepsilon_0 \cdot \sin \omega_H t$$

是一个与输入电压同频率、同相且幅值放大到 $\frac{1}{4} K\varepsilon_0$ 倍的正弦波信号。

②如果工作片感受一静态压应变 $-\varepsilon_0$,则电桥输出电压

$$U = -\frac{1}{4} E_m \cdot K \cdot \varepsilon_0 \cdot \sin \omega_H t = \frac{1}{4} E_m \cdot K \cdot \varepsilon_0 \sin (\omega_H t + \pi)$$

是一个与输入电压同频率、反相且幅值放大到 $\frac{1}{4} K\varepsilon_0$ 倍的正弦波信号。

③如果工作片感受一动态应变,且设此动应变为 $\varepsilon = \varepsilon_0 \cdot \sin \omega_0 t$,则电桥输出电压

$$U = \frac{1}{4} E_m \cdot K \cdot \varepsilon_0 \cdot \sin \omega_0 t \cdot \sin \omega_H t = \frac{1}{8} E_m \cdot K \cdot \varepsilon_0 \cdot [\cos(\omega_H - \omega_0)t - \cos (\omega_H + \omega_0)t]$$

是由两个幅值为输入电压的 $\frac{1}{8} K\varepsilon_0$ 倍、频率分别在原频率基础上增大和减小动应变频率(ω_0)的余弦波合成的,通常 $\omega_H \gg \omega_0$。这种高频波的振幅受某低频波变化规律控制的现象,称为幅度调制。高频波称为载波,而 U 的波形称为调幅波。

上述 3 种情况虽有其特殊性,但极具代表性。任何一定时长内的动应变信号都可以分解为多个不同频率简谐波分量。假设这些简谐波中的最高频率为 ω_{max},那么输出电压则必然是由一系列频率在$[(\omega_H - \omega_{max}),(\omega_H + \omega_{max})]$上的简谐波合成的,而这些简谐波中的高频部分的幅值相较低频部分往往小得多,可以略去,这样就可以将一个带宽较窄的放大器应用到交流供桥的应变仪中。从图 3.41 中可知,如果 ω_H 与 ω_{max} 之间差异太小不利于检波,ω_H 一般比较大,即在交流供桥应变仪中,振荡器的频率越高越有利于检波。但是随着振荡器频率的提高,电桥中的电容便不能忽视了,频率过高会带来更大的误差。这就限制了交流供桥电阻应变仪的响应频率,无法测量频率过高的动态应变,一般只能测量频率在 1 kHz 以下的动态信号。

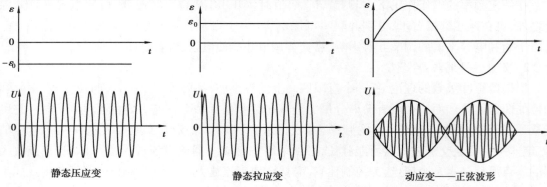

静态压应变　　　　　　　　静态拉应变　　　　　　动应变——正弦波形

图 3.41　不同应变下的交流输出电压

在早期的静态应变仪中,双电桥结构是一种重要的结构形式,其工作原理图如图 3.42 所示。应变电桥工作时,必须给电桥输入端(记为 A,C 点)施加一稳定的电压,称为供桥电压,在电桥输出端(记为 B,D 点)即会输出与应变幅度对应的电压。B,D 点的输出电压信号幅度很小,需使用高倍数的放大器将电压放大。早期的分立元件放大器在输入电压为零时(常称为 BD 短路)放大后的输出电压仍会随温度变化而变化(称为零漂),而放大器的增益却相对比较稳定。为隔离这种温度引起的零漂,使用交流供桥是一种较理想的途径。由于早期的仪表常使用指针-刻度盘作为输出,为达到较高的分辨率及较大的输出范围,必须使用很大的刻度盘,作为应变仪,这是很不方便的,因此选用了双电桥零读数的方式。图 3.42 中,右侧的惠斯通电桥称为测量电桥,左侧的称为读数电桥,两者施加相似的供桥电压,仅电压幅值略有不同。施加不同幅值的供桥电压是为了补偿应变计灵敏系数的差异。测试开始前,应先对测量电桥调平衡。当被测构件上的应变计产生应变信号时,测量电桥即失去平衡。读数电桥与普通惠斯登电桥工作方式相同,调整读数电桥的桥臂电阻,使读数电桥的输出电压等于测量电桥的输出电压,则读数电桥上桥臂电阻的变化值即为测量电桥桥臂电阻的变化值乘上一个系数(灵敏系数的差异)。这时,读数电桥调节电阻的变化值反映的就是所测的应变值。为判别读数电桥的输出电压是否等于测量电桥的输出电压,将两电桥的输出端信号输入到一个高倍数的差动放大器,电压差经放大后驱动一个高灵敏度的电压表头,即可检查测量电桥与读数电桥的输出是否相同。

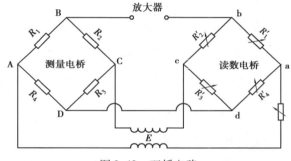

图 3.42　双桥电路

在测量过程中,可得测量电桥的输出电压为

$$U_{BD} = \frac{U_{AC}K}{4}(\varepsilon_1 - \varepsilon_2 + \varepsilon_3 - \varepsilon_4) \tag{3.57}$$

假如读数电桥调节前 ad 桥臂的电阻值是 R_4',cd 桥臂的电阻值是 R_3',调节后分别为 $R_4' - \Delta R'$ 和 $R_3' - \Delta R'$,如果 $R_1' = R_2' = R_3' = R_4' = R'$,则输出电压为

$$U_{bd} = \frac{U_{ac}}{4}\left[\frac{-(-\Delta R')}{R'} + \frac{\Delta R'}{R'}\right] = \frac{U_{ac}}{2}\frac{\Delta R'}{R'}$$

如果 $U_{BD} = U_{bd}$ 则

$$\frac{\Delta R'}{R'} = \frac{U_{AC}K}{2U_{ac}}(\varepsilon_1 - \varepsilon_2 + \varepsilon_3 - \varepsilon_4)$$

设应变仪的显示常数为 Q,应变仪的应变读数 ε_d 可表示为

$$\varepsilon_d = \frac{QU_{AC}K}{2U_{ac}}(\varepsilon_1 - \varepsilon_2 + \varepsilon_3 - \varepsilon_4)$$

$$K_0 = \frac{2U_{ac}}{QU_{AC}}$$

其中,K_0 称为电阻应变仪的灵敏系数,因此

$$K_0\varepsilon_d = K(\varepsilon_1 - \varepsilon_2 + \varepsilon_3 - \varepsilon_4) \tag{3.58}$$

若使应变仪的灵敏系数与应变计的灵敏系数相等$(K_0 = K)$，则应变仪的读数为

$$\varepsilon_d = \varepsilon_1 - \varepsilon_2 + \varepsilon_3 - \varepsilon_4$$

当仅有一桥臂感受到应变 ε 时，有

$$K_0\varepsilon_d = K\varepsilon$$

这种测定方式不受桥源电压波动以及放大器增益变动的影响，对放大器的要求较低，但会使仪器的操作使用复杂化。

3）直流供桥电阻应变仪

当应变电桥桥源为直流电压时，电桥输出电压 $U = \dfrac{1}{4}EK\varepsilon$ 将会是一个随应变值线性变化的量，处理起来会方便许多。

假设在电桥上施加的桥压为 E_m，分别对静态和动态两种情况分析如下：

①如果工作片感受一静态应变 ε_0，则电桥输出电压

$$U = \frac{1}{4}E_mK\varepsilon_0$$

将是一个与输入电压幅值放大到 $\dfrac{1}{4}K\varepsilon_0$ 倍的信号。

②如果工作片感受一动态应变，且设此动应变为 $\varepsilon = \varepsilon_0 \sin \omega_0 t$，则电桥输出电压

$$U = \frac{1}{4}E_mK\varepsilon_0\sin \omega_0 t$$

则是一个与应变信号同频率、同相且幅值放大到 $\dfrac{1}{4}K\varepsilon_0$ 倍的正弦波信号。

对直流桥压的情况，输出电压完全是一个关于应变信号的线性量，在此类应变仪中，低零漂的（直流）放大器成了关键。直流桥压一般为 2～3 V，桥压过高时，不适合使用小阻值应变计（如 100 Ω 以下的应变计）测试，当应变计贴在非金属材料上测试时，零点漂移较大，从而影响测量精度。

4）静态多点测量与应变计公共补偿技术

在实际工程的静态应变测量中，经常遇到多点测量的情况，如果对每个测点都单独使用一台静态电阻应变仪，则需要数量众多的静态电阻应变仪，不仅成本昂贵，而且调试工作量大。如果针对众多的测点能做到仅使用一台静态电阻应变仪，不仅可以降低成本，而且还大大减少了调试工作量。实现用一台静态电阻应变仪进行多点测量的关键是使用多路切换技术和应变计公共补偿技术，使一个放大器可服务于多个通道，从而使成本降低。早期的静态电阻应变仪使用波段开关切换通道。由于应变仪本身的读数电桥部分已比较复杂，加上体积较大的通道切换部分，如果做成一体，仪器必然十分笨重，所以通常做成分离的两个部分：单通道静态电阻应变仪及预调平衡箱。对于通道切换部分来说，最重要的指标即是反复切换后必须保持不变的接触电阻。如果接触电阻变化 0.001 Ω，则测试得到的应变读数变化就可能高达 5 微应变（以 100 Ω 阻值应变计，灵敏系数为 2 为例），这种误差显然太大。预调平衡箱的通道切换波段开关是经特别设计的，对触点的接触电阻要求很高。

为通道切换控制方便，当下的静态电阻应变仪通常使用继电器作为通道切换部件。必须选用优质触点的继电器，以防止接触电阻的变化影响测试结果的精度。目前的优质继电器可达到接触电阻变化不大于 0.000 2 Ω。对于半桥切换来说（可以认为图 3.43 中使用相同的 R_3 和 R_4），对测试结果的影响可控制在 2 微应变量级。由于放大器的输入阻抗通常很高，因此 B 处的接触

电阻变化不会影响测量精度。公共补偿时,接触电阻对测量精度的影响与半桥时相同。

为消除接触电阻对测量精度的影响,全桥测量时,应按图 3.43 所示的方式切换,这样可使测量精度最高。切换点移到电桥外部后,接触电阻与电桥总电阻相比可以忽略,这样通道切换时即可始终保持电桥的输出不变。

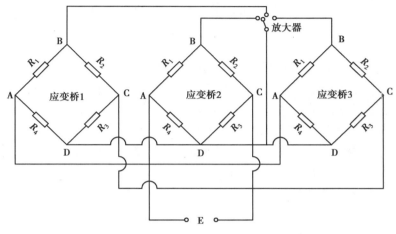

图 3.43　公共补偿电路

3.3.3　应变仪的技术指标及校正

1)应变仪的技术指标

应变仪的种类多种多样,选用时要注意其技术指标。

(1)通道数

通道数是应变仪的一个重要指标,它直接反映单台设备的测点能力。动态应变仪的通道数指同时可独立测量几个点的应变(各通道相互独立)。通道数越多实用性越强,但一台仪器通道数不可能太多,测量点数多时需要同时使用多台仪器。而静态应变仪实质上多数为单通道,其静态应变信号变化缓慢,配备通道切换装置,可以让一台设备实现多点测量,实际工程测量中习惯称这种应变仪为"多通道静态电阻应变仪"。

(2)测量范围

测量范围即应变仪的可测应变范围。传统的动态应变仪的线性范围比较小,在放大器前级都加有信号衰减装置,使后级处理都限制在一定小范围内,保证仪器性能正常发挥,可根据需要扩展测量范围。静态应变仪不含衰减装置,其测量范围大于动态应变仪。现代的直流数字式应变仪(无论动态还是静态)测量范围都较大,最大范围基本都能达到 20 000 ~ 30 000 微应变。

(3)应变标定值

应变标定值是应变波形分析的比例尺。标定应变一般分不同挡位,可根据被测应变的估计值选择。有些仪器的标定挡级与衰减挡级是配合的,保证仪器标定时满量程输出,提高测量精度。

(4)工作频率和频率响应误差

工作频率限定了可测应变的频率范围。频率响应指应变仪输出量的振幅和相位与输入量的振幅和相位之间的关系随输入量频率的变化,分别称为幅频特性和相频特性。大部分应变仪的幅频特性和相频特性不造成失真的容许频率范围基本重合,分析频率响应误差不超过允许值的频率范围主要针对幅频特性。

(5)线性输出范围及灵敏度

当被测应变的频率在应变仪的工作频率范围内时,应变仪的输出电流与被测应变之间的关系称为振幅特性。应变在一定范围内,这种关系是线性的,最大应变对应最大电流输出。振幅特性线的斜率为仪器的灵敏度(mA/με)。

(6)灵敏系数

灵敏系数是指应变仪为匹配某些(固定)灵敏系数值的应变片而设计的一些(固定的)仪器灵敏系数值。静态应变仪都设有调节灵敏系数的装置,以配合不同灵敏系数的应变片,读出的应变数不必另行修正。当然,这种调节有一定范围,若使用灵敏系数超出此范围的应变片,则可用下面要说的方法修正应变读数。

对动态应变仪,因为并非直接读数,所以如能在仪器之外另有随时与所用应变片相应的应变标定装置,则应变片的 K 值并不重要。为了方便,应变仪本身都设有标定装置,而这一装置是按固定 K 值设计的。使用其他 K 值的应变片,必须对应变读数进行修正。若 ε 为真实应变,而 ε_h 为按仪器标定装置提供的应变,则有 $\frac{\Delta R}{R} = K\varepsilon = K_{仪}\,\varepsilon_h$,即可根据 $K_{仪}$(仪器的设计灵敏系数)、K(用来标定的应变片灵敏系数)和标定装置提供的应变值来确定修正后的应变值。

(7)应变计阻值

应变计阻值是指电阻应变仪能接入的应变计电阻值大小。当前的直流供桥数字式应变仪基本都支持多种阻值的应变计(120 Ω,350 Ω,500 Ω,1 000 Ω 的几乎都支持),需要注意的是,当工作片电阻值较小时尽量选择低的供桥电压,当阻值小于 120 Ω 时建议使用小于 2 V 的桥压。

(8)零漂

在放大器无信号输入的情况下,开启仪器,随着时间过渡,仪器会有少量输出,这种现象称为零漂。零漂的大小是衡量仪器稳定性的重要指标。

(9)动漂

给仪器输入一个恒定的标准应变,对仪器稳定性进行考验,仪器输出的微小变化称为动漂。动漂是衡量仪器动态稳定性的重要指标。

(10)A/D 转换器位数

带有 A/D 转换器的数字式应变仪应该重视其位数指标,应尽量避免使用 16 位以下的仪器设备。

2)应变仪的校正

应变仪的校正一般需要其他能提供标准信号的设备配合进行,如标准模拟应变量校准器、数字电压表、标准信号发生器、应变仪频率响应测量仪等。常见指标的检定方法(以下检定方法,在检定开始前需将对应的校准设备与应变仪连接,并对应变仪进行预热、零位平衡清零操作)如下:

(1)示值误差的校正

通常用标准模拟应变量校准器给应变仪输入不同的标准应变值 $\varepsilon_{0,i}$(一般为能覆盖整个应变仪量程范围的且有代表性的点),并记录对应的应变仪示值 ε_i,则示值误差为

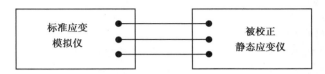

图 3.44　应变仪的校正

$$\delta_i = \frac{\varepsilon_i - \varepsilon_{0,i}}{\varepsilon_{0,i}} \times 100\%$$

若是指针式应变仪可采用补偿法,即给出一个反向的标准应变值进行校正。

（2）非线性误差的校正

将应变仪的量程范围等间距分隔为多个点 $\varepsilon_{0,i}$（满量程时记为 $\varepsilon_{0,\max}$）,并用标准模拟应变量校准器产生应变值 $\varepsilon_{0,i}$,并记录此时应变仪示值的大小 ε_i（满量程时记为 $\varepsilon_{\max}$）,非线性误差便可用下式计算为

$$\delta_i = \frac{\varepsilon_i}{\varepsilon_{\max}} - \frac{\varepsilon_{0,i}}{\varepsilon_{0,max}} \times 100\%$$

（3）灵敏系数误差的校正

首先,将应变仪的灵敏系数 K 设为 2,并通过标准模拟应变量校准器输入一个大小约为应变仪满量程的 70% 的标准应变 ε_0,此时应变仪的示值为 ε_D；其次,更改应变仪灵敏系数的大小为 K_i,同时调节输入应变值的大小为 ε_i,以使应变仪的示值保持不变（示值仍为 ε_D）。通过不断地改变 K_i 的大小（同时获得一系列的 ε_i）,则灵敏系数误差可表示为

$$\delta_i = \left(\frac{K_i \varepsilon_0}{2\varepsilon_i} - 1 \right) \times 100\%$$

（4）标定值误差的校正

当应变仪内部带有标定器时,可用一可靠外部标准源来对其进行检定。其操作方式是分别用应变仪内部标定器和外部标准源产生一个相同的应变值（它们是单独工作的）,分别记录对应的应变仪示值（增量）ε_i 和 $\varepsilon_{0,i}$,标定值误差便可表示为

$$\delta_i = \frac{\varepsilon_i - \varepsilon_{0,i}}{\varepsilon_{0,i}} \times 100\%$$

（5）零漂的校正

将外部标准源接入应变仪后置零,同时对应变仪进行平衡清零操作。然后在一定的时长（通常为 4 h）内每隔一定间隔（一般为 15 min）读取应变仪示值 ε_i,即为零漂 Z_i。

（6）示值稳定性的校正

将外部标准源接入应变仪后置零,同时对应变仪进行平衡清零操作,记录此时的应变仪示值 ε_0,随后将外部标准源的应变值调至应变仪的满量程值并记录应变仪示值 $\varepsilon_{\max}$。然后在一定的时长（通常为 4 h）内每隔一定间隔（一般为 15 min）重复以上操作记录的应变仪示值分别为 $\varepsilon_{0,i}$ 和 $\varepsilon_{\max,i}$,则示值稳定性表示为

$$\delta_i = \frac{(\varepsilon_{\max,i} - \varepsilon_{0,i}) - (\varepsilon_i - \varepsilon_0)}{(\varepsilon_i - \varepsilon_0)} \times 100\%$$

(7)衰减(增益)的校正

对带有衰减(增益)的应变仪,使用前需要对此功能进行检定。其校准方式是将衰减(增益)开关置于×1,即放大倍率 $G=1$,用外部标准输入源对应变仪分别输入两个标准应变 0 和 ε_{max}(应变仪的量程上限),并记录应变仪端示值的变化量 $\varepsilon_{1,max}$。随后改变衰减或放大倍率为 G_i,重复上述操作,分别记录应变仪端示值的变化量 ε_i,则衰减(增益)误差可表示为

$$\delta_i = \frac{\varepsilon_i - \varepsilon_{1,max}}{\varepsilon_{1,max}} \times 100\%$$

(8)频率响应误差的校正

对动态应变仪,频率响应误差的检定方法是用能够输出指定频率(f_i)和幅值(ε_0)应变信号的仪器或装置对应变仪输入标准的应变信号,并记录应变仪输出示值(ε_i),则频率响应误差表示为

$$\delta_{fi} = \frac{\varepsilon_i - \varepsilon_0}{\varepsilon_0} \times 100\%$$

也可表示为增益(dB):

$$G_{fi} = 20\lg \frac{\varepsilon_i}{\varepsilon_0}$$

指定的频率尽量覆盖整个应变仪的工作频率范围,对不同供桥方式的应变仪可以选择不同的输入源设备。一般情况下,交流供桥应变仪选用应变仪频率响应测量仪,直流供桥型的选用标准模拟应变量校准器和标准信号发生器。

(9)信噪比的测试

将接入应变仪的标准模拟应变量校准器置零,增益调至最大,平衡,再用数字电压表测量应变仪输出电压,获取应变仪的输出噪声 U_n 和最大输出电压 U_{max},则信噪比 N 可表示为

$$N = 20\lg \frac{U_{max}}{U_n}$$

(10)电阻(或电容)平衡范围的测试

应变仪的电阻(或电容)平衡范围的测试可以根据应变仪的技术参数或其他技术文件选择高精度的可调电阻器(或电容器),也可选用不同定值的电阻器(或电容器)。先将标准模拟应变量校准器置零接入应变仪,平衡后,再接入选用的电阻器(或电容器)进行电阻(或电容)平衡操作,若仍能平衡,可选用更大值的电阻器(或电容器),直到没法平衡为止,则被测应变仪的平衡范围上限值小于不能平衡时所选用的电阻值(或电容值)且大于不能平衡前面一挡的电阻值(或电容值)。

3.4　静态应变测量

前面介绍了应变计、应变电桥以及应变仪,本节从静态应变测量方法入手,介绍测量的一

般步骤及影响测量精确度的若干因素,这些内容同样适合动态应变测量。

3.4.1　测量的一般步骤

1)总体方案

(1)明确测量目的

根据测量的不同目的来决定测点位置,主要有以下几种:

①应力分布测量,需要沿某一方向相继取若干个测点,在应力变化强烈的地方,应使测点加密。

②强度校核试验,一般要选择构件上应力可能最大的点(危险点)进行测量。

③研究构件截面突变处或空洞边缘的应力集中,测点要在局部密集分布。

④为了了解构件的受载情况,需要选择一些已知应力与载荷之间关系的特征点进行测量。

(2)布片和桥路连接方案

布片和桥路连接方案要由测量目的、测点应力状态、构件受载情况和温度影响等进行设计。测一点应力状态时,多采用补偿块补偿、半桥接线。单向应力状态只需沿应力方向布置一枚工作应变计;主应力方向已知的平面应力状态,需要沿主应力方向粘贴两枚应变计;主应力方向未知的平面应力状态,需要在测点布置三轴应变花。多点测量时,可按测点位置的温度条件分组进行公共补偿。若测量构件内力,需要进行应变成分分析,通过桥路连接消除不需要的内力的影响,保留欲测内力的影响,可用半桥或全桥接线法进行测量。

2)选择应变计和测量仪器

(1)应变计的选择

根据构件的尺寸、材质,测点的应力状态以及应力梯度的大小,决定应变计的栅长和类型。金属构件材质较均匀,可用一般栅长的应变计;应力梯度大的地方需用 1 mm 以下栅长的应变计。混凝土材质不均匀,需要用大栅长应变计,一般要求栅长应是粗骨料(石子)尺寸的 4~5 倍。单向应力状态使用单轴应变计,二向应力状态使用直角应变花。对一般平面应力状态,如果能大致估计主应力方向,使用三轴 45° 应变花,并使相互垂直的应变计大致沿主应力方向粘贴;主应力方向无法估计时,最好选用三轴 60° 应变花(原因详见 3.4.6 小节)。

(2)应变计电阻的测定及分组

对选定的应变计检查其电阻值,并按阻值分组使用(同一桥路中各应变计阻值相差不超过 ±0.5 Ω)。

(3)应变仪的选择

应变仪的选择要注意量程、精度能否满足要求,应变仪的通道数能否满足需要等。野外测量要考虑应变仪的电源要求和便携性等问题。

3)现场准备工作

(1)贴片

贴片工艺的好坏在很大程度上影响测量精度和正确性。要根据应变计基底的要求选用合适的黏结剂,严格按规定的工艺操作和固化。要仔细观察在基底下有无气泡和粘贴方位是否正确,对不合要求的应变计必须铲除重粘。

(2)测量导线的布置

要考虑导线电阻、温度变化和分布电容等可能造成的影响,力求做到同一桥路的应变计取等长的导线并沿途固定在一起。要注意避开电磁场的干扰或采取屏蔽措施,尽量选用屏蔽线作为测量导线。

(3)应变计的防护

应变计粘贴后,要根据需要进行机械防护和防潮处理。防护方法详见3.1.7节。

(4)检查

在测量导线和应变计焊接后,要从测量导线接应变仪的一端检验应变计电阻和对金属构件的绝缘电阻,同时核对测量导线的编号与应变计粘贴位置是否相符。

4)调试及正式试验

按选择好的接桥方式将全部测量导线接入应变仪,对所有测点进行预调平衡,不能平衡需查找原因,如果是应变计及导线电阻的偏差导致的不平衡,可采取并联或串联固定电阻的措施杜绝。摇动测量导线,看应变仪读数有无明显的变化,以判断测量导线及接线头有无问题。在逐点试调平衡时,可用手轻压相应的应变计,以手指温度使应变计受热,应变仪读数应有反应,以此进一步检查编号与粘贴位置有无错误,并可观察应变计反应的正负是否正确(用手按工作片,应有应变的增加)。

在一切准备工作确认无误后,在可能情况下应进行预加载,确定数据基本正常后,再正式加载并采集测试数据。

5)分析检查试验结果

在多次重复加载的情况下,测试数据应有较好的重复性,数据随载荷的变化应有明显的规律性。在重复性和规律性有疑问时,要检查和改进试验的各个环节。确认数据可靠后,测试方可结束。

3.4.2 贴片方位和应力应变换算

一个测点上粘贴应变计的数量和方位,由估计该点的应力状态而定。例如,如图3.45所示的工字钢三点弯受力构件,显然,A点是单向应力状态、B点是一般的平面应力状态、C点是主应力方向已知的平面应力状态。这3种典型的应力状态,该如何确定其贴片数量和方位呢?

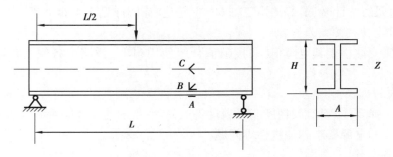

图3.45　测点的应力状态

1)单向应力状态的应力测定

对单向应力状态(图3.45中的A点),沿着应力方向粘贴一片电阻应变计,测得应变后,测点的应力由单向应力状态的虎克定律决定,有

$$\sigma = E\varepsilon \tag{3.59}$$

2）平面应力状态的应力测定

对处于平面应力状态的测点,(图 3.45 中的 B 点),其应力-应变的关系为

$$
\left.\begin{array}{l}
\sigma_x = \dfrac{E}{1-\mu^2}(\varepsilon_x + \mu\varepsilon_y) \\[2mm]
\sigma_y = \dfrac{E}{1-\mu^2}(\varepsilon_y + \mu\varepsilon_x) \\[2mm]
\tau_{xy} = G\gamma_{xy}
\end{array}\right\}
\tag{3.60}
$$

如果主方向无法预先判定,则从式(3.60)可知,必须有 3 个独立的数据才能确定该点的应力状态,也就是要在该点上沿不同的方向贴 3 个工作片才行。如图 3.46 所示,B 点处于主方向未知的平面应力状态,设沿任意 3 个方向 θ_1,θ_2 和 θ_3 贴 3 个工作片,测出 3 个方向的应变 $\varepsilon_{\theta_1},\varepsilon_{\theta_2}$ 和 ε_{θ_3},则有

$$
\varepsilon_{\theta i} = \frac{\varepsilon_x + \varepsilon_y}{2} + \frac{\varepsilon_x - \varepsilon_y}{2}\cos 2\theta_i + \frac{\gamma_{xy}}{2}\sin 2\theta_i \quad (i=1,2,3)
\tag{3.61}
$$

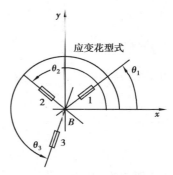

图 3.46　主方向未知时的贴片

可解出 3 个未知量 $\varepsilon_x,\varepsilon_y,\gamma_{xy}$,由此可求出主应变 $\varepsilon_1,\varepsilon_2$ 和主方向与 x 轴的夹角 φ 为

$$
\left.\begin{array}{l}
\varepsilon_2^1 = \dfrac{\varepsilon_x + \varepsilon_y}{2} \pm \dfrac{1}{2}\sqrt{(\varepsilon_x - \varepsilon_y)^2 + \gamma_{xy}^2} \\[3mm]
\varphi = \dfrac{1}{2}\mathrm{tg}^{-1}\dfrac{\lambda_{xy}}{\varepsilon_x - \varepsilon_y}
\end{array}\right\}
\tag{3.62}
$$

将主应变 $\varepsilon_1,\varepsilon_2$ 代入式(3.60),即可求得主应力。实际应用中,为了简化计算,3 个应变计与 x 轴的夹角 θ_1,θ_2 和 θ_3 总是选取特殊角,如 0°,45°和 90°;或 0°,60°和 120°,并且将 3 个敏感栅制在同一基底上,形成应变花。应变花采取特殊角布置方式,其计算公式标准化,见表 3.7。

表 3.7　应变花计算公式

	主应变和主应力公式	σ_1 和 0°线夹角 φ
90° 45° 0°	$\varepsilon_{1,2} = \dfrac{\varepsilon_0 + \varepsilon_{90}}{2} \pm \dfrac{1}{2}\sqrt{(\varepsilon_0 - \varepsilon_{90})^2 + (2\varepsilon_{45} - \varepsilon_0 - \varepsilon_{90})^2}$ $\sigma_{1,2} = \dfrac{E}{2}\left[\dfrac{\varepsilon_0 + \varepsilon_{90}}{1-\mu} \pm \dfrac{1}{1+\mu}\sqrt{(\varepsilon_0 - \varepsilon_{90})^2 + (2\varepsilon_{45} - \varepsilon_0 - \varepsilon_{90})^2}\right]$	$\dfrac{1}{2}\mathrm{tg}^{-1}\left[\dfrac{2\varepsilon_{45} - \varepsilon_0 - \varepsilon_{90}}{\varepsilon_0 - \varepsilon_{90}}\right]$
60° 120° 0°	$\varepsilon_{1,2} = \dfrac{\varepsilon_0 + \varepsilon_{60} + \varepsilon_{120}}{3} \pm \sqrt{\left(\varepsilon_0 - \dfrac{\varepsilon_0 + \varepsilon_{60} + \varepsilon_{120}}{3}\right)^2 + \dfrac{1}{3}(\varepsilon_{60} - \varepsilon_{120})^2}$ $\sigma_{1,2} = E\left[\dfrac{\varepsilon_0 + \varepsilon_{60} + \varepsilon_{120}}{3(1-\mu)} \pm \dfrac{1}{1+\mu}\sqrt{\left(\varepsilon_0 - \dfrac{\varepsilon_0 + \varepsilon_{60} + \varepsilon_{120}}{3}\right)^2 + \dfrac{1}{3}(\varepsilon_{60} - \varepsilon_{120})^2}\right]$	$\dfrac{1}{2}\mathrm{tg}^{-1}\left[\dfrac{\sqrt{3}(\varepsilon_{60} - \varepsilon_{120})}{2\varepsilon_0 - \varepsilon_{60} - \varepsilon_{120}}\right]$

续表

	主应变和主应力公式	σ_1 和 0°线夹角 φ
	$\varepsilon_{1,2} = \dfrac{\varepsilon_0 + \varepsilon_{45} + \varepsilon_{90} + \varepsilon_{135}}{4} \pm \dfrac{1}{2}\sqrt{(\varepsilon_0 - \varepsilon_{90})^2 + (2\varepsilon_{45} - \varepsilon_{135})^2}$ $\sigma_{1,2} = \dfrac{E}{2}\left[\dfrac{\varepsilon_0 + \varepsilon_{45} + \varepsilon_{90} + \varepsilon_{135}}{2(1-\mu)} \pm \dfrac{1}{1+\mu}\sqrt{(\varepsilon_0 - \varepsilon_{90})^2 + (\varepsilon_{45} - \varepsilon_{135})^2}\right]$	$\dfrac{1}{2}\mathrm{tg}^{-1}\left(\dfrac{\varepsilon_{45} - \varepsilon_{135}}{\varepsilon_0 - \varepsilon_{90}}\right)$
	$\varepsilon_{1,2} = \dfrac{\varepsilon_0 + \varepsilon_{90}}{2} \pm \dfrac{1}{2}\sqrt{(\varepsilon_0 - \varepsilon_{90})^2 + \dfrac{4}{3}(\varepsilon_{60} - \varepsilon_{120})^2}$ $\sigma_{1,2} = \dfrac{E}{2}\left[\dfrac{\varepsilon_0 + \varepsilon_{90}}{1-\mu} \pm \dfrac{1}{1+\mu}\sqrt{(\varepsilon_0 - \varepsilon_{90})^2 + \dfrac{4}{3}(\varepsilon_{60} - \varepsilon_{120})^2}\right]$	$\dfrac{1}{2}\mathrm{tg}^{-1}\left[\dfrac{2(\varepsilon_{60} - \varepsilon_{120})}{\sqrt{3}(\varepsilon_0 - \varepsilon_{90})}\right]$

3)主应力方向已知的平面应力状态的应力测定

如果主应力方向可断定,则可令式(3.60)中

$$\varepsilon_x = \varepsilon_1$$
$$\varepsilon_y = \varepsilon_2$$
$$\gamma_{xy} = 0$$

得

$$\left.\begin{array}{l} \sigma_1 = \dfrac{E}{1-\mu^2}(\varepsilon_1 + \mu\varepsilon_2) \\[2mm] \sigma_2 = \dfrac{E}{1-\mu^2}(\varepsilon_2 + \mu\varepsilon_1) \end{array}\right\} \tag{3.63}$$

可见,一个平面应力状态的点,当主应力方向已知时,可以用两个工作片,沿两个主方向粘贴,测得两个主应变 $\varepsilon_1, \varepsilon_2$,就能算出主应力。如图 3.45 所示中的 C 点,其两个主应力方向分别为 45°和-45°,只需沿这两个方向各贴一片应变计,即可测出这点的应力状态。

3.4.3 应变计栅长的选择

应变计是以其栅长范围内的平均应变来代替这一长度内某点的应变的,其误差取决于栅长的大小和应变沿构件表面的变化率。现分析某栅长范围内的平均应变和其中一点(如中点 M)应变之间的差别。如图 3.47 所示,设应变计栅长 L 范围内应变分布的规律可用一个多项式表示为

$$\varepsilon_x = c_0 + c_1 x + c_2 x^2 + c_3 x^3 + \cdots \tag{3.64}$$

当 $c_1, c_2, \cdots = 0$ 时,ε_x 是均匀应变;当 $c_2, c_3, \cdots = 0$ 时,以此类推,ε_x 可以是呈二次变化、三次变化等。当用栅长 L 内的平均应变代替中点 M 的应变时,显然只有均匀应变和应变呈线性变化的情况不会引入误差。对应变呈二次变化的情况。在 L 内的平均应变为

$$\varepsilon_a = \dfrac{\displaystyle\int_0^L (c_0 + c_1 x + c_2 x^2)\,\mathrm{d}x}{L} = c_0 + \dfrac{c_1}{2}L + \dfrac{c_2}{3}L^2$$

而中点 M 的应变为

$$\varepsilon_M = c_0 + \frac{c_1}{2}L + \frac{c_2}{4}L^2$$

平均应变与中点应变之差为

$$\delta\varepsilon = \varepsilon_a - \varepsilon_M = \frac{c_2}{12}L^2 \tag{3.65}$$

从式(3.65)可知,误差的大小与栅长 L 和系数 c_2
有关,栅长越大或应变变化越剧烈时,误差越大。
对按 3 次或 3 次以上规律分布的应变,次数愈高
误差越大。由此可得到应变计栅长选择的原则
如下:

①对应变分布变化比较剧烈的区域,如应力
集中区的测点,应选用栅长小的应变计。

②对均匀的或变化不太剧烈的应变场,如纯
弯曲、简单拉压构件上的测点,可选用栅长稍大
的应变计,它易于贴准方位,并且横向效应小。

根据测试构件的大小来选择,大构件应选用
大栅长的应变计,小构件应选用小栅长的应变计。

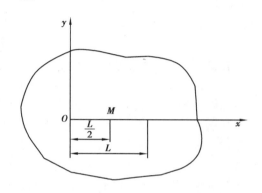

图 3.47　平均应变与一点的应变

对非均质材料的构件,则需根据材料的不均匀程度来选择应变计栅长,混凝土构件,由于
石子和水泥弹性模量相差较大,变形极不均匀,因此应变计应有足够的栅长,其长度至少应比
粗骨料(石子)的直径大 3～4 倍,以测出一定长度内的平均应变。

3.4.4　横向效应的修正

在3.1.3节中已经讨论过应变片的横向效应问题,并且导出了横向效应对应变测量影响
的修正计算公式。假设被测构件的材料与标定应变计灵敏系数 K 时所用的标定梁的材料相
同,那么在单向应力状态下用两个应变计测量沿主应力方向的应变时,以及在主方向为已知的
二向应力状态下用两个应变计分别测量两个主应变时,可以直接利用式(3.24),根据应变仪
的测量读数计算出构件的实际应变值。

对主方向未知的二向应力状态,当采用 3 个应变计或采用应变花进行测量时,对应变读数
的修正计算公式也可由式(3.24)导出。

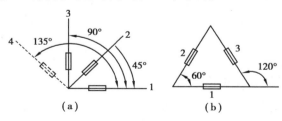

图 3.48　用应变花测量一点处的应变

设采用 $0°,-45°,-90°$ 三片直角形应变花来测量某点处的应变,如图 3.48(a)所示,其中135°方向的应变片是为推导方便而虚设的。

$0°$与$90°$两个方向互相垂直,可以利用式(3.24),根据测量读数 $\varepsilon'_0,\varepsilon'_{90}$ 直接计算出实际应变值 $\varepsilon_0,\varepsilon_{90}$,即

$$\left.\begin{array}{c} \varepsilon_0 = Q(\varepsilon'_0 - H\varepsilon'_{90}) \\ \varepsilon_{90} = Q(\varepsilon'_{90} - H\varepsilon'_0) \end{array}\right\} \qquad (3.66)$$

其中

$$Q = \frac{1 - \mu_0 H}{1 - H^2} \qquad (3.67)$$

同样,对 45°与 135°两个方向,可以写出

$$\left.\begin{array}{c} \varepsilon_{45} = Q(\varepsilon'_{45} - H\varepsilon'_{135}) \\ \varepsilon_{135} = Q(\varepsilon'_{135} - H\varepsilon'_{45}) \end{array}\right\} \qquad (3.68)$$

由二向应力状态的应变分析可知

$$\varepsilon_0 + \varepsilon_{90} = \varepsilon_{45} + \varepsilon_{135} \qquad (3.69)$$

将式(3.66)与式(3.68)代入式(3.69),即可得

$$\varepsilon'_0 + \varepsilon'_{90} = \varepsilon'_{45} + \varepsilon'_{135} \qquad (3.70)$$

式(3.68)的第一式可写为

$$\varepsilon_{45} = Q[\varepsilon'_{45} - H(\varepsilon'_0 - \varepsilon'_{45} + \varepsilon'_{90})] \qquad (3.71)$$

式(3.66)与式(3.71)就是三片直角形应变花的横向效应修正计算公式。

如果采用的是 0°,-60°,-120°三片等角形应变花,如图 3.48(b)所示,那么,按照同样的方法可以导出其横向效应的修正计算公式为

$$\left.\begin{array}{c} \varepsilon_0 = T[\varepsilon'_0 - S(\varepsilon'_{60} + \varepsilon'_{120})] \\ \varepsilon_{60} = [\varepsilon'_{60} - S(\varepsilon'_{120} + \varepsilon'_0)] \\ \varepsilon_{120} = T[\varepsilon'_{120} - S(\varepsilon'_0 + \varepsilon'_{60})] \end{array}\right\} \qquad (3.72)$$

其中

$$S = \frac{2H}{3 + H}$$

$$T = \frac{(3 + H)(1 - \mu_0 H)}{3(1 - H^2)}$$

3.4.5 应变计的灵敏系数的修正

设应变仪的灵敏系数为 $K_仪$,测量时使用的应变计灵敏系数为 K。对静态电阻应变仪,只有在 $K = K_仪$ 的情况下,读数值才等于实际应值。在静态电阻应变仪上设灵敏系数调节装置,通过改变电阻应变仪的灵敏系数 $K_仪$,以适应不同灵敏系数的应变计。测量时,只要根据所用应变计的 K 值调节应变仪的灵敏系数,使得 $K_仪 = K$,应变测量的读数就不需要进行修正。

但在实际测量中,特别是多点测量,所用的应变计灵敏系数很可能不完全相同,使得部分测点的 $K_仪 \neq K$。测量时,将应变仪的灵敏系数调到与大多数应变计的灵敏系数相一致,然后对其余测点的应变读数进行修正,根据式(3.13),得修正公式为

$$\varepsilon = \frac{K_仪}{K}\varepsilon' \qquad (3.73)$$

3.4.6 粘贴方位不准造成的误差

应变计粘贴后的实际方位,很难保证与预定的基准方位完全重合,由此给测量带来误差。

设预定的基准线与主方向的夹角为 φ'，粘贴的角偏差 $\delta\varphi = \varphi' - \varphi$。基准线上的应变 ε_φ 可用主应变表示为

$$\varepsilon_\varphi = \frac{\varepsilon_1 + \varepsilon_2}{2} + \frac{\varepsilon_1 - \varepsilon_2}{2}\cos 2\varphi$$

由于应变计粘贴方位不准，实际测得的是与主方向呈 φ' 角方向的应变

$$\varepsilon'_\varphi = \frac{\varepsilon_1 + \varepsilon_2}{2} + \frac{\varepsilon_1 - \varepsilon_2}{2}\cos 2(\varphi + \delta\varphi)$$

因此应变测量的误差为

$$\delta\varepsilon_\varphi = \varepsilon_\varphi - \varepsilon'_\varphi = \frac{\varepsilon_1 - \varepsilon_2}{2}\left[\cos 2\varphi - \cos 2(\varphi + \delta\varphi)\right]$$

化简后得

$$\delta\varepsilon_\varphi = (\varepsilon_1 - \varepsilon_2)\sin(2\varphi + \delta\varphi)\sin\delta\varphi \tag{3.74}$$

从式(3.74)可知，粘贴方位不准造成的误差不仅与角偏差 $\delta\varphi$ 有关，还和预定粘贴方位与该点主方向的夹角 φ 有关。预定方位与主方向的夹角越大，则角偏差造成的误差越大，这就是为什么三片 45°应变花用于主方向大致知道的情况，而三片 60°应变花用于主方向完全不知的情况的原因。后者 3 个应变计等角排列，各片与主方向的最大可能的夹角为 30°，是各型应变花中的最小者。

举例如下：

设测点为单向应力状态，应变计 ε_1 应沿主方向粘贴($\varphi = 0$)，现有粘贴角偏差 $\delta\varphi$，ε_2 为横向应变，根据式(3.74)，并考虑 $\varepsilon_1 - \varepsilon_2 = (1+\mu)\varepsilon_1$，得

$$\delta\varepsilon_\varphi = (1 + \mu)\varepsilon_1\sin^2\delta\varphi$$

相对误差为

$$e_\varphi = \frac{\delta\varepsilon_\varphi}{\varepsilon_1} = (1 + \mu)\sin^2\delta\varphi$$

对一般情况，角偏差不大于 5°，若 $\mu = 0.3$，$\delta\varphi = 5°$，则得

$$e_\varphi = (1 + 0.3) \times \sin^2 5° = 0.009\,89 < 1\%$$

在上例中，若应变计不是沿主方向粘贴，而呈夹角 $\varphi = 45°$，并存在角偏差 $\delta\varphi$，则由式(3.74)得

$$\delta\varphi_\varphi = (1 + \mu)\varepsilon_1\cos\delta\varphi\sin\delta\varphi = (1 + \mu)\varepsilon_1\frac{1}{2}\sin^2\delta\varphi$$

在 $\varphi = 45°$ 方向上的真实应变为

$$\varepsilon_{45°} = \frac{1}{2}(\varepsilon_1 + \varepsilon_2) = \frac{1}{2}(1 - \mu)\varepsilon_1$$

相对误差为

$$\varepsilon_\varphi = \frac{\delta\varepsilon_\varphi}{\varepsilon_{45°}} = \frac{1 + \mu}{1 - \mu}\sin^2\delta\varphi$$

若 $\delta\varphi = 1°$ 或 5°时，可算得相对误差 $e_\varphi = 6.48\%$ 或 32.4%。可见粘贴方位远离主方向时，应变测量的误差对粘贴角偏差是相当敏感的。

3.4.7　测量导线电阻的影响及其修正

被测构件常常远离应变仪需要用长导线将应变计与应变仪相连接。这时,导线自身具有一定的电阻值,这个电阻将与应变计的电阻串联接入桥臂,但它并不随应变而变化,桥臂阻值的相对变化率将减小,使应变仪显示的应变读数变小,其影响相当于减小了应变计的灵敏系数。

设阻值为 R 的应变计感受应变后阻值变化为 ΔR,应变计的灵敏系数为 K,当无导线电阻影响时,应变仪测得真实应变为

$$\varepsilon = \frac{1}{K}\frac{\Delta R}{R}$$

设导线电阻为 R_L,应变仪仍调整灵敏系数为 K 进行测量,测得的应变读数将为

$$\varepsilon_{仪} = \frac{1}{K}\frac{\Delta R}{R + R_L}$$

ε 与 $\varepsilon_{仪}$ 之比为

$$\frac{\varepsilon}{\varepsilon_{仪}} = \frac{\dfrac{1}{K}\dfrac{\Delta R}{R}}{\dfrac{1}{K}\dfrac{\Delta R}{R + R_L}} = 1 + \frac{R_L}{R}$$

当考虑导线电阻影响时,如仍用应变计的真实灵敏系数 K 进行测量,则测得的应变读数应加以修正

$$\varepsilon = \varepsilon_{仪}\left(1 + \frac{R_L}{R}\right)$$

或者,应变仪应按修正后的灵敏系数 $K_{仪}$ 来进行测量,因为

$$\varepsilon = \frac{1}{K_{仪}}\frac{\Delta R}{R + R_L}$$

所以

$$K_{仪} = \frac{1}{\varepsilon}\frac{\Delta R}{R + R_L} = K\frac{R}{\Delta R}\frac{\Delta R}{R + R_L} = K\frac{R}{R + R_L} \tag{3.75}$$

如果一个 $100\ \Omega$ 的应变计使用两根长 15 m、截面积 $0.5\ \mathrm{mm}^2$ 的铜线接入桥臂,铜线电阻可达 $1\ \Omega$ 左右,此时测得的应变比真实的应变降低 1% 左右,或者相当于应变计灵敏系数降低同样的比例。一般当导线长 10 m 以上时需要修正。

图 3.49　公共地线接桥法

采用如图 3.49 所示的公共地线接桥法,可以减轻导线电阻对测量的影响。工作片和补偿片各用一根长导线与电桥相接,两片之间先连一短导线(不计其电阻),再用一公共地线与电桥相接,此时在每一桥臂中只有一根导线电阻的影响,而公共地线的电阻并不串接在桥臂之内。此方法也称为"三线法"。

3.5　动态应变测量

随时间而变化的应变称为动态应变。动态应变测量的特点是必须把应变随时间变化的过程记录下来,然后用适当的方法进行分析。多数情况下,应变信号都是随时间变化的,动态应变测量是一种重要的测量方式。本节就此介绍动态应变测量过程中需要重点注意的问题及动态应变分析的内容和方法等。

3.5.1　动态应变的分类

动态应变可按随时间变化的性质划分为确定性应变和非确定性应变两类。若应变变化规律可明确地用时间的确定性函数进行表述,称为确定性应变,它包含简谐应变波等周期性应变波和一定时长的或由多个频率间无最小公因子的周期波合成的非周期波。其他无法用时间函数描述的即为非确定性应变,也称为随机应变,它通常只能用概率统计的方法来描述。以下对周期性、非周期性和随机应变及其分析方法作简要介绍。

1)周期性应变

一个复杂的周期性应变(见图 3.50)可用傅里叶级数表示为

$$\varepsilon(t) = \varepsilon_0 + \sum_{n=1}^{\infty} \varepsilon_n \sin(2\pi n f_1 t + \theta_n) \quad (n = 1, 2, 3, \cdots) \tag{3.76}$$

即一个复杂的周期性应变可以看作由一个静态分量 ε_0 和无限多个谐波分量所组成,而各谐波分量具有不同的振幅 ε_n 和相位角 θ_n,频率为基频 f_1 的整数倍。$n=1$ 的谐波称为基波或一次谐波,$n=2$ 的谐波称为二次谐波,其余类推。

在实际分析中,相位角 θ_n 常不予考虑,并且谐波分量也只有有限个。此时可用图 3.51 所示的振幅-频率图来表示,这种图也称为频谱图,它直观表示出复杂周期性应变波中各谐波分量的频率和振幅。由于谐波分量只在分散的特定频率上出现,所以这种频谱图又称为离散谱。

对一个复杂周期性应变波,其分量通常都会包含从低次到高次的谐波,但随着次数的增多,谐波幅值总是越来越小,在实际分析中常把高次谐波略去,只计最低的几次。当 $\varepsilon(t)$ 只有基波,而所有高次谐波及常量 ε_0 都等于零时,即 $\varepsilon(t) = \varepsilon_0 + \varepsilon_1 \cos(2\pi f_1 t - \theta_1)$ 是简单周期性应变的情况。当 $\varepsilon(t)$ 中所有的谐波分量都等于零而仅存常量 ε_0 时,$\varepsilon(t) = \varepsilon_0$ 为常应变即静态应变的情况。

图 3.50　周期性应变

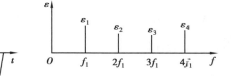

图 3.51　周期性应变的频谱

2)非周期性应变

非周期性信号分为两种情况:一种为由多个频率无最小公因子的谐波叠加而成。例如,一台机组由几个转速不成比例的发动机组成,当这些发动机同时工作时,虽然各发动机独自工作时引起的振动是周期性的,但合成振动是非周期性的。这样的非周期性应变也称为准周期性

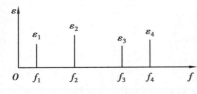

图 3.52　准周期性应变的频谱

应变,它的功率谱是离散的,但谐波分量分布是无规律的,如图 3.52 所示。

另一种非周期性信号便是冲击波,如土建工地的打桩、枪炮发射炮弹等,在结构中引起的应变都是非周期瞬变性应变。瞬变信号通常含有从零到无穷大连续分布的频率分量,它的时间函数用傅里叶积分表示,此连续谱高频分量占的比重可以很大,如图 3.53 所示,这种信号的另一个特点是时长有限。

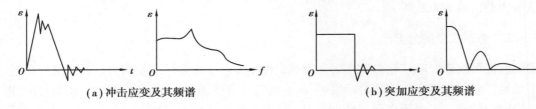

(a) 冲击应变及其频谱　　　　　　(b) 突加应变及其频谱

图 3.53　瞬变应变

3) 随机性应变

许多机械或构件,如运输与采矿机械、机床上加工的零件,所受的载荷都是杂乱无章的,应变的时间历程无法用确定的数学关系来表示,这种性质的应变称为随机性应变,如图 3.54 所示。这种应变从表面上看无法预测它未来时刻的值,但在大量重复试验中具有某种统计规律性,可用概率统计的方法来描述和研究。

从应变测量的观点来看,对确定性应变,要注意估计应变变化规律所包含的频谱内容,选择适用其频率范围的测试仪器,力求能真实记录应变变化规律,然后进行频谱分析,研究各谐波分量的频率和振幅,以便对结构进行分析;而对随机应变,则要选用频率响应范围足够宽的测量仪器,进行必要的大量重复试验,根据统计分析结果解决问题。

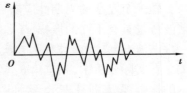

图 3.54　随机应变

3.5.2　应变计的频响特性及疲劳寿命

当应变变化频率很高时,需要考虑应变计对构件应变的响应问题。应变计的基底及胶层很薄,应变从构件传到敏感栅的时间大约为 $0.2~\mu\mathrm{s}$,可以认为是立即响应的,只需考虑应变沿应变计栅长方向传播时应变计的动态响应问题。

设一波长为 λ、角频率为 ω(频率 $f = \dfrac{2\pi}{\omega}$)、幅值为 ε_0 的正弦应变波沿着应变片长度方向传播。若应变片栅长为 L,其粘贴位置的应变函数为 $\varepsilon(t) = \varepsilon_0 \sin \omega t$,则在某一时刻 t 应变片测得的应变值为

$$\varepsilon_{\text{片}}(t) = \frac{\displaystyle\int_{t-\frac{L_t}{2}}^{t+\frac{L_t}{2}} \varepsilon(t)\,\mathrm{d}t}{L_t} \tag{3.77}$$

其中,$L_t = \dfrac{2\pi L}{\omega \lambda}$。

若令 $\rho = \dfrac{L}{\lambda}$,则应变片测得应变值的相对误差为

$$e = \frac{\varepsilon(t) - \varepsilon_{\text{片}}(t)}{\varepsilon(t)} = 1 - \frac{\sin \rho \pi}{\rho \pi} \qquad (3.78)$$

将 $\sin \rho \pi$ 作幂级数展开

$$\sin \rho \pi = \sum_{n=1}^{\infty} (-1)^{n-1} \frac{(\rho \pi)^{2n-1}}{(2n-1)!} \qquad (3.79)$$

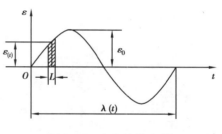

图 3.55　应变片的响应

一般情况下 ρ 取值都较小,取前两项为其近似值,则有

$$e = \frac{(\rho \pi)^2}{6} = \frac{(L\pi)^2}{6\lambda^2} \qquad (3.80)$$

这样就建立起相对误差(e)-应变片长度(L)-应变波波长(λ)的关系。在弹性范围内固体材料中应变波的传播速度 v 为常数,则可将上式写为

$$e = \frac{(fL\pi)^2}{6v^2} \qquad (3.81)$$

这样根据测试对象(材料属性、应变波频率范围)和测量误差要求即可选择合适栅长的应变片,或者根据应变片栅长、误差要求和测量对象的材料属性便可确定应变片的测量频率范围。例如,若测试对象为一应变频率 10 kHz 以内的钢制结构(应变波速 $v \approx 5\ 000$ m/s),要求误差 $e \leqslant 0.2\%$,则应变片的栅长为

$$L = \frac{v}{\pi f}(6e)^{\frac{1}{2}} \leqslant \frac{5 \times 10^6}{\pi \times 10\ 000} \sqrt{6 \times 0.002} \approx 17 \text{ mm}$$

即栅长 17 mm 以下的应变计可满足测试要求。

另外一个需要重视的问题则是应变片的疲劳寿命,尤其是在进行高周疲劳的时候。应变片的寿命通常是由生产商在应变幅值为 1 000 $\mu\varepsilon$ 的情况下测定提供的,常见的应变片疲劳寿命多为 $10^5 \sim 10^6$ 次;当被测对象的应变值大于 1 000 $\mu\varepsilon$ 时应考虑适当折减应变片的疲劳寿命进行使用。在应变的变化频率较高的时候,应该避免应变片引线与导线连接不牢固、导线悬空等情况。

3.5.3　动态测量系统

动态应变测量需要获得应变随时间变化的过程,在动态测量过程中应该根据被测对象的特性选择响应频率适合的动态应变测量系统。现代的动态测量系统一般情况下都会配有与采样频率相匹配的数据存储设备(包含缓存器),但滤波器的选用往往需要使用者自行选择。滤波器要根据测量目的而定,希望获得某一频带范围内的谐波分量,选用相应频带的带通滤波器;只需测定低于某一频率的谐波分量时,选用有相应截止频率的低通滤波器;无特殊要求时,可不用滤波器。随着电子技术的发展,现代的应变测试系统逐渐朝着数字化、网络化、智能化发展,在选择带有网络传输的测量设备时应注意设备的数据本地存储(或缓存)功能,以减少数据丢失的可能。

1)动态测量系统的动态特性

测量系统都有自己的振幅特性和频率特性。振幅特性是指输入和输出的幅值关系,频率特性是针对设备的频率响应,是在输入一个振幅恒定而频率变化的信号时,输出幅值随频率的

变化。要求动态测量系统有线性的振幅特性和平坦的频率响应(即输出不随频率而变),但实际上只能在一定的振幅和频率范围内近似满足,总是有误差存在。

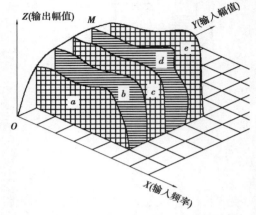

图 3.56　测量系统振幅、频率特性

仪器系统输出量和输入量的关系是个三维问题,是输出幅值(Z)随输入幅值(Y)和输入频率(X)的变化关系,如图 3.56 所示,即

$$Z = f(X, Y) \tag{3.82}$$

函数 Z 的空间曲面与 XOZ 平面的交线 OM 即为静态时的振幅特性。要用实验方法确定此曲面的坐标,需要做大量的测试工作,实用上常常只测取静态时的振幅特性和某一个(或几个)定幅变频输入时的频率特性(图 3.56 中曲线),以此来确定该仪器系统的适用范围和误差。

(1)振幅特性的测定

按实际测试要求组配仪器系统,输入一系列已知标准应变量,观察该系统的最后输出(即记录器记录点的偏移量),即可作出标准应变与输出之间的关系曲线,即静态振幅特性曲线。一般以特性曲线上非线性误差不大于 3% 的最大应变值作为该系统允许的振幅工作范围。

标准应变量可以利用应变仪上的标定装置给出,也可以用给应变片并联适当电阻的方法形成。但用电阻标定的办法所获得的振幅特性仅反映除应变片外的仪器系统的品质。为使振幅特性能反映包括应变片在内的整个系统的性能,应该采用标准应变梁的办法,直接以标准的机械应变输入。建议用图 3.3(a)所示的等截面等弯矩梁作为标准应变发生装置,直接用百分表测定该梁中点的挠度 y_0。

对载荷点在支点之外的标准梁,即图 3.3(a)中的支点与加载点位置互换,其表面应变为

$$\varepsilon = \frac{4h}{b^2} y_0 \tag{3.83}$$

式中　h——梁的厚度;

　　　b——两支点的跨度。

　　　y_0——挠度计中点的挠度值。

对载荷点在支点之内的标准梁,即图 3.3(a)所示,其表面应变为

$$\varepsilon = \frac{12h}{3L^2 - 4a^2} y_0 \tag{3.84}$$

式中　L——两支点的跨度;

　　　a——梁其中一侧支点与加载点间的距离。

当用三点挠度计测量梁的变形时,无论上述哪种梁,只要挠度计两支点之间的跨度 l 不超过梁的等弯矩区,其表面应变为

$$\varepsilon = \frac{4h}{l_0^2} y_0 \tag{3.85}$$

等弯矩梁的尺寸,建议取梁宽为 40 mm,过窄则不便贴片;梁厚为 10 mm,过薄时,受应变

片基底厚度的影响,使敏感栅离等弯矩梁中性层的距离明显大于梁表面离中性层的距离而引入误差;梁长取 500 ~ 800 mm,梁的等弯矩部分占全长的1/3 ~ 1/2。

除使用等截面等弯矩梁外,还可使用等强度梁对系统的幅值特性进行测定。

（2）频率特性的测定

只有在被测应变中不可忽略的谐波频率足够高,可以与应变片、动态应变仪和记录器的极限工作频率相比拟时,才需要对仪器系统的频率特性进行测定。作为标准用的动态应变输入信号可以用电学方法或机械方法产生。

①电学方法

测定静态振幅特性,可以给应变片并联适当的电阻,以产生所需的标准应变信号。测定频率特性,则需要在应变片上并联一个动态电阻,其大小按正弦规律变化。这可用如图 3.57

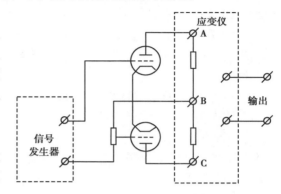

图 3.57　系统频率特性测定——电学方法

所示的方法实现。将两个真空三极管的屏极和阴极各自接在外半桥的两个臂上,这样,加在应变片上的桥源电压同时加在两管的屏阴极之间,两三极管屏阴极之间的内电阻就并联在相应的桥臂上。信号发生器给两个三极管的栅极加以相位相反的信号电压,使两管的内阻发生相反方向的变化,应变电桥就有相当于受动应变作用的信号输出。这个虚拟的动应变的幅值和频率由音频信号发生器输出电压的幅值和频率决定。固定信号发生器的输出电压,仅改变其频率 $f_i(i=1,2,3,\cdots)$,测得记录器的一组输出 z_i,选定频率为 f_0 时的 z_0 作为比较标准(f_0 可以是零或某特定值),则在某一输入幅值时,仪器系统的频率响应误差为

$$e_0 = \frac{z_0 - z_i}{z_0} \times 100\%$$

此法测得的频率响应特性不包括应变片的性能在内,但测试设备较简单。

②机械方法

用机械方法产生标准动应变,此时获得的仪器系统的频率特性,由于包括应变片在内,因此更接近实际情况。最简单的产生动应变的机械装置是悬臂梁,用一旋转的凸轮控制梁的自由端的挠度,梁上应变振幅由凸轮的偏心决定,频率由凸轮的转速决定,调节凸轮的转速,即可在梁上产生振幅恒定、频率可变的应变信号。但此法受马达转速的限制,只能在低频情况下(200 Hz 以下)使用,在频率稍高时凸轮与梁端要发生撞击,使应变波形严重恶化。

用电动振动台激振的方法可以产生频率比较高的(1 000 ~ 3 000 Hz)动应变信号。用一个动态应变式传感器,弹性元件为一圆筒,其下端与传感器基座固接,上端与自由的惯性块固接。传感器牢固地安装在电动振动台上,振动台产生频率可变而加速度恒定的振动。由于惯性块的惯性作用,圆筒受到相应的动载荷,产生幅值恒定而频率可变的动应变。应变幅值与振动加速度成正比,其频率即振动台的振动频率。此法能产生高频正弦变化的动态应变,因不存在撞击的运动部件,故应变波形良好。

2）动态测量中的干扰与抑制措施

应变信号在采集、放大、传输及记录过程中都会混入其他信号,从而造成误差,即所谓的干扰。特别是当干扰频率在所测动应变信号频率范围内时是无法通过滤波器去掉的,会严重地

影响测量结果。在应变测量时,干扰的来源很多,归纳起来主要有以下几种:

(1)电磁与静电干扰

应变片的信号是通过测量导线输入应变仪的,数值非常微小(电桥的输出电压通常为毫伏级,有时甚至只有若干微伏),当外界电磁场变化或导线附件存在电力干扰源时,就会受到电磁干扰或产生静电干扰。电磁干扰一般分为两种:①工频干扰,即工业上使用的 50 Hz 交流电造成的干扰;②无线电干扰,大功率无线电发射台的强磁场在测量导线中产生感应电流引起的干扰。

针对有潜在电磁及静电干扰的测试环境,应该尽量远离潜在的电磁源,使用带有金属屏蔽套的绞线作为传输导线。条件允许的前提下,尽量缩短导线长度。

(2)地电压、地电流的干扰

目前的动态应变测量系统大多数用交流市电电源,为了操作人员的安全,仪器外壳要接通大地。但在某些工厂,只要相隔几米,地电位差就会高达几伏;在某些风沙大的地区,地电位还会波动,频率为几赫到几千赫,最大幅值为几毫伏。此外,在应变测量现场,如果发生雷电、电力线开闭、电源事故、负载变化时都会产生地电流。测量时,应变仪接大地,如果被测处的应变片也接大地,两地之间有一定距离,它们之间就有地电位差,它将干扰被测信号。即使被测处的应变片并不直接通大地,但应变片及引线受潮或绝缘电阻下降、应变片或导线与被测物之间存在漏电容,这样就等于以一定的阻抗与大地相连,地电位差同样会干扰被测信号。

当使用交流市电作为电源时,应该让屏蔽线与应变仪外壳连接并接地,同时保证应变片与被测构件之间的绝缘电阻足够大。需要注意的是,如果是使用电池给应变仪供电则都不接地。

(3)测量仪器之间的干扰

当多台应变仪同时工作时,每台应变仪的实际载波频率不完全相同,会产生仪器之间的相互干扰。这种干扰是同时使用多台电阻应变仪进行测试时经常碰到的现象。干扰信号可能是直流、低频、脉冲等,要减小或排除干扰,应当确定干扰信号的种类。如果所测的动应变频率不太高,则高频干扰将使应变测量的记录曲线上附加"高频毛刺"。直流干扰使记录曲线产生零点漂移。低频干扰往往混在应变信号中难以确定,只有在被测点的应变规律是周期性的且其频率可以预先知道的情况下,才可能分辨。常见的电源频率干扰,由于它表现为稳定的 50 Hz 及其倍数的频率,所以在频谱分析中可以分辨出来。

当出现多台仪器之间的干扰时,必须强迫各台应变仪载波频率同步,一般应变仪都有这样的接线端子和连接器。如果应变仪之间的载波频率相差太大,将无法同步,这时应首先调整应变仪的振荡频率,使它们接近,然后接上同步线。但是同步的应变仪台数不宜过多,否则达不到同步的目的,反而使应变仪无法工作。如果测量时使用的应变仪的台数很多,应当将应变仪分组,每组内的几台同步,同步线要尽量短,且尽量避免与电源线平行布线。同时各组的测量导线要隔开,最好在每一组测量线外增加一层屏蔽层,这样处理后,即可达到抑制多台电阻应变仪同时工作的相互干扰。

3.5.4 动态应变的数据分析

1)周期信号的处理

根据数学知识,一个周期为 $T(\Delta\omega = \omega_1 = \frac{2\pi}{T}, f = T^{-1})$ 的应变信号可以用傅里叶级数表示为

$$\varepsilon(t) = \varepsilon_0 + \sum_{n=1}^{\infty} \varepsilon_n \sin(n\omega_1 t + \theta_n)(n = 1,2,3,\cdots) \tag{3.86}$$

若让

$$\varepsilon_0 = \frac{a_0}{2}, a_n = \varepsilon_n \sin \theta_n, b_n = \varepsilon_n \cos \theta_n$$

则

$$\varepsilon(t) = \frac{a_0}{2} + \sum_{n=1}^{\infty}\left(a_n \cos \frac{2n\pi t}{T} + b_n \sin \frac{2n\pi t}{T}\right) \tag{3.87}$$

根据三角函数的正交性,可以得到

$$\begin{cases} a_n = \dfrac{2}{T}\displaystyle\int_{-\frac{T}{2}}^{\frac{T}{2}} \varepsilon(t)\cos \dfrac{2n\pi t}{T}\mathrm{d}t(n = 0,1,2,\cdots) \\[3mm] b_n = \dfrac{2}{T}\displaystyle\int_{-\frac{T}{2}}^{\frac{T}{2}} \varepsilon(t)\sin \dfrac{2n\pi t}{T}\mathrm{d}t(n = 1,2,3,\cdots) \end{cases} \tag{3.88}$$

对一个周期信号,只要确定信号函数的 a_n, b_n 值,其他问题就迎刃而解。但一般情况下实测应变信号时间历程曲线 $\varepsilon(t)$ 的解析式是未知的,通常的做法是将曲线离散化,取级数的前几项作近似值计算。

在时域内将周期 T 进行 N 等分(等分点为 t_k, $k = 0,1,2,\cdots,N$),间隔为 $\Delta t = \dfrac{T}{N}$,则

$$\begin{cases} a_n = \dfrac{2}{N}\displaystyle\sum_{k=1}^{N} \varepsilon(t_k)\cos \dfrac{2n\pi k}{N}(n = 0,1,2,\cdots) \\[3mm] b_n = \dfrac{2}{N}\displaystyle\sum_{k=1}^{N} \varepsilon(t_k)\sin \dfrac{2n\pi k}{N}(n = 1,2,3,\cdots) \end{cases}$$
$$\tag{3.89}$$

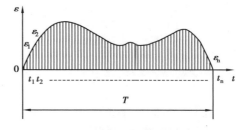

图 3.58　周期信号的数值计算

而后,便可计算出不同频率分量的幅值和相位差

$$\begin{cases} \varepsilon_n = \sqrt{a_n^2 + b_n^2} \\[3mm] \theta_n = \arctan\left(\dfrac{a_n}{b_n}\right) \end{cases} \tag{3.90}$$

2)非周期信号的处理

对非周期应变信号,可以用与傅里叶级数类似的形式来表示,即认为非周期信号是一个周期 $T \to \infty$ 的"周期"信号,此时 $\Delta\omega = \omega_1 = \dfrac{2\pi}{T} \to$ 无穷小,反映到频谱图中就是各个频率分量间隔为无穷小,即在频谱图中是连续分布的,对应的"傅里叶级数"变了形式。

用欧拉公式(i 为虚数单位)将 $\varepsilon(t)$ 引入复数域,这样可以得到更容易处理的表达形式,即

$$\begin{cases} \cos x = \dfrac{1}{2}(\mathrm{e}^{ix} + \mathrm{e}^{-ix}) \\[3mm] \sin x = \dfrac{1}{2i}(\mathrm{e}^{ix} - \mathrm{e}^{-ix}) \end{cases} \tag{3.91}$$

$$\varepsilon(t) = \frac{a_0}{2} + \sum_{n=1}^{\infty}\left(\frac{a_n - ib_n}{2}\mathrm{e}^{in\omega_1 t} + \frac{a_n + ib_n}{2}\mathrm{e}^{-in\omega_1 t}\right) \tag{3.92}$$

此时,假设存在 $b_0 = 0$(即当 $n = 0$ 时 b_n 取 0),带入 b_n 的表达式中是满足的,同时让参数 $c_n = \dfrac{a_n - ib_n}{2}$,那么 $\varepsilon(t)$ 便在 $n \in (-\infty, \infty)$ 上都存在定义,且表达式更简洁,即

$$\varepsilon(t) = \sum_{n=-\infty}^{\infty} c_n \, \mathrm{e}^{in\omega_1 t} \tag{3.93}$$

同时

$$\begin{cases} a_n = \dfrac{2}{T} \int_{-\frac{T}{2}}^{\frac{T}{2}} \varepsilon(t) \cos(n\omega_1 t) \, \mathrm{d}t \\[2mm] b_n = \dfrac{2}{T} \int_{-\frac{T}{2}}^{\frac{T}{2}} \varepsilon(t) \sin(n\omega_1 t) \, \mathrm{d}t \qquad n \in (-\infty, \infty) \\[2mm] c_n = \dfrac{a_n - ib_n}{2} = \dfrac{1}{T} \int_{-\frac{T}{2}}^{\frac{T}{2}} \varepsilon(t) \, \mathrm{e}^{-in\omega_1 t} \mathrm{d}t \end{cases} \tag{3.94}$$

考虑 $T \to \infty$ 时 ω_1 已是无穷小量,$\omega = n\omega_1$ 可认为是连续变化量,则

$$c_n = \frac{1}{T} \int_{-\infty}^{\infty} \varepsilon(t) \, \mathrm{e}^{-i\omega t} \mathrm{d}t \tag{3.95}$$

让

$$\frac{c_n}{\omega_1} = \frac{1}{2\pi} \int_{-\infty}^{\infty} \varepsilon(t) \, \mathrm{e}^{-i\omega t} \mathrm{d}t = f(\omega) \tag{3.96}$$

则

$$\varepsilon(t) = \sum_{n=-\infty}^{\infty} f(\omega) \, \mathrm{e}^{in\omega_1 t} \omega_1 = \int_{-\infty}^{\infty} f(\omega) \, \mathrm{e}^{i\omega t} \mathrm{d}\omega \tag{3.97}$$

此时,$f(\omega)$ 称为频谱密度,$f(\omega)$ 为 $\varepsilon(t)$ 的傅里叶变换,$\varepsilon(t)$ 为 $f(\omega)$ 的傅里叶逆变换。

在实际的测试过程中,往往希望通过测得的有限时长(T)的应变信号 $\varepsilon(t)$ 来获得频谱密度 $f(\omega)$。操作方式与周期信号类似,首先将连续的 $\varepsilon(t)$,ω_n,t 进行离散化(离散为 N 份),假设 $\varepsilon(t)$ 离散为 $\varepsilon_k = \varepsilon_1, \varepsilon_2, \cdots, \varepsilon_n$。$\omega$ 离散为 $\omega_n = \omega_1, \omega_2, \cdots, \omega_N$,则离散后的频谱密度函数为

$$f(\omega_n) = \frac{1}{2\pi} \sum_{k=1}^{N} \varepsilon_k \, \mathrm{e}^{-i\left(\frac{\omega_n kT}{N}\right)} \frac{T}{N} (n = 1, 2, \cdots, N) \tag{3.98}$$

将频谱密度函数写作以下形式

$$f(\omega_n) = |f(\omega_n)| \, \mathrm{e}^{-i\theta_n} \tag{3.99}$$

那么,$|f(\omega_n)|$ 便是应变信号的幅值谱密度,θ_n 称为相位谱密度。

3)随机信号的处理

现实中单次测得的随机应变信号往往是某随机过程的一个(响应)样本函数,而研究随机过程需要大量的样本,常常结合数理统计和概率论知识进行分析,以下介绍随机信号处理中常用到的几个函数。

(1)均值、均方值和方差

均值

$$\mu = E(\varepsilon) = \lim_{T \to \infty} \frac{1}{T} \int_0^T \varepsilon(t) \, \mathrm{d}t \tag{3.100}$$

均方值

$$\psi^2 = E(\varepsilon^2) = \lim_{T \to \infty} \frac{1}{T} \int_0^T \varepsilon^2(t) \, \mathrm{d}t \tag{3.101}$$

方差

$$\sigma^2 = E\{[\varepsilon - E(\varepsilon)]^2\} = \lim_{T \to \infty} \frac{1}{T} \int_0^T [\varepsilon(t) - E(\varepsilon)]^2 \mathrm{d}t \tag{3.102}$$

在现实中能测得的信号通常都是有限时长的,而且是离散的数据,常用的一般都是以上式子的离散形式,假如采集到的数据总数为 N,则其形式为

$$\mu = E(\varepsilon) = \frac{1}{N} \sum_{i=1}^{N} \varepsilon_i \tag{3.103}$$

$$\psi^2 = E(\varepsilon^2) = \frac{1}{N} \sum_{i=1}^{N} \varepsilon_i^2 \tag{3.104}$$

$$\sigma^2 = E\{[\varepsilon - E(\varepsilon)]^2\} = \frac{1}{N-1} \sum_{i=1}^{N} (\varepsilon_i - \mu)^2 \tag{3.105}$$

(2)概率密度函数

随机信号的概率密度函数是指瞬时值落在某指定区间内的概率,即

$$p(\varepsilon) = \lim_{\Delta \varepsilon} \frac{P[\varepsilon < \varepsilon(t) \leqslant \varepsilon + \Delta \varepsilon]}{\Delta \varepsilon} \tag{3.106}$$

瞬时值 $\varepsilon(t)$ 小于或等于某值 ε 的概率定义为累积概率分布函数 $P(\varepsilon)$,它等于概率密度函数从 $-\infty$ 到 ε 的积分,即

$$P(\varepsilon) = \int_{-\infty}^{\varepsilon} p(\varepsilon) \, \mathrm{d}\varepsilon \tag{3.107}$$

根据大量的实践数据,工程中的随机信号 $\varepsilon(t)$ 服从或近似服从高斯概率分布,概率密度函数为

$$p(\varepsilon) = \frac{1}{\sigma \sqrt{2\pi}} \mathrm{e}^{-\frac{(\varepsilon - \mu)^2}{2\sigma^2}} \tag{3.108}$$

(3)自相关函数

随机过程的自相关函数定义为随机变量在两个不同时刻乘积的均值,它用来描述随机应变信号在两个不同时刻的相互关系,定义为

$$R(\tau) = \lim_{T \to \infty} \frac{1}{T} \int_0^T \varepsilon(t) \varepsilon(t + \tau) \, \mathrm{d}t \tag{3.109}$$

自相关函数是时间位移 τ 的函数,$\tau = 0$ 时 $R(\tau)$ 有最大值 ψ^2;当 $\tau \to \infty$ 时,$R(\tau) \to 0$。通过计算自相关函数的值,可以检验样本记录长度是否适宜。只要不断增加 τ 值,计算 $R(\tau)$,如果 $R(\tau)$ 趋近于零或在 τ 轴附近作小幅度震荡,就说明由这个样本获得的数据足以代表随机数据的整体。

(4)功率谱密度函数

在频域内,当对某一范围的谐波分量进行分析时,就需要用滤波器将此范围的应变信号记录下来,同时计算出其均方值,即

$$\psi_{f, \Delta f}^2 = \lim_{T \to \infty} \frac{1}{T} \int_0^T \varepsilon_{f, \Delta f}^2(t) \, \mathrm{d}t \tag{3.110}$$

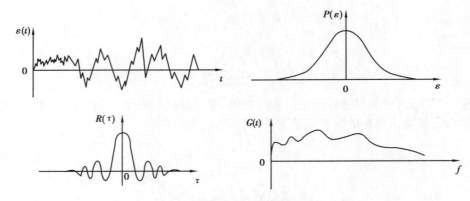

图 3.59　随机信号的基本性质

当 $\Delta f \to 0$ 时，上式所表示的均方值与 Δf 之比的极限定义为随机信号 $\varepsilon(t)$ 的功率谱密度函数，用 $G(f)$ 表示，即

$$G(f) = \lim_{\Delta f \to 0} \frac{\psi_{f,\Delta f}^2}{\Delta f} = \lim_{\Delta f \to 0} \frac{1}{\Delta f} \lim_{T \to \infty} \frac{1}{T} \int_0^T \varepsilon_{f,\Delta f}^2(t) \, dt \qquad (3.111)$$

以频率 f 为横坐标，$G(f)$ 为纵坐标，所得曲线称为功率谱密度函数曲线或功率谱图。它表示随机信号的能量在频域上的分配情况。对平稳随机过程，功率谱密度函数和自相关函数互为傅里叶变换，即

$$\begin{cases} G(f) = 2 \int_{-\infty}^{\infty} R(\tau) \, e^{-i2\pi f \tau} d\tau \\ R(\tau) = \int_0^{\infty} G(f) \, e^{i2\pi f \tau} df \end{cases} \qquad (3.112)$$

功或能一般与位移或应变（幅值）的平方成正比，而 $G(f)$ 是应变均方值在频率域上的密度函数，$G(f)$ 表示（频域内）能量在单位频带上的分布。

随机应变数据的概率密度函数、自相关函数和功率谱密度的图形，相应地描述了样本应变信号 $\varepsilon(t)$ 在幅值域、时域和频域上的统计特性。

3.6　特殊条件下的应变测量

在实际工程中，有很多构件是工作在高（低）温环境、运动状态，或受高压液体作用等特殊条件下，为了保证这些构件的工作安全、可靠，常常需要进行特殊条件下的应变测量。

3.6.1　高（低）温条件下的应变测量

1）高（低）温条件下应变测量的特点

①常温应变计一般只适用于 $-30 \sim 60$ ℃。更高或更低温度下，应变计所用材料及性能都不适应，需要专门制造用于各种不同温度的应变计。

②除了应变计本身以外，其安装与连接方法与常温下不同，如所用黏结剂粘贴需较高温度固化和稳定化处理，并发展了焊接式高温应变计，用点焊安装，连接需用专门导线和焊接方法等。

③测试工件热态一般分布不均匀且随时间变化,由此引起热应力发生变化。通常在高(低)温条件下进行应变测量时,必须同时测量各测点处温度分布。这样做一方面应变计性能与温度有关;另一方面计算热应力时需知道温度分布。

④相比常温下,高(低)温条件下的应变测量数据分析处理要复杂许多。这是因为应变计工作特性会随温度发生变化,一般要对测量数据进行多种修正后才能得到实际应力应变结果。

2)高(低)温电阻应变计的构造

(1)高温电阻应变计

①单丝式自补偿应变计

它由单一合金丝或箔制成。所用合金按其材料性能和被测材料性能之间满足应变计热输出为零的条件进行选择。根据应变计热输出 ε_T 的关系

$$\varepsilon_T = \frac{\left(\frac{\Delta R}{R}\right)_T}{K} = \frac{\alpha_T}{K}\Delta T + (\beta_e - \beta_g)\Delta T \tag{3.113}$$

若 $\varepsilon_T = 0$,则有

$$\alpha_T = K(\beta_g - \beta_e) \tag{3.114}$$

式中　α_T——敏感材料的电阻温度系数;

β_e——被测材料的线膨胀系数;

β_g——敏感栅材料的线膨胀系数。

根据被测材料的 β_e,选用合适的 β_g,α_T 和 K,满足式(3.114)的合金丝或箔材制成敏感栅,这种应变计测量试件材料的应变时具有温度自补偿效果。目前广泛采用的是康铜、卡玛等合金,其 α_T 可以通过改变合金成分及不同热处理方式加以调整,使应变计具有温度自补偿效果。这种应变计工艺比较简单,成本相对较低,可分别针对不同膨胀系数的构件材料制作,如图3.60所示。

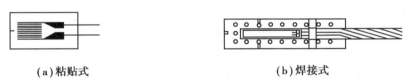

(a)粘贴式　　　　　　　　　　(b)焊接式

图3.60　单丝式自补偿应变计

②组合式自补偿高温应变计

组合式自补偿高温应变计是用两种不同电阻温度系数(在粘贴状态时,一种为正,另一种为负)的材料按一定的比例串联成一个敏感栅的应变计,如图3.61所示。在一定温度范围内,使两段栅丝由温度引起的电阻变化大小相等、符号相反而相互抵消,从而实现温度补偿。这种应变计的温度补偿效果较好,补偿温度范围比单丝式自补偿应变计大。

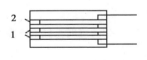

图3.61　双丝组合式
温度自补偿应变计

1—$a_T > 0$;

2—$a_T < 0$

③半桥和全桥焊接式高温应变计

半桥或全桥焊接式应变计是一种在同一金属箔基底上同时安装有感受应变的工作栅与不感受应变的补偿栅的高温应变计。工作栅和补偿栅由一对或两对构成,接成半桥(图3.62)或全桥(图3.63),温度效应可以自相补偿。

（2）低温应变计

常温应变计最低工作温度约为-30 ℃，温度再低应变计会发脆损坏，同时温度变化时热（冷）输出很大，影响应变测量精度。国内已有用于-100 ℃和-200 ℃等多种低温应变计，敏感栅材料以卡玛和铁铬铝合金较多，基底材料为浸透环氧酚醛树脂胶的玻璃丝布。

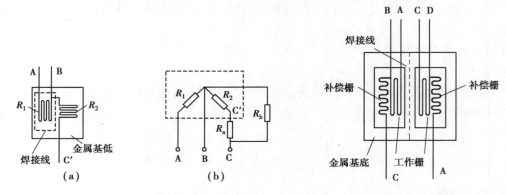

图3.62　半桥焊接式温度自补偿应变计　　　图3.63　全桥焊接式温度自补偿应变计

3）高（低）温应变计的安装方式

（1）粘贴法

与常温应变计粘贴工艺类似，使用黏结剂粘贴。不同的是需要使用高温黏结剂，其固化温度较高。高（低）温黏结剂分为有机和无机两类。有机黏结剂由高分子有机硅树脂、无机填料和溶剂配制，使用温度一般不超过 500 ℃；无机黏结剂（又称陶瓷胶）采用磷酸氢铝等黏结材料，加入氧化硅或金属氧化物等填料配制而成，使用温度可超过 500 ℃。目前国内常用的高（低）温黏结剂有酚醛环氧黏结剂（型号：J-06-2，温度范围：-200 ~ 250 ℃，固化条件：150 ~ 250 ℃，2 h），有机硅黏结剂（型号：J-26，温度范围：400 ~ 500 ℃，固化条件：400 ℃，3 h）等。

（2）喷涂法

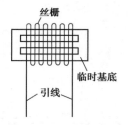

图3.64　临时基底式高温应变计

此法适用于安装临时基底式高温应变计。它是将应变计敏感栅制造在临时基底上，如图3.64 所示。这种高温应变计安装时一般用喷涂金属氧化物的方法。喷涂安装方法有两种：一是火焰喷涂。即将氧气和乙炔在喷枪内混合燃烧形成火焰，然后将棒状氧化铝以一定速度送入喷枪中被火焰熔化，同时喷枪中经过过滤的压缩空气将熔融的氧化铝从喷嘴中喷出，喷在构件表面形成均匀细致的氧化铝涂层。二是等离子喷涂。喷枪内有正负极，激发两电极产生电弧，通过被送入喷枪的惰性气体压缩成一束等离子火焰，将氧化铝细粉灌入喷枪中，氧化铝粉被火焰熔化后喷出，在试件表面形成涂层。采用喷涂安装方法时，先对构件表面安装应变计部位清除油污，再进行表面喷砂处理，沿敏感栅栅长方向移动喷涂氧化铝，用溶剂溶去临时基底框架，然后对敏感栅喷涂使其全部被涂层覆盖，只露出应变计引线。这种高温应变计常用于大构件800 ~ 1 000 ℃高温应力应变测量。

（3）焊接法

焊接法只适用于金属基底的高温应变计。安装时采用电容点焊或滚焊的方法将应变计基底箔片固定在构件表面上,即用专门的点焊机或滚焊机和焊枪进行焊接。焊接安装时,先在金属基底四周点焊四点固定,然后以 0.8 ~ 1.5 mm 间隔在高温应变计的金属基底四周点焊(或滚焊)两圈,这样就能完全传递构件的应变,其焊点情况如图 3.65 所示。

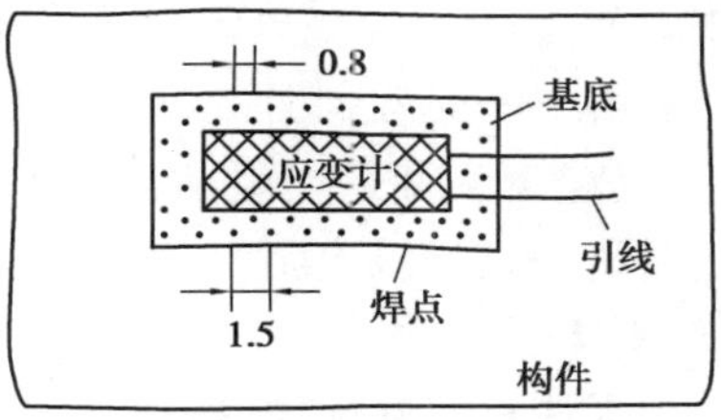

图 3.65　焊接式高温应变计

4)绝缘电阻

高温应变计虽然在室温下绝缘电阻较高,但随着温度升高,绝缘电阻因黏结剂导电性增加而降低,可能最终只有几兆欧。这对常温应变计已不能正常进行测量,但高温应变计在高温下尚能工作。作为工作特性之一必须测定高温应变计在高温下的绝缘电阻,绝缘电阻如太低,应变计就不能正常测量。测定方法是将若干应变计(一般 4 ~ 6 片)安装在试件上,放入加热电炉内升温,用低压兆欧表(电压 ≤ 100 V)一端接应变计任一引出线,另一端接试件,测出应变计绝缘电阻随温度变化,直到极限工作温度。取各片绝缘电阻最小者为该种高温应变计的绝缘电阻。

5)高温应变测量的若干技术问题

(1)根据测量对象和条件选用高温应变计必须充分了解测量对象情况

①被测构件的材料:金属或非金属,钢材还是铝合金,材料力学性能(屈服极限、弹性模量和泊松比随温度变化的数据),线膨胀系数。

②构件尺寸、端头被测表面曲率和引出导线、加热处理的可能性。

③受力状况:静态、动态,振动还是旋转运动,应力水平和变化,弹性变形或塑性变形,测试时间长短。

④温度水平和变化量,大致温度分布和最高工作温度。

⑤工作环境:干燥气体或是高温、高压蒸气或燃气。

⑥测量要求的准确度。

(2)使用高温导线和绝缘套管

各种温度水平下应使用相应的导线材料和绝缘套管,应选用相应的连接方法。

对高温用导线的一般要求如下:

①电阻温度系数尽可能小,电阻率较低。

②与应变计引出线便于焊接。

③能经受一定温度,不易氧化。

④柔软便于走线,价格便宜。

一般导线直径为 0.3 ~ 0.5 mm,视测量构件情况而定,太细电阻大,太粗则较硬不便走线。

6)高(低)温应力应变测量的数据处理

与常温应力测量比较,高温应力测量数据处理上有很大不同,特别是对应变计读数应变,需经以下修正才得出实际应变:

(1)导线电阻修正

高温应变测量时,高温导线往往是电阻合金,其电阻率大,导线长度只要有 1 ~ 2 m 长,电阻就会有几欧姆,导线电阻修正为

$$\varepsilon_{1L} = \varepsilon_{仪}\left(1 + \frac{R_L}{R}\right) \tag{3.115}$$

式中　ε_{1L}——经导线电阻修正后的应变读数；

　　　$\varepsilon_{仪}$——应变计原始应变读数；

　　　R——应变计电阻；

　　　R_L——导线电阻。

（2）热输出修正

根据测点实际温度，按已测定热输出曲线查出修正值 ε_T，从应变读数中扣除，有

$$\varepsilon_{2T} = \varepsilon_{1L} - \varepsilon_T \tag{3.116}$$

式中　ε_{2T}——热输出修正后的应变读数。

（3）灵敏系数修正

根据测点实际温度，按应变计灵敏系数 K_T 随温度变化曲线，可修正为

$$\varepsilon = \frac{K_{仪} \times \varepsilon_{2T}}{K_T} \tag{3.117}$$

式中　ε——经灵敏系数修正后实际应变；

　　　K_T——实际温度 T ℃时应变计的灵敏系数；

　　　$K_{仪}$——实际测量时应变仪灵敏系数，一般为 2.0，注意热输出曲线也是 $K_{仪}=2.0$ 时测定的，测量过程中 $K_{仪}$ 固定不变。

3.6.2　旋转构件应变测量

1）旋转构件应变测量的特点

①电阻应变计粘贴在构件上，它跟随构件一起旋转，而测量仪器却是静止不动的。如果把导线直接从电阻应变计连接到仪器上，构件一旋转，导线肯定很快被绞断。必须采用特制的装置（集流器）把电阻应变仪与电阻应变计连接起来。

②电阻应变计和在旋转构件上的那部分导线要跟随构件一起旋转，这样会产生离心力。此外，气流或液流会不断冲刷电阻应变计和导线，为了防止损坏必须对它们加以特殊保护。

③旋转构件受气流冲刷或机械摩擦，温度会逐渐升高，而温度场往往是不均匀、不稳定的。例如，柴油机曲轴与轴承摩擦以及气缸与活塞摩擦，曲轴及其周围的温度可达 80～90 ℃。温度场的不均匀和不稳定，必然造成测量误差，必须采取特殊措施进行温度补偿。

④对旋转或其他运动形式的构件进行应变测量时，还可采用无线电发射方法，称为应变遥测技术。

2）旋转构件应变测量中电阻应变计与应变仪的连接方法

通常用集流器将旋转构件上的电阻应变信号传递给静止不动的仪器。集流器也称引电器，目前经常使用的集流器有拉线式集流器和电刷式集流器。

由于应变信号非常微弱，为了保证应变测量有足够的精度，集流器的性能必须满足以下要求：集流器装置与转动轴之间应有良好的绝缘，其绝缘电阻不得小于 100 MΩ；集流器各通道之间必须有良好的绝缘，否则会互相干扰并带来测量误差。一般要求通道间的绝缘电阻不得低于 100 MΩ；电刷与集流器之间的接触电阻应尽可能小，否则会带来测量误差并降低测量灵敏度；电刷与集流器之间的接触电阻应不随轴的转动而发生变化；接触电阻的不稳定会引起电桥输出值的波动，从而影响测量精度；如果接触电阻的变化超过被测量的应变所引起的电阻变化，就无法进行测量；集流器和电刷之间摩擦产生的升温要尽可能小，因为温差热电动势会增

加测量误差;集流器的使用应安全可靠,寿命要长。

①拉线式集流器

如图 3.67 所示为拉线式集流器主要部件及结构示意图,紧贴旋转轴上固定一绝缘胶木环(或尼龙环),环上开有几条槽,槽内镶有铜质集电环。拉线用多股铜线编织而成,紧贴于铜质集电环上,与绝缘子串联,再用弹簧拉紧固定。铜

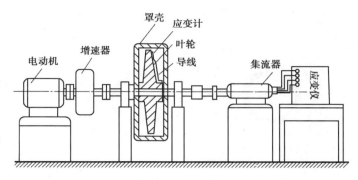

图 3.66　叶轮应变测量系统装置示意图

质集电环上焊有引线,引线穿过绝缘层上的小孔引到轴上与电阻应变计相连。

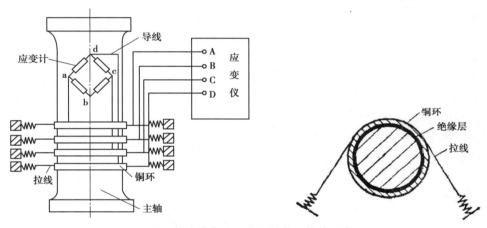

图 3.67　拉线式集流器主要部件及结构示意图

拉线与铜质集电环接触部分的中心角称为包角。包角的大小视轴径而定,一般为 30 ~ 60 ℃。包角太小接触不良;包角太大则磨损很快,并易摩擦生热甚至局部熔化造成接触表面不平。拉线张力大小要适当,张力过小拉线与集电环接触不好,张力过大则拉线磨损太快。

拉线式集流器适用于轴径大、转速低的转动构件,在轧钢设备应力应变测量中应用较多。如果转动轴已装好,集流器可以先做成两半,套在轴上用螺钉夹紧。铜质集电环接头部分用铜片填平后再用焊锡焊牢,并锉光。

②电刷式集流器

电刷式集流器与拉线式集流器的不同之处在于用电刷代替了拉线。为了提高集流器的精度,集电环可改用银环。电刷一般用石墨和银粉压制冶炼而成,这样,接触电阻小而且稳定,适用于高速旋转构件的应力测量。

电刷式集流器分为径向电刷式集流器(见图 3.68)及端面电刷式集流器(见图 3.69)两种。径向电刷式集流器结构简单,使用方便,但对其同心度要求很高,接触电阻不如端面电刷式集流器稳定。在精度要求不太高及转速较低时一般可用径向电刷式集流器,转速高且精度要求高的测量则常用端面电刷式集流器。

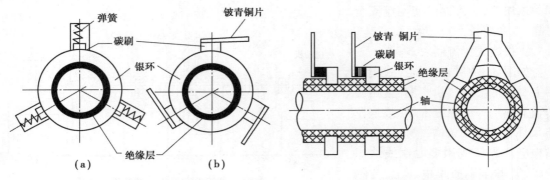

图 3.68   径向电刷式集流器   图 3.69   端面电刷式集流器

集流器分为轴通式和轴端式两种。在原转动轴上安装的集流器称为轴通式,而在轴端另外用连接轴装上一套事先制好的集流器称为轴端式。使用哪种集流器视测量构件的现场条件而定。

3)旋转构件应变测量中的温度补偿

由于构件在旋转,如果采用一块贴好电阻应变计的温度补偿板,很难把该板固定在测点附近,因此即使固定好位置也会因离心力的作用而产生附加的应变。一般采用温度自补偿电阻应变计来行温度补偿。

另外一种办法是利用构件应变的对称关系(如弯曲构件中的拉应变和压应变就是与中心轴对称的),采用半桥测量或全桥测量互为补偿。这样既解决了温度补偿,也提高了测量灵敏度。

4)旋转构件应变测量中电阻应变计及导线的保护

由于旋转构件具有较大的惯性力或由于气流的冲刷,试验一开始就可能使电阻应变计及导线从构件上剥落而破坏,影响试验的正常进行,因此,保护电阻应变计及导线十分重要。

一般可以在电阻应变计的表面涂上一层粘贴电阻应变计用的胶水,导线也用胶水粘贴牢固。对冲刷力特别大的构件,则必须用金属防护罩将电阻应变计及导线全部密封起来,保护罩的材料应与构件材料相同,防止热膨胀系数不一样而使构件产生附加应力。

3.6.3   高压液下应变测量

在石油化工、动力及原子能工业中,有不少设备是在高压条件下工作的。例如,锅炉、化工容器、反应塔、压缩机及压力泵等,它们都在一定的压力下工作。低的有几个大气压,高的达到上万个大气压。压力容器的形状往往很复杂,理论计算时必然要作一些简化假设。这些假设是否符合实际,需要进行应力测量加以验证。

高压液下测量对电测法有一些特殊要求,特别是有些液体介质绝缘性能很差,其本身就导电(如水)。电阻应变计及导线的密封问题很重要,另外,导线如何从压力容器内壁引出而不致泄漏以及电阻应变计在高压下工作会产生多大的附加应变等,都是要解决的问题。

1)高压液下测量时电阻应变计及其引线的保护

高压容器制造出来以后,要逐个进行超压试验。一般超过额定压力 30% ~50% 。在超压试验中,通常不采用空气加压。由于高压气体十分危险,一旦容器发生破坏,高压气体迅速膨胀,将成为极严重的爆炸事故。因此,高压容器的超压试验一般采用油和水作为加压介质。

用腐蚀性小的油作介质,电阻应变计和导线的防护就很简单,因为变压器油、锭子油本身就是绝缘性能很好的介质,电阻应变计不用特殊防护就可以得到良好的试验结果。最好采用变压器油作为加压介质,它的成分纯洁,绝缘性好,对应变计、黏结剂不起化学反应,一般不需特别防护,只在灌油前为防止应变计受潮,涂一层石蜡或凡士林。

有些油类如机油等对某些应变计、黏结剂会起化学反应,这将导致黏结强度下降。需事先进行试验,必要时应采用胶膜基箔式应变计和环氧树脂黏结剂。

用水作加压介质,由于水是导电介质和良好的溶剂,应变计和黏结剂与水接触后绝缘电阻大大下降,应变计敏感栅被腐蚀,黏结剂失效。因此,必须对应变计严密防护,使之与水完全隔绝。

用变压器油作加压介质,测试方法简单可靠,但不如用水作加压介质经济,一般只用于小型容器或高压下测量。对测点很多的非破坏性试验,若防护不方便,即使较大型容器也可采用变压器油加压,而且变压器油可重复使用,免去大量的防护工作。

高压水下应变测量电阻应变计的防护办法有机械密封(用薄金属片做成密封罩)、化学涂层密封以及两者结合使用等。

机械密封的密封罩结构复杂,且对构件局部有加强作用,密封不太可靠。在高压条件下密封罩容易失稳甚至破裂,一般应用较少。但密封罩对防止水流冲刷的能力较强,在低压有水流冲刷时使用较好。化学涂层法应用比较广,效果比较好。目前使用的有单层和多层化学涂层法。涂层材料的种类很多,大致可以分为以下几种:

(1)软性涂料

常用的软性涂料有黄油、医用凡士林、硫化钼和褐色炮油等。这些材料有良好的防水性能和黏结力,流动性好,可以任意变形,压力增高不会出现滑脱现象,能在较高的压力下使用。实测中用得最多的是医用凡士林或黄油。

软性涂料操作工艺简单,先将构件欲涂部位清洗干净,注意不要破坏已贴好的电阻计。再把涂料加热溶化去掉水分,待稍凉后直接涂于构件表面。操作必须仔细,避免孔隙和气泡。涂层面积一般应大于应变计面积 10 倍以上,且不小于直径 5 cm、厚度 1 cm 以上。再在涂料上覆盖一层塑料薄膜,在薄膜四周涂上相同的涂料即可。

(2)半固化涂料

半固化环氧树脂、凡士林-松香-石蜡的混合涂料都是半固化涂料。这类涂料有一定的硬度,有很大的韧性,防水性能好。

半固化环氧树脂的配方:环氧树脂∶邻苯二甲酸二丁酯∶乙二胺 = 100∶5∶2.5(质量比)。使用时,将前两种成分在 60 ℃ 下混合后慢慢搅拌,直至无气泡后冷却到 40 ℃ 左右,再加入乙二胺搅匀即可涂用。

凡士林-松香-石蜡涂料配方:凡士林∶松香∶石蜡 = 60∶30∶10(质量比)。使用时,一起加热熔化去水分后冷却到 60 ℃ 左右后涂用。

(3)全固化涂料

全固化涂料一般都用固化环氧树脂,成分与半固化环氧树脂相同。增加固化剂(乙二胺)用量(环氧树脂∶邻苯二甲酸二丁酯∶乙二胺 = 100∶5∶5),配制后在 10 min 内涂用完,涂层有一定硬度,可防水流冲刷,对薄壁构件稍有加强效应,一般不单独使用。

全固化涂料有比较高的硬度,可以固定引线,耐水冲刷性能较好,适用在温度较高的情况

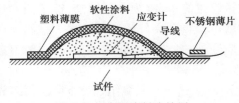

图 3.70 多层涂料防护层

下测量,一般能工作到 180 ℃。但对构件有加强效应,在高压时易脆裂。

电阻应变计引线最好用高强度涂层漆包线,外面再套上套管。焊接处要放在密封层里。漆包线的漆皮不能碰破,套管不能有泄漏处。否则高压液体将渗透到电阻片处,使电阻片与构件之间的绝缘电阻降低。

目前,市场上有许多可供选用的防潮、防水应变计(最大水压 10 MPa),但在一些环境比较恶劣和长时间测试时,应采用复合防护方法。

2)高压液下测量时引线的密封装置——密封头

压力容器内的电阻片要用引线连到容器外再接电阻应变仪,引线通过处必须是密封的。引线密封装置密封头内有孔,导线从孔内通过,再用密封材料浇灌密封。密封头一般采用螺纹连接拧在容器壁上,在接口处加密封圈密封。

密封头的结构多种多样,但都大同小异。如图 3.71 所示就是一种密封头的结构示意图。密封头壳体有一空腔,顶端有数个小孔,用以穿引出线。空腔一般带有一定的锥度,以增加密封强度。空腔内的密封材料有多种,经常采用的是环氧树脂,配方为环氧树脂与聚酰胺树脂,按 100 :(50 ~

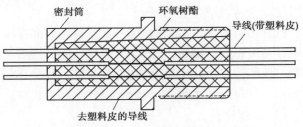

图 3.71 密封头的结构示意图

100)的质量比,可承压 100 MPa 以上。通常用高强度漆包线作导线,如用带塑料外皮的导线,在高压下为防止水渗漏,需将塑料外皮剥去一段并埋入密封剂,使导线与密封剂更好地结合。

3)压力效应

处于高压容器内壁的应变计,除了随容器受压引起应力应变外,还由高压介质对应变计敏感栅的压力引起电阻变化,导致附加的应变。这种现象称为压力效应,必须将它从应变读数中扣除或用补偿方法消除。

压力效应与介质压力、应变计形状、应变计基底、黏结剂的种类和厚度、防水涂层软硬和厚度以及容器形状有关,很难进行理论计算,常采用实验方法测定。方法有以下两种:

(1)圆筒测定法

将两个应变计分别粘贴在圆筒容器筒身中部轴向相对应的内外壁表面上,如图 3.72(a)所示。根据厚壁圆筒应力计算公式,容器内外壁轴向应变相等,将该两个应变计半桥连接,所得应变读数即为压力效应 ε_p。

(2)试块测定法

采用两试块,各粘贴一应变计,一试块放在容器内,另一试块放在容器外,如图 3.72(b)所示,两应变计接成半桥,应变读数 ε_d 为容器内试块受三向均匀压力所产生的应变 ε_s 与压力效应 ε_p 之和,即

$$\varepsilon_d = \varepsilon_s + \varepsilon_p \tag{3.118}$$

其中，$\varepsilon_s = -\dfrac{(1-2\mu_s)}{E_s}p$，$E_s$、$\mu_s$ 分别为试块材料弹性模量和泊松比，有

$$\varepsilon_p = \varepsilon_d + \frac{(1-2\mu_s)}{E_s}P \qquad (3.119)$$

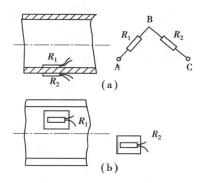

对应变计的压力效应，可采用容器内、外补偿法进行补偿或修正。内补偿时是在容器内放补偿块，真实应变 ε 在实测的应变读数 ε_d 中扣除三向均压引起的试块应变 ε_s，即

$$\varepsilon = \varepsilon_d - \frac{(1-2\mu_s)}{E_s}P \qquad (3.120)$$

图 3.72　压力效应测定法

这种方法最常用和方便。

外补偿法是在容器外放补偿块，真实应变 ε 在实测的应变读数 ε_d 中扣除事先测得的压力效应 ε_p，即

$$\varepsilon = \varepsilon_d - \varepsilon_p \qquad (3.121)$$

3.7　电阻应变式传感器

3.7.1　传感器的一般特性

在工程结构的强度分析中，了解和掌握力、力矩、位移、速度、加速度以及流体的压力等物理量的大小及其变化规律十分重要，而这些数据的获取常常是通过工程测量。

工程测量的手段有很多，其中有一种应用较为普遍的测量装置传感器。例如，在桥梁斜拉索索力测量中用到的穿心式力传感器、结构振动测量中用到的压电式加速度传感器等。那么，什么是传感器呢？

传感器是一种测量装置，它能把被测物理量转换为有确定对应关系的电量输出，满足信息的记录、显示、传输、处理和控制等要求。传感器是实现自动测量和控制的首要环节，在工业生产自动化、航空航天、能源交通、土建结构、环境保护及医疗卫生等领域，各种传感器在检测各种参数方面起到十分重要的作用。

传感器一般由敏感元件、传感元件两个部分组成，如图 3.73 所示。

图 3.73　传感器组成的方框图

敏感元件是直接感受被测物理量，并输出对应其他量(电量)的元件，如膜片、圆筒、弹簧片等将被测压力变成位移或应变，在应变式传感器中又称为弹性元件。

传感元件是转换元件，又称变换器，是将感受的物理量直接转换为电量的器件，如电阻应变计、压电晶体。

传感器的种类很多，其分类方法有两种：一种按被测物理量分；另一种按测量原理分。按

被测物理量分有力、质量、压强、力矩、位移、加速度等。按测量原理分有应变计式、压阻式、压电式、电容式、电感式、涡流式、差动变压器式、谐振式等。有时把用途和原理结合在一起称某一传感器，如应变计式荷重传感器、压电式加速度传感器等。这里主要讨论应变计式传感器。

3.7.2　应变计式传感器的基本原理与设计

以电阻应变计为转换元件的电阻应变式传感器，主要由弹性元件和粘贴于其上的电阻应变计构成。其工作原理是被测物理量（如载荷、位移、压力等）能够在弹性元件上产生弹性变形（应变），而粘贴在弹性元件表面的电阻应变计可以将感受到的弹性变形转变为电阻的变化，这样电阻应变式传感器就将被测物理量的变化转换为电信号的变化。这是一大类应用十分广泛的传感器，它有很多优点：

①测量精度高，一般为 0.5%，最高可达 0.1%。

②测量范围广泛，如应变计式测力传感器由 $10^{-2}N$ 到 10^7N，压力传感器由 $10^{-1}Pa$ 到 10^8Pa。

③输出特性线性好，性能稳定，工作可靠。

④能在各种环境下工作，经专门的设计可在高低温、振动和核辐射等恶劣条件下可靠地工作。

应变计式传感器由弹性元件和应变计桥路构成。弹性元件在被测物理量（如力、压强、扭、矩、位移等）作用下产生与它成正比的应变，然后用电阻应变计将应变转换为电阻变化。各应变计组成桥路便于进行测量。

3.7.3　弹性元件

根据所测物理量的性质和大小设计弹性元件。弹性元件一般需进行强度、刚度和自振频率计算，需满足以下要求：

①弹性元件任何部分的应力不超过材料弹性极限（或屈服极限），并有必要的安全系数（如 $n=1.5\sim2.0$）。

②弹性元件上粘贴应变计的部位应有足够大的应变量（如合金钢或铝为 $1\,000\sim1\,500$ $\mu m/m$）。弹性元件应设计得紧凑，但要有足够的部位粘贴应变计并便于接线。

③如弹性元件是被测部件的组成部分，在刚度计算时应考虑变形量尽量小，以免改变被测部件的原工作状态。

④为用于动态测量，需进行弹性元件自振频率计算，一般要求自振频率较高。

传感器弹性元件的材料应具有高强度、高弹性极限、低弹性模量、稳定的物理性质以及良好的机械加工和热处理性能。常用的材料有合金钢 40Cr，35CrMnSiA，50CrMnA，50CrVA，40CrNiMoA，65Si2MnWA，镀青铜 QBe2，硬铝 LY12 及超硬铝 LC4 等。对性能要求不太高的传感器，也可以用优质碳素钢，如 45 钢。

弹性元件在加工过程中和加工以后，必须按一定规范进行热处理及载荷处理，以提高弹性极限、消除残余应力、减小材料本身的滞后和蠕变，达到较高长期工作的稳定性。动载处理可在（$1/3\sim1$）满量程下以频率为 4 次/s 加载，静载处理可在额定载荷的 125% 下保持 $4\sim6$ h 或 110% 载荷下保持 $18\sim20$ h。人工时效方法是在 $160\sim180$ ℃ 下保持 $18\sim20$ h。

3.7.4　应变计的选择与粘贴

对一次性使用或短期使用的传感器,其应变计的选择及粘贴与通常的应变测量相同。对反复使用或长期连续使用的传感器,一般应选择高质量、高稳定性的箔式应变计,采用热固化的黏结剂进行粘贴;同时,对粘贴工艺的质量应严格控制,并且应覆盖良好的防护层。

3.7.5　传感器的性能指标及标定

1)传感器的标定

同一类型的传感器,常因弹性元件的加工、应变计工作特性指标及应变计粘贴方位的差异,输出往往不同。传感器制成以后,必须经过严格的标定,即以标准量(如拉力、单位压力、位移或加速度等)作用在传感器的弹性元件上,随同相应的测试仪器测其输出值(读数应变),从而由输出值(读数应变)反映被测量的大小,这一过程称为标定。标定要在下列条件下进行:

①标定时传感器的加载情况与实测条件应一致,使用工作环境也应注明。

②标准量的精度必须至少比所需标定的传感器的精度高一级。例如,被标定的测力传感器为三等测力计,则其标定必须在二等测力计上进行,方能满足精度要求。

③测试仪器应高于传感器所要求精度的 3 ~ 5 倍。

④标定过程中,为了减少滞后误差,一般要在满量程(最大载荷)下反复加载、卸载 3 ~ 5次,然后将额定量程(或额定载荷)分成 5 ~ 10 级加、卸载,并读取相应的数值,至少连续 3 次取值,再取平均值,再分别计算传感器的性能指标。

2)传感器的性能指标

一般用线性度、滞后、重复性和灵敏度 4 个典型技术指标来表示。传感器的性能指标还有温度效应、偏载效应、常温蠕变、动态特性等,可参照有关标准,或按提出的特殊要求来标定。

(1)线性度

通常传感器的输出-输入的静态特性可用下列方程表示为

$$Y = a_0 + a_1 x + a_2 x^2 + \cdots + a_n x^n \tag{3.122}$$

式中　Y——输出量;

　　　x——输入量;

　　　$a_0, a_1, a_2, \cdots, a_n$——待定常数。

在传感器的实际应用中,式(3.122)往往是通过校准的方法,由正反行程多次循环中各点输出值的平均值的连线获得校准曲线,再对曲线进行拟合获得。同时通过校准的数据,可以获得拟合直线。

线性度(非线性误差)是指在标准条件(环境温度为 20 ℃±5 ℃,相对湿度不大于85%)下,传感器校准曲线与拟合直线之间最大偏差与满量程($F \cdot S$)输出值的百分比,如图 3.74 所示。用 ξ_L 代表线性度,则有

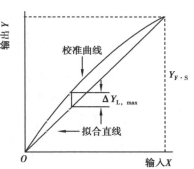

图 3.74　传感器的线性度

$$\xi_L = \frac{\Delta Y_{L,\max}}{Y_{F \cdot S}} \times 100\% \tag{3.123}$$

$$\Delta Y_{L,\max} = \max\ (\overline{y_i} - Y_i) \tag{3.124}$$

式中 $\Delta Y_{L,\max}$——传感器的校准曲线对拟合直线的最大偏差；

$\overline{y_i}$——传感器在第 i 个校准点处的总平均特性值；

Y_i——传感器在第 i 个校准点处的参比特性值；

$Y_{F\cdot S}$——传感器的满量程输出。

拟合直线有多种计算方法，常有的方法有两种：一种是取零点（0%）和满量程输出（100%）两端点的连线为拟合直线；另一种用最小二乘法拟合直线（见第 2 章）。

（2）滞后

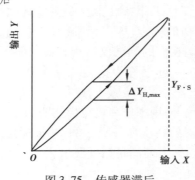 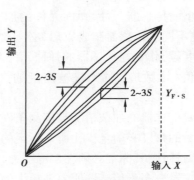

图 3.75　传感器滞后　　　　　　图 3.76　传感器重复性

传感器的滞后也称为回差（见图 3.75），表示传感器在正（输入量增大）反（输入量减小）行程间输出-输入曲线不重合的程度，其值用满量程输出的百分比表示为

$$\xi_H = \frac{\Delta Y_{H,\max}}{Y_{F\cdot S}} \times 100\% \tag{3.125}$$

$$\Delta Y_{H,\max} = \max |\overline{y}_{d,i} - \overline{y}_{u,i}| \tag{3.126}$$

式中 ξ_H——滞后；

$\Delta Y_{H,\max}$——正反行程实际平均特性之间的最大偏差；

$\overline{y}_{d,i}$——反行程实际平均特性；

$\overline{y}_{u,i}$——正行程实际平均特性；

$Y_{F\cdot S}$——满量程输出。

（3）重复性

传感器的重复性是其偶然误差的极限值。传感器在某校准点处的重复性可计算为在该校准点处的一组测量值的样本标准偏差在一定置信度下的极限值，并以其满量程输出的百分比来表示，而传感器的重复性则取为各校准点处重复性的最大者。计算公式为

$$\xi_R = \frac{cS_{\max}}{Y_{F\cdot S}} \times 100\% \tag{3.127}$$

式中 ξ_R——重复性；

c——包含因子，$c = t_{0.95}$；

$S_{\max}$——最大的样本标准偏差，可从 m 个校准点的 $2m$ 个标准偏差的估值 S 中选取最大者；

$Y_{F\cdot S}$——满量程输出。

传感器的校准试验,一般只做 $n = 3 \sim 5$ 个循环(见图 3.76),其测量值属于小样本。对小样本,t 分布比正态分布更符合实际情况。相关标准(GB/T 18459—2001)规定按 t 分布取包含因子 $c = t_{0.95}$(保证 95% 的置信度)。$t_{0.95}$ 与自由度 f,或与校准循环数 n 和置信度有关(表 3.8)。

表 3.8 　包含因子的取值

n	2	3	4	5	6	7	8	9	10
$t_{0.95}$	12.706	4.303	3.182	2.776	2.571	2.447	2.365	2.306	2.262

$$S_{u,i} = \sqrt{\frac{\sum\limits_{j=1}^{n}(y_{u,ij} - \bar{y}_{u,i})^2}{n-1}}$$

$$S_{d,i} = \sqrt{\frac{\sum\limits_{j=1}^{n}(y_{d,ij} - \bar{y}_{d,i})^2}{n-1}}$$

式中　$\bar{y}_{u,i}$——正行程第 i 个校准点处的一组测量值的算术平均值;

$y_{u,ij}$——正行程第 i 个校准点处的第 j 个测量值($i = 1 \sim m$;$j = 1 \sim n$);

$\bar{y}_{d,i}$——反行程第 i 个校准点处的一组测量值的算术平均值;

$y_{d,ij}$——反行程第 i 个校准点处的第 j 个测量值($i = 1 \sim m$;$j = 1 \sim n$),m 为测量循环数,n 为校准点数。

(4)灵敏度

传感器的校准数据的拟合直线的斜率就是其灵敏度 K,计算公式为

$$K = \frac{\text{输出量变化}}{\text{输入量变化}} = \frac{Y}{X} = \frac{\Delta Y}{\Delta X} \tag{3.128}$$

对于应变计式测力传感器,如用放大器指示,输出为电压变化 mV,输入为桥压 V,则 K 的单位为 mV/V,一般测力传感器灵敏度为 $1 \sim 2$ mV/V。如用电阻应变仪指示,输入为力(N),输出为应变读数(μm/m),则灵敏度单位为(μm/m)N^{-1}。

(5)传感器的零漂和蠕变

传感器无输入时,每隔一段时间进行测量,其输出偏离零值的变化相对于满量程输出的百分比,称为传感器的零漂。记为

$$D_0 = \frac{\Delta y_0}{Y_{F \cdot S}} \times 100\% = \frac{|y_{0,\max} - y_0|}{Y_{F \cdot S}} \times 100\% \tag{3.129}$$

式中　y_0——初始的零点输出;

$y_{0,\max}$——最大漂移处的零点输出;

$Y_{F \cdot S}$——满量程输出。

3.7.6 　各种应变计式传感器的构造和特性

根据用途的不同,测力传感器的弹性元件的结构形式多种多样,常见的有杆(柱)式、梁式、剪切轮辐式、环式、板式和双连孔式等。下面分别简要说明其设计特点和性能。

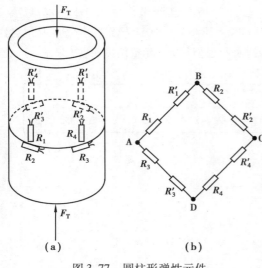

图 3.77　圆柱形弹性元件

1）杆(柱)式弹性元件

这种弹性元件结构简单紧凑,可承受较大荷载,其截面形状分为方形、实心圆和空心圆截面(筒形)等。为保证应变计良好的粘贴质量,最好用方截面,其粘贴表面为平面;空心圆筒截面的截面模量大,加大直径便于粘贴和热处理,但管壁太薄受压易失稳。

如图 3.77(a)所示的空心圆柱形弹性元件,采用 8 个应变计粘贴在圆筒中部的四等分圆周上,其中 4 个沿着轴向粘贴、4 个沿着横向粘贴,将它们接成如图 3.77(b)所示的串联式全桥线路。当圆筒受压后,其轴向应变为 ε,各个桥臂的应变分别为

$$\varepsilon_{AB} = \frac{\varepsilon_1 + \varepsilon'_1}{2} = -\varepsilon + \varepsilon_t$$

$$\varepsilon_{BC} = \frac{\varepsilon_2 + \varepsilon'_2}{2} = -\mu\varepsilon + \varepsilon_t$$

$$\varepsilon_{CD} = \frac{\varepsilon_4 + \varepsilon'_4}{2} = -\varepsilon + \varepsilon_t$$

$$\varepsilon_{AD} = \frac{\varepsilon_3 + \varepsilon'_3}{2} = -\mu\varepsilon + \varepsilon_t$$

由式(3.38)得到读数应变为

$$\varepsilon_d = \varepsilon_{AB} - \varepsilon_{BC} - \varepsilon_{AD} + \varepsilon_{CD} = -2(1 + \mu)\varepsilon$$

由此可知圆筒的轴向应变为

$$\varepsilon = -\frac{\varepsilon_d}{2(1 + \mu)}$$

如果圆筒截面积为 A,则压力 F_T 与读数应变之间的关系为

$$F_T = \sigma A = E\varepsilon A = -\frac{EA}{2(1 + \mu)}\varepsilon_d \tag{3.130}$$

由式(3.130)可知,压力和应变呈线性关系。当然,这仅仅是理论计算结果。实际上截面积 A 在加载时是变化的。每一个传感器的读数应变与力的关系都要由严格的标定试验来确定。

2）悬臂梁式弹性元件

悬臂梁式弹性元件可用于制作小载荷测力传感器,它结构简单、容易加工、应变计容易粘贴、灵敏度较高,如图 3.78 所示为

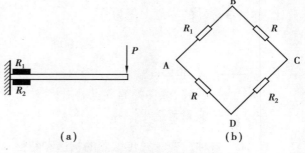

图 3.78　悬臂梁式弹性元件

悬臂梁式弹性元件示意图。在梁固定端附近截面的上下表面各粘贴两个应变计[图 3.78(a)],R_1 感受的弯曲应变为 ε_M,R_2 感受的弯曲应变为 $-\varepsilon_M$。按图 3.78(b)所示接成半桥线路。由式

(3.38),可得读数应变为

$$\varepsilon_d = \varepsilon_1 - \varepsilon_2 = -2\varepsilon_M$$

由材料力学可知:

$$\varepsilon_M = \frac{\sigma}{E} = \frac{M}{EW} = \frac{6Pl}{Ebh^2}$$

得到力 P 与读数应变的关系为

$$P = \frac{Ebh^2}{12l}$$

这样就能制成悬臂梁式测力传感器,如果在梁的上下表面各贴两片应变计,改用全桥连接,则传感器的灵敏度又可提高一倍。这种传感器的缺点是当 P 力作用点移动时会产生误差。

为了消除载荷位置的影响,如图 3.79(a)所示,在相邻截面(距离为 Δx)处粘贴应变计,按图 3.79(b)所示桥路接线。测量结果为两截面弯曲应变之差 $\Delta\varepsilon_M$,因

$$P = Q = \frac{\Delta M}{\Delta X} = \frac{\Delta\varepsilon}{\Delta X}EW$$

故

$$\Delta\varepsilon = \frac{\Delta X}{EW}P$$

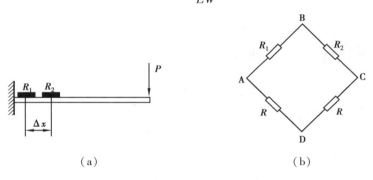

图 3.79　悬臂梁式弹性元件

式中　E——材料的弹性模量;

　　　Q——剪力;

　　　W——抗弯截面模量。

由此式可知,应变仪的读数反映了力 P 的大小,与其作用位置无关。这种测力传感器实际上是一种剪力测量装置。由于相邻截面的弯曲应变比较接近,因此传感器灵敏度较低。同样,可以在同样截面的上下表面都粘贴应变计,采用全桥的接线方式,输出灵敏度也可提高一倍。

3)剪切轮辐式弹性元件

这种结构形式的主要优点是结构高度低、精度高、线性好、抗偏心载荷和侧向力强、输出灵敏度高、可承受较大荷载并有超载保护能力。其构造、受力及应变计布置接桥示意图如图 3.80 所示。轮辐条断面尺寸宽 b,高 h,由受力分析,辐条截面上剪应力为

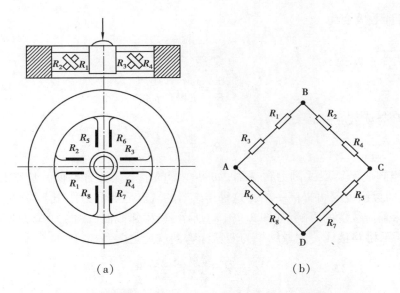

图 3.80　剪切轮辐式弹性元件、受力及应变计接桥图

$$\tau_{\max} = \frac{3P_1}{2bh}$$

其中,P_1 为每辐条所受载荷,总载荷由 4 根辐条承受 $P = 4P_1$,

$$\tau_{\max} = \frac{3P}{8bh}$$

由 45°方向应变计所受应变 ε 和纯剪应力状态可得

$$\tau_{\max} = \frac{E}{1 + \mu}\varepsilon$$

$$P = \frac{8Ebh}{3(1 + \mu)}\varepsilon \qquad (3.131)$$

只要测出轮辐侧面中点处与轴线呈 45°方向的线应变,就可获知载荷的大小,为此,将应变计接成如图 3.80(b)所示的全桥串连接法,可将测量结果放大 4 倍,并且在实现温度补偿的同时,可以消除力的偏心而产生的影响和有侧向力而产生的影响。

4)S 形双连孔梁式弹性元件

这是一种新型弹性元件,它具有灵敏度高、线性好、抗偏心能力强等优点,适用于较小载荷测量。可将其弹性元件双连孔两侧简化为双梁,考虑两端固定,受力简化图如图 3.81 所示,受力 P 时,简化为每梁承受 $P/2$ 及弯矩。取梁弯矩图为线性反对称分布,由此孔内 4 个位置上应变绝对值相等,但符号相反,$\varepsilon_1 = \varepsilon_3$,$\varepsilon_2 = \varepsilon_4 = -\varepsilon_1$,这样应变计组成全桥便可得到力 P 与读数应变的关系。

5)S 形剪切梁式弹性元件

它用于作拉压力传感器可测较大荷载,其优点是不受加载点位置变化影响,抗横向力和偏心能力强,如图 3.82 所示,其受一反对称外力,腹板部分受剪切,中心最大剪应力 $\tau_{\max}$ 由下式计算为

$$\tau_{\max} = \frac{QS_y}{J_y b} \qquad (3.132)$$

其中,剪力 $Q = P$;S_y 为静面矩;J_y 为惯性矩;b 为腹板厚度。

在腹板中心处沿±45°粘贴应变计,按图 3.82(b)所示接成全桥,则

$$\varepsilon_i = \varepsilon_1 - \varepsilon_2 - \varepsilon_3 + \varepsilon_4 = 4\varepsilon_{45}$$

而

$$\varepsilon_{45} = \frac{1 + u}{E}\tau_{\max}$$

这种弹性元件实际上是通过测剪力的方式将读数应变和外力联系起来,能消除横向力和偏心的影响。但这种传感器的应变计粘贴比较困难。

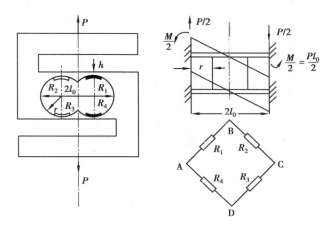

图 3.81　S 型双连孔梁式弹性元件

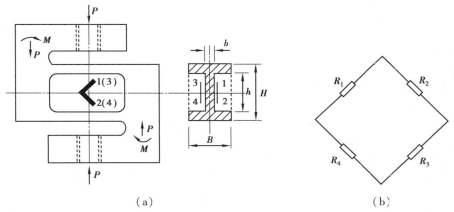

| (a) | (b) |

图 3.82　剪切梁式弹性元件

3.7.7　多维测力传感器

以上的测力传感器都是测单向力的,工程实际和科学研究中常需要测多维力——多个力分量的传感器,它具有特殊的弹性元件形状和应变计布置,所测力分量数目与应变计桥路个数相等,如三分量测力传感器,应用三级应变计组成的桥路,最多有 6 个力分量(3 个力 F_x ,F_y ,F_z 和 3 个力矩,M_x ,M_y ,M_z)测力传感器,下面介绍在不同领域中应用的多分力传感器(应变计式)。

1)拉(压)扭测力传感器

这类传感器在工程中应用较为普遍,如高强螺栓扭转试验机中的测量拉力和扭矩的传感器、钻削加工中压力和扭矩的测量等。它可由薄壁圆筒弹性元件及两组全桥接法的应变计组成,如图 3.83 所示,将应变计 R_1 ,R_2 ,R_3 ,R_4 沿圆筒纵向和横向粘贴,接成全桥线路,可测轴力 F_Z 。 R_5 ,R_6 ,R_7 ,R_8 与圆筒轴线呈±45°方向粘贴,接成全桥可测扭矩 M_Z ,计算公式为

$$\varepsilon_F = 2(1 + \mu)\frac{4F_Z}{\pi(D_w^2 - D_n^2)E} = \frac{8(1 + \mu)F_Z}{\pi E(D_w^2 - D_n^2)} \qquad (3.133)$$

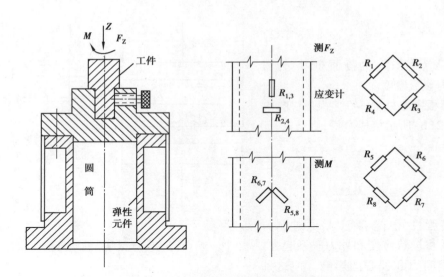

图 3.83　钻削测力传感器及应变计接桥示意图

式中　ε_F——与 F_Z 对应的应变读数；

　　　　E,μ——材料弹性模量和泊松比；

　　　　D_w 和 D_n——圆筒的外、内径。

当壁厚很薄时，截面积 $\dfrac{\pi}{4}(D_w^2-D_n^2)$ 可简化为 $\pi D\delta$，D 为平均直径，δ 为壁厚。

$$\varepsilon_M=\frac{4M_Z}{2GW_Z}=\frac{64(1+\mu)M_Z}{\pi ED_w^3(1-a^4)} \tag{3.134}$$

其中，$a=D_w/D_n$，W_z 为抗扭截面模量。

由预计 M_z 和 F_z 可设计圆筒壁厚 δ，ε_F 和 ε_M 已由桥路分别放大到 $2(1+\mu)$ 和 4 倍。

2）三维测力传感器

在工程实际应用中，常采用多维测力传感器以测量构件的受力状态，如用于钢管式脚手架的三维测力系统中的三维测力传感器。

在钢管式脚手架的下部设计安装三维测力传感器，其弹性元件选用柱壳形式，如图 3.84 所示，它分别承受 F_x,F_y,F_z。在 F_x 作用下柱壳在 Z 方向受均匀压应力为

$$\sigma_x=\frac{F_X}{\pi D\delta}$$

式中　D——平均直径；

　　　　δ——壁厚。

在 F_x,F_y 作用下，柱壳在 xy 方向截面惯性矩分别为 $J_x=J_y=\dfrac{\pi}{64}(D_w^4-D_n^4)$，$D_w,D_n$ 分别为柱壳外径和内径，在柱壳不同截面 A,B 上由于弯矩差别而有应力差别：

$$\sigma_A=\frac{M_A}{W},\sigma_B=\frac{M_B}{W}$$

式中　W——抗弯截面模量。

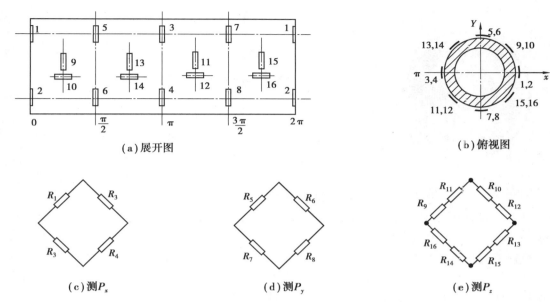

（a）展开图　　　　　　　　　　　（b）俯视图

（c）测P_x　　　　　　（d）测P_y　　　　　　（e）测P_z

图 3.84　柱壳式弹性元件,应变计布置和接桥图

　　柱壳上作用 F_x，F_y，F_z 后各应变计布置和接桥如图 3.84 所示,横向力 P_x 由 R_1—R_4 四个应变计按图 3.84（c）组成全桥进行测量,横向力 P_y 由 R_5—R_8 四个应变计按图 3.84（d）组成全桥进行测量。竖向力 P_z 由 R_9—R_{16} 共 8 个应变计按图 3.84（e）组成全桥进行测量,灵敏度提高到 $2(1+\mu)$ 倍。三维测力传感器在标准载荷下进行标定,即在分级标准载荷下测量输出信号大小,根据数据进行线性回归处理,确定灵敏度和线性度。

3.7.8　压力传感器

　　工程测试中的压力测量,主要是指测量液体或气体在单位面积上作用的压力,即液体或气体的压强。习惯上说的压力传感器,实际上是压强传感器。它不仅可以测量气体和流体的压力,还可以用来制造测量高度、密度、速度等仪表。

　　压力传感器按其结构形式可以分为膜片式、圆筒式等。

1）膜片式压力传感器

　　如图 3.85 所示周边固定的圆形金属膜片,当一面承受压力时膜片受弯曲,另一方（粘贴应变计）上的径向应变 ε_r 和周向应变 ε_θ 分别为

$$\begin{cases} \varepsilon_r = \dfrac{3p}{8h^2E}(1-\mu^2)(r^2-3x^2) \\ \varepsilon_\theta = \dfrac{3p}{8h^2E}(1-\mu^2)(r^2-x^2) \end{cases} \quad (3.135)$$

　　其中,P 为压力;E,μ 分别为膜片材料的弹性模量和泊松比;r 为膜片半径;x 为膜片中心到应变计算点的距离。在膜片中心 ε_r 和 ε_θ 达到正

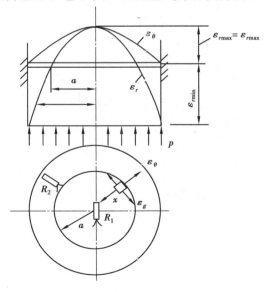

图 3.85　膜片弹性元件

的最大值：

$$\varepsilon_{rmax} = \varepsilon_{\theta min} = \frac{3p}{8h^2E}(1 - u^2)r^2$$

在膜片边沿 $\varepsilon_\theta = 0$，ε_r 达负的最大值：

$$\varepsilon_{rmin} = \frac{3p}{4h^2E}(1 - \mu^2)r^2$$

如采用小栅长的应变计，将一枚粘贴在中心正应变区 (R_1)，另一枚在负应变区 (R_2)。两应变计接成半桥使输出较大并温度补偿。随着箔式应变计技术的发展，已制成专门的圆膜形箔式应变花（见图3.86），它周边辐射栅受负应

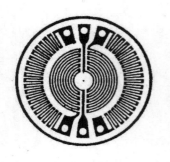

图3.86　测压用圆膜形箔式应变花

变 ε_r，中部圆弧栅受正应变 ε_θ，电阻元件分4个部分接成全桥，这样能最大限度地利用膜片的应变分布状态，输出很大信号。

2）圆筒式压力传感器

弹性元件具有盲孔，一端有法兰与被测系统连接（见图3.87），当内腔与被测压力连接时，圆筒部分外表面周向应变 ε_θ 为

$$\varepsilon_\theta = \frac{P(2 - \mu)}{E(D_w^2/D_n^2 - 1)} \qquad (3.136)$$

式中　D_w，D_n——圆筒外径和内径；

　　　P——圆筒内压力；

　　　μ——圆筒材料的泊松比。

由上式可知，在材料的线弹性范围内，圆筒表面应变 ε_θ 与内压 P 呈线性关系，这就是圆筒式压力传感器的工作原理。如果测得表面应变 ε_θ，就可以确定圆筒所承受的内压 P。

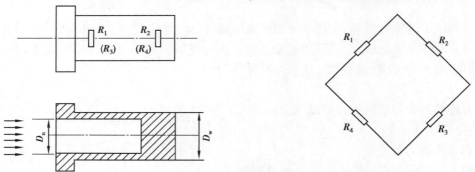

图3.87　圆筒式压力传感器的工作原理图

应变计的粘贴及接桥方法如图3.87所示。R_1，R_3 沿圆周方向对称地粘贴在圆筒中部外表面上，用以感受应变 ε_θ。相应的温度补偿片 R_2，R_4 贴在圆筒的底部，它不受内压 p 的影响。采用全桥接法，则有

$$\varepsilon_1 = \varepsilon_4 = \varepsilon_\theta + \varepsilon_t$$
$$\varepsilon_2 = \varepsilon_3 = \varepsilon_t$$
$$\varepsilon_d = \varepsilon_1 - \varepsilon_2 - \varepsilon_3 + \varepsilon_4 = 2\varepsilon_\theta = \frac{2P(2 - \mu)}{E\left[\left(\frac{D_w}{D_n}\right)^2 - 1\right]} \qquad (3.137)$$

3.7.9　位移传感器

应变计式位移传感器有多种结构形式,最简单的是利用悬臂梁结构形式,在梁上下表面粘贴应变计,梁自由端的位移(挠度)与梁表面应变成正比,如图 3.88 所示,由材料力学可知,梁端点挠度为

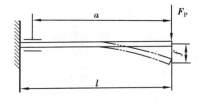

图3.88　悬臂梁式位移传感器原理图

$$f = \frac{F_{\mathrm{P}} l^3}{3EI} \tag{3.138}$$

式中　I——梁横截面的惯性矩,$I = \frac{bh^3}{12}$;

　　　b——梁横截面的宽度;

　　　h——梁横截面的高度。

而贴片处梁的应变 ε 与载荷 F_{P} 之间的关系为

$$\varepsilon = \frac{F_{\mathrm{P}} a}{EW} \tag{3.139}$$

其中, $W = \frac{bh^2}{6}$ 为梁横截面的抗弯截面系数。由式(3.138)和式(3.139)可得

$$\varepsilon = \frac{3ah}{2l^3} f$$

上式表明,应变计感受的应变 ε 与被测位移 f 之间呈线性关系。

在固定端附近截面的上下表面各粘贴两个应变计,并组成全桥线路,读数应变 ε_{d} 与位移 f 之间的关系为

$$\varepsilon_{\mathrm{d}} = \varepsilon_1 - \varepsilon_2 - \varepsilon_3 + \varepsilon_4 = 4\varepsilon = \frac{6ah}{l^3} f \tag{3.140}$$

式中　h——梁厚度;

　　　l——跨度;

　　　a——应变计位置到自由端距离。

利用此原理制成如图 3.89(a)所示双悬臂梁式位移传感器,常称为夹式引伸计,可测量裂纹张开位移,已经制成可用于高温 400 ~ 500 ℃,低温-269 ~ -30 ℃的夹式引伸计。用于材料高、低温下的断裂韧性和疲劳特性的实验研究。

此外还有多种结构形式的位移传感器,其示意图如图 3.89(b)—(d)所示,弹簧组合式、弓形、半圆环形、圆环形等。

3.7.10　扭矩传感器

在力学测量常遇到扭矩(扭转力矩)的测量,如各种发动机转子的旋转力矩、汽车方向盘旋转等,常用于扭矩传感器的弹性元件为实心轴或空心圆筒,由材料力学可知,圆杆受扭后表面上属纯剪应力状态,在轴线的±45°方向受拉、压应力,且应力 σ_{45} 等于最大剪应力 $\tau_{\max}$,在±45°方向粘贴应变计,如图 3.90(a)所示,其应变 ε 与扭矩 M 的关系为

$$\varepsilon = \frac{1 + \mu}{E} \tau_{\max} = \frac{16(1 + \mu)}{\pi D^4 E} M$$

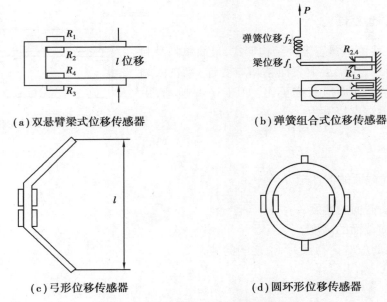

(a) 双悬臂梁式位移传感器   (b) 弹簧组合式位移传感器

(c) 弓形位移传感器   (d) 圆环形位移传感器

图 3.89   其他形式的位移传感器原理示意图

式中 D——实心圆杆直径；

       E,μ——弹性常数。

     在圆杆轴线的 $\pm45°$ 方向各粘贴 4 个应变计组成全桥，则输出应变读数 ε_d 为 ε 的 4 倍。此外，扭矩传感器弹性元件还有如图 3.90(b)、(c) 所示的笼式、轮辐式等形式。

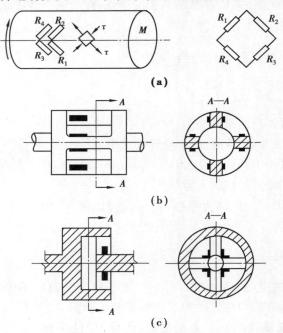

图 3.90   各种扭矩传感器原理示意图

第4章

光弹性实验方法

　　光弹性实验是一种光学的应力测量方法。它采用具有双折射性能的透明塑料,制成与构件形状几何相似的模型,使模型受力情况与构件的载荷相似。将受力后的塑料模型置于偏振光场中,可获得干涉条纹图。这些条纹指示了模型边界和内部各点的应力情况。依照光弹性原理,即可算出模型各点应力的大小与方向,真实构件上的应力可根据模型相似理论换算求得。光弹性实验是以光学和力学紧密结合的一种实验技术。一般是用模型进行实验,必须以相似理论为指导。

　　光弹性实验方法的特点是直观性强,可以直接观察和获得构件的应力分布情况。特别是能直接看到应力的集中部位,能迅速、准确地求出构件的应力集中系数。从而,可从强度的观点改进设计,寻求合理的几何形状和尺寸。利用这种方法进行应力分析,不仅能准确地解决二维问题,而且可以有效地解决三维问题;不仅能获得模型边界应力分布,而且还能获得模型内部各截面的应力分布。这是一个较为迅速并能获得全场资料的方法。

　　光弹性实验方法有一百多年的历史。随着科学技术和生产的发展,光弹性实验技术日益成熟和完善并获得了广泛的应用。目前,除一般的平面光弹性实验方法外,还有可以对构件进行实测的光弹性贴片法。三维应力分析方法除常用的冻结法外,还有散光法和组合模型法。在动应力、热应力、接触应力和塑性变形等问题的研究中均能应用光弹性实验。

　　近年来,随着激光技术的发展,出现了全息光弹性实验技术,它可迅速和准确地分离出平面模型的内部应力。激光光源可用于散光法、散斑法及动应力的测量等,使光弹性实验技术的应用范围越来越广。

　　目前,随着光电元件及电子计算机的发展,可应用光电元件把光弹性的光学信号转化为电信号,再与电子计算机结合起来,直接给出应力分布情况,这样就实现了光弹性应力分析的数字化。

4.1　光弹性实验方法的物理基础

4.1.1　光学基本知识

1)光波

光学虽然历史悠久,但关于光的本性一直存在着光的波动理论和光的量子理论两种学说,它们在各自的领域里解释了一些光学现象。

对光弹性实验中呈现的光学现象,一般用光的波动理论来解释,即认为光是一种电磁波,它的振动方向垂直于其传播方向,是一种横波(见图4.1)。

光波可用正弦波来描述,其表达形式为

$$u = a \sin(\omega t + \varphi_0) \tag{4.1}$$

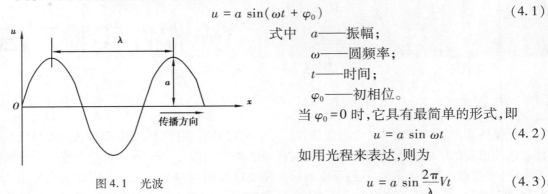

式中　a——振幅;

　　　ω——圆频率;

　　　t——时间;

　　　φ_0——初相位。

当 $\varphi_0 = 0$ 时,它具有最简单的形式,即

$$u = a \sin \omega t \tag{4.2}$$

如用光程来表达,则为

$$u = a \sin \frac{2\pi}{\lambda} V t \tag{4.3}$$

图 4.1　光波

式中　λ——波长,用埃(Å)来度量,$1\text{Å} = 10^{-8}\text{cm}$;

　　　V——光传播速度,在不同介质中其值不同。

2)自然光下的平面偏振光

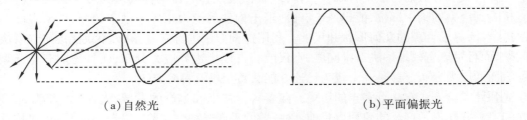

（a）自然光　　　　　　　　　　　　　　　　（b）平面偏振光

图 4.2　自然光与平面偏振光

人们日常所见的光源如太阳和白炽灯,所发出的光波是由无数个互不相干的波组成的,在垂直于光波传播方向的平面内,这些波的振动方向可取任何可能的振动方向,没有一个方向较其他方向更占优势。也就是说,在所有可能的方向上,振幅都是相等的。这种光称为自然光,如图 4.2(a)所示。

如光波在垂直于传播方向的平面内只在某一个方向振动,且光波沿传播方向上所有点的振动均在同一平面内,则这种光波称为平面偏振光,如图 4.2(b)所示。

通过某种器件的反射、折射或吸收,仅让自然光中某一振动方向的分量射出而得到平面偏振光。如图 4.3 所示为用二色性晶体薄片来产生平面偏振光的方法。非偏振光射入这类晶体后,分解为两束振动方向互相垂直的平面偏振光。晶体对这两束平面偏振光的吸收能力差别很大,有一束被完全或大部分吸收,这样,射出晶体的即为单一的平面偏振光。这种具有不同吸光能力的特性,称为二色性。二色性晶体可以在天然晶体中找到(如电气石),也可通过人工制造,如以聚乙烯醇为主的人造二色性薄片(称为偏振片)已获得广泛使用。

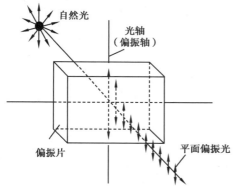

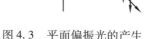

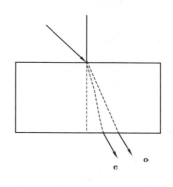

图 4.3　平面偏振光的产生　　　　图 4.4　光射入各向异性体产生的双折射

3) 双折射

对光学各向同性的介质,光学性质在所有方向均相同,光波无论沿哪一方向都以同一速度传播,其折射率大小也相同,即只有一个折射率。入射时仅产生一束折射光线,并严格地遵守折射定律。但当光波入射到各向异性的晶体如方解石、云母等时,一般会分解为两束折射光线(见图 4.4),这种现象称为双折射。这两束光线在晶体内传播速度不同,其中一束遵守折射定律,称为寻常光(以符号 o 表示),另一束不符合此定律,称为非常光(以符号 e 表示)。这两束光线的折射率分别用 n_o 和 n_e 表示,n_o 与光的入射方向无关,是一个常数,而 n_e 则随着光的入射方向不同而不同。寻常光和非常光可认为是在互相垂直平面内振动的平面偏振光。这种晶体有一特定的方向,当光沿此方向入射时,不发生双折现象,这个特定方向称为晶体的光轴。当晶体界面与光轴方向平行,光线垂直入射时,o,e 光的行进路径将重合,o 光的振动方向与光轴垂直,而 e 光的振动方向则沿着光轴。

二色性晶体产生偏振光是一种双折射现象,只不过 o 光被强烈吸收,只有 e 光从晶体射出。天然的各向异性晶体产生双折射现象,是其固有的特性,称为永久双折射。有些各向同性的透明非晶体材料,如环氧树脂塑料、玻璃、聚碳酸酯等,在其自然状态时,不会产生双折射现象,但当受有载荷作用时,它就像晶体一样,呈现光学的各向异性,产生双折射现象,而且光轴方向与应力方向重合。如当一束光线垂直入射到受力的塑料模型上时,光将沿着主应力 σ_1 及 σ_2 方向分解成两束平面偏振光,其振动方向互相垂直,且传播速度不同,当载荷卸去后,双折射现象即消失,这种现象称为暂时(人工)双折射。

4) 圆偏振光、1/4 波片

从一块双折射晶体上,平行于其光轴方向切出一片薄片,将一束平面偏振光垂直入射到这片薄片上,光波即被分解为两束振动方向互相垂直的平面偏振光,其中一束比另一束较快地通过晶体。于是,射出薄片时,两束光波产生了一个相位差。

这两束振动方向互相垂直的平面偏振光,其传播方向一致,频率相等,而振幅可以不等。设这两束平面偏振光为

$$u_1 = a_1 \sin \omega t \tag{4.4}$$

$$u_2 = a_2 \sin(\omega t + \varphi) \tag{4.5}$$

式中　a_1, a_2——振幅;

φ——两束光波的相位差。

将式(4.4)、式(4.5)合成,并消去时间 t,即得到光路上一点的合成光矢量末端的运动轨迹方程为

$$\frac{u_1^2}{a_1^2} + \frac{u_2^2}{a_2^2} - \frac{2u_1 u_2}{a_1 a_2}\cos\varphi = \sin^2\varphi \tag{4.6}$$

式(4.6)一般情况下是一个椭圆方程,如果 $a_1 = a_2 = a$,$\varphi = \pm\dfrac{\pi}{2}$,则式(4.6)成为圆的方程,即

$$u_1^2 + u_2^2 = a^2 \tag{4.7}$$

光路上任一点合成光矢量末端轨迹符合此方程的偏振光称为圆偏振光,在光路各点上,合成光矢量末端的轨迹是一条螺旋线(见图4.5)。

由上述分析可知,要产生圆偏振光,必须有两束振动平面互相垂直的平面偏振光,且应频率相同、振幅相等、相位差为 $\pi/2$。如平面偏振光入射到具有双折射特性的薄片上时,将分解为振动方向互相垂直的两束平面偏振光。当使入射的平面偏振光的振动方向与这两束平面偏振光的方向各呈45°时,则分解后的两束平面偏振光振幅相等(见图4.6)。这两束光在薄片中传播速度不同,通过薄片后,会产生一个相位差。只要适当选择薄片的厚度,使相位差为 $\pi/2$,就满足了组成圆偏振光的条件。因相位差 $\pi/2$ 相当于光程差 $\lambda/4$(λ 为波长),故称此薄片为 $1/4$ 波片。波片上,平行于行进速度较快的那束偏振光振动平面的方向线称为快轴,与快轴垂直的方向线称为慢轴。

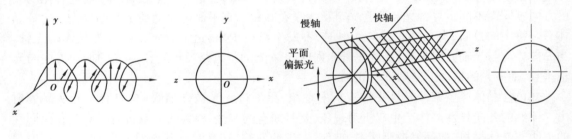

图4.5　圆偏振光的产生　　　　　　　图4.6　圆偏振光的传播

4.1.2　光弹性实验装置

1)光弹性仪的基本构造

光弹性仪是进行光弹性实验的基本设备,按照光场形式,光弹性仪分为平行光式光弹性仪和漫射光式光弹性仪两种。平行光式光弹性仪(透射式光弹仪)光路系统如图4.7所示,其由下列部件组成:

①光源　有白光灯、高压汞灯和钠灯等。白光灯产生白光。白光由红、橙、黄、绿、青、蓝、紫各种色光组成,它们的波长,由红色到紫色,处在 7 600 ~ 4 000Å 的范围内。高压汞灯加滤色片,能获得纯绿的单色光,其波长为 5 461Å。钠灯产生的单色光为黄光,其波长为 5 893Å。

②滤色片　使光变为单色光波。

③准直透镜　使光变成平行光,保证光线垂直通过模型。

④起偏镜与检偏镜　由偏振片制成。靠近光源的白色光变为平面偏振光;后面的一块偏振片称为检偏镜,用来检验光波通过的情况。当起偏镜与检偏镜的偏振轴互相垂直放置时称

为正交平面偏振布置,此时,如中间没有放置试验模型,则在检偏镜后观察到的光场为暗场;如两镜的偏振轴互相平行放置,则称为平行平面偏振布置,检偏镜后看到的光场为亮场。上述两种布置在光弹性实验中经常用到。

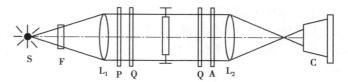

图 4.7　透射式光弹仪光路图

S—光源;F—滤色片;L₁—准直透镜;L₂—视场镜;
P—起偏镜;Q—1/4 波片;A—检偏镜;C—照相机

⑤1/4 波片　产生圆偏振光。
第一块 1/4 波片的快、慢轴与起偏镜偏振轴呈 45°角,从而把来自起偏镜的平面偏振光变为圆偏振光。通过这块波片快轴的光波较慢轴的光波领先 1/4 波长。第二块 1/4 波片的快轴和慢轴恰好与第一块 1/4 波片的快、慢轴正交,可以抵消第一块 1/4 波片所产生的相位差,将圆偏振光还原为自起偏镜发出的平面偏振光。此平面偏振光再经过检偏镜,如检偏镜的偏振轴与起偏镜相互垂直,则无光射出,呈现暗场,称为双正交圆偏振布置;如检偏镜与起偏镜的偏振轴平行,则得到亮场,称为平行圆偏振布置。

⑥加载架　使模型受力。工作台面能上下、左右移动,使模型处在光场之中。

⑦视场镜　使平行光聚焦。光线通过视场镜和照相机镜头后成像在照相底片上。

⑧照相机　供摄影用。改变照相机的位置可以改变像的放大倍率。

2)光弹性仪的调整

在使用光弹性仪之前,必须检查和调整各镜片的位置,以满足实验的要求。调整步骤如下:

①调整光源及各镜片和透镜的高度,使它们的中心线在同一条水平线上。

②正交平面偏振布置的调整:卸下两块 1/4 波片,旋转一个偏振片(起偏镜或检偏镜),使呈现暗场,表示它们的偏振轴互呈正交。开启白光光源,将一个标准试件(圆盘模型)放在加载架上,使试件平面与光路垂直,并使其承受铅垂方向的径向压力。同步旋转起偏镜及检偏镜,直至圆盘模型上出现正交黑十字形。这表明,两个镜片的偏振轴不仅正交,而且一个偏振轴是在水平位置,另一个是在垂直位置,这时两镜片的指示刻度应分别是 0°和 90°。

③双正交圆偏振布置的调整:在调整好的正交平面偏振布置中,先装入第一块 1/4 波片,将它旋转,使检偏镜后看到的光场最黑,这时表示 1/4 波片的快、慢轴分别与起偏镜和检偏镜的偏振轴相平行。将 1/4 波片向任意方向转动 45°角,再把第二块 1/4 波片装入,将它旋转,使光场再次最黑。这时,两块 1/4 波片的轴是互相正交的,四块镜片构成所谓双正交圆偏振布置(暗场)。此时 1/4 波片的指示刻度应为 45°。

3)光弹性仪的维护

①各透镜表面镀有增透膜,不得用手摸或擦拭。如有灰尘,可用吹气球吹除或用镜头笔刷轻轻拂去。

②准直透镜、偏振片、滤色片和视场镜表面上的污物可用滴上少许酒精或乙醚的脱脂棉擦去。

③1/4 波片表面是用有机玻璃制成的,能溶于多种有机溶剂。如有污物,应当用滴上少许汽油的脱脂棉轻轻擦去。

④光源开启后,应检查风扇是否正常工作。

⑤光学零件应注意防霉、防潮和防尘,避免含有酸、碱的蒸气侵蚀及防止过冷过热。实验温度为 5～30 ℃,相对湿度不大于70% 为宜。室内应防尘。镜片长期不用时,应放置在干燥器内。

⑥高压汞灯和钠灯开启后需经 5～10 min 后才能稳定到额定功率;关闭后需经 15 min 后方可重新开启。

⑦对模型加载时,要正确平稳,防止模型弹出损坏镜片。

⑧光弹性仪的机械部分要注意保持润滑。

4.1.3　平面应力-光学定律

当平面偏振光垂直射入平面应力模型时,由于模型具有暂时双折射现象,光波即沿模型上射入点的应力主轴方向分解成两束平面偏振光。这两束平面偏振光在模型内部的传播速度不同,通过模型后就产生了光程差 Δ。

实验证明,模型上任一点的主应力与折射率有下列关系:

$$n_1 - n_0 = A\sigma_1 + B\sigma_2$$
$$n_2 - n_0 = A\sigma_2 + B\sigma_1 \tag{4.8}$$

式中　n_0——无应力时模型材料的折射率;

　　　n_1,n_2——模型材料对振动方向为 σ_1,σ_2 方向的一束平面偏振光的折射率;

　　　A,B——模型材料的绝对应力光学系数。

从式(4.8)消去 n_0,并令 $C=A-B$,得

$$n_1 - n_2 = C(\sigma_1 - \sigma_2) \tag{4.9}$$

式中　C——模型材料的应力光学系数。

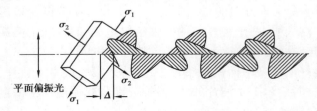

图 4.8　平面偏振光通过受力模型

由于沿 σ_1 与 σ_2 方向振动的两束平面偏振光在模型内传播的速度 V_1 与 V_2 不同,因此它们通过模型的时间也不同,分别为 $t_1 = \dfrac{h}{V_1}$ 和 $t_2 = \dfrac{h}{V_2}$(h 为模型的厚度)。当其中一束刚从模型中出来时,另一束已在空气中前进了一段距离 Δ,即

$$\Delta = V(t_1 - t_2) = V\left(\frac{h}{V_1} - \frac{h}{V_2}\right) \tag{4.10}$$

式中　V——空气中的光速。

Δ 就是两束平面偏振光以不同速度通过模型后所产生的光程差。若以折射率 n_1,n_2 来表示,因 $n_1 = \dfrac{V}{V_1}$,$n_2 = \dfrac{V}{V_2}$,故代入式(4.10)即得

$$\Delta = h(n_1 - n_2) \tag{4.11}$$

将式(4.9)代入式(4.11),得

$$\Delta = Ch(\sigma_1 - \sigma_2) \tag{4.12}$$

这就是平面光弹性实验的平面应力-光学定律。由式(4.12)可知,当模型厚度一定时,任一点的光程差与该点的主应力差成正比。

4.1.4　平面偏振布置中的光弹性效应

光弹性法的实质,是利用光弹性仪测定光程差的大小,然后根据平面应力-光学定律确定主应力差。

先讨论利用正交平面偏振布置进行测量的情况。如图 4.9 所示,用符号 P 和 A 分别代表起偏镜和检偏镜的偏振轴。把受平面应力的模型放在两镜片之间,以单色光为光源,光线垂直通过模型。设模型上 O 点主应力 σ_1 与偏振轴 P 之间的夹角为 ψ(见图 4.9)。单色光通过起偏镜后成为平面偏振光到达模型上的 O 点时,由于模型的暂时双折射现象,即沿主应力方向分解为两束平面偏振光。

$$u = a \sin \omega t \tag{4.13}$$

沿 σ_1 方向:

$$u_1 = a \sin \omega t \cos \psi$$

沿 σ_2 方向:

$$u_2 = a \sin \omega t \sin \psi \tag{4.14}$$

此两束平面偏振光,在模型中的传播速度不同。设通过模型后,产生相对光程差 Δ,或相位差 δ,则通过模型后两束光为

$$u_1' = a \sin(\omega t + \delta) \cos \psi$$
$$u_2' = a \sin \omega t \sin \psi \tag{4.15}$$

通过检偏镜后的合成光波为

$$u_3 = u_1' \sin \psi - u_2' \cos \psi \tag{4.16}$$

将式(4.15)代入,简化得

$$u_3 = a \sin 2\psi \sin \frac{\delta}{2} \cdot \cos(\omega t + \frac{\delta}{2}) \tag{4.17}$$

光的强度 I 与振幅的平方成正比,即

$$I = K(a \sin 2\psi \sin \frac{\delta}{2})^2$$

因 $\delta = 2\pi\Delta/\lambda$,故用光程差表示时可得

$$I = K(a \sin 2\psi \sin \frac{\pi\Delta}{\lambda})^2 \tag{4.18}$$

式中　K——常数。

式(4.18)说明,光的强度 I 与光程差有关,还与主应力方向和起偏镜光轴之间的夹角 ψ 有关。现在研究光的强度 $I=0$ 的情况,即从检偏镜后面看到模型上的该点是黑暗的情况。

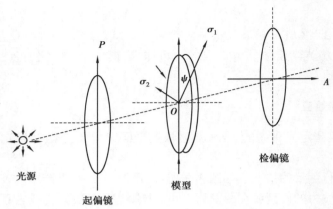

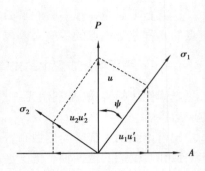

图 4.9　受力模型在正交平面偏振布置中　　　　图 4.10　偏振轴与应力主轴的相对位置

使 $I=0$ 的第一种情况是 $\sin 2\psi=0$，即 $\psi=0$ 或 $\psi=\dfrac{\pi}{2}$。由图 4.10 可见，$\psi=0$ 或 $\psi=\dfrac{\pi}{2}$ 即表示该点应力主轴方向与偏振轴方向重合。即凡模型上应力主轴与偏振轴重合的各点，在检偏镜之后，光均将消失而呈现为黑点，这些点的迹线形成干涉条纹，称为等倾线。等倾线是具有相同主应力方向的点的轨迹，或者说等倾线上各点的主应力方向相同，且为偏振轴的方向。一般说来，模型内各点的主应力方向是不同的，如果使起偏镜和检偏镜一起转过某一相同角度，则会得到另一组等倾线，该线上各点的主应力方向均与此时的偏振轴方向重合。以各种角度同步转动起偏镜和检偏镜，将得到各种对应角度的等倾线。通常取垂直或水平方向作为基准方向，而从这个方向反时针同步旋转起偏镜和检偏镜，以测定主应力的方向。当偏振轴由水平或垂直位置转动一个 θ 角时，将得到一组 θ 等倾线条纹，在这一组条纹上，每一点主应力方向将与水平或垂直线呈 θ 角。倾角 θ 是度量等倾线的参数，称为等倾线角度。

使 $I=0$ 的第二种情况是 $\sin\dfrac{\pi\Delta}{\lambda}=0$，要满足此条件，只能是 $\dfrac{\pi\Delta}{\lambda}=N\pi$，即 $\Delta=N\lambda$，而 $N=0,1,2,\cdots$。这个条件表明，只要光程差 Δ 等于单色光波长的整数倍，在检偏镜之后光将消失而成为黑点。在应力模型中，满足光程差等于同一整数倍波长的各点，将连成一条黑色干涉条纹，这些条纹称为等差线。在一般情况下，应力模型中同时呈现出 $N=0,1,2,\cdots$ 的各干涉条纹。为了区分它们，将对应于 $N=0$ 的称为零级等差线，$N=1$ 的称为 1 级等差线……；将对应于光程为 N 个波长的等差线称为 N 级等差线，N 称为等差线条纹级数。从光学上讲，等差线表示模型内光程差相同的点所形成的轨迹。联系应力-光学定律可知，当受力模型中的主应力差 $(\sigma_1-\sigma_2)$ 所造成的光程差为波长的整数倍时，即

$$\Delta = Ch(\sigma_1-\sigma_2) = N\lambda \qquad (N=0,1,\cdots) \qquad (4.19)$$

即发生消光（即检偏镜后光强为零），出现一系列对应于不同 N 值的黑色干涉条纹。不同条纹上的点有不同的主应力差值，同一条纹上各点有相同的主应力差值。从力学上讲，等差线表示模型内主应力差相等的点所组成的轨迹。

在 N 级等差线上的主应力差值，可由式(4.19)得到，即

$$(\sigma_1-\sigma_2) = \frac{\lambda}{C}\frac{N}{h} \qquad (4.20)$$

令

$$f = \frac{\lambda}{C} \qquad (4.21)$$

f 为与光源和材料有关的常数,称为材料条纹值,单位为 N/m。f 的物理意义是当模型材料为单位厚度时,对应于某一定波长的光源,产生一级等差线所需的主应力差值。此值由实验测得。将式(4.21)代入式(4.20)得

$$\sigma_1 - \sigma_2 = \frac{Nf}{h} \qquad (4.22)$$

式(4.22)表明,主应力差($\sigma_1-\sigma_2$)与条纹级数 N 成正比。条纹级数 N 越大,表明该处的主应力差越大。条纹级数 N 成为衡量主应力差($\sigma_1-\sigma_2$)的直接和重要的资料,确定了各点的条纹级数值 N,就可根据式(4.22)算出各点的主应力差值。

4.1.5　圆偏振布置中的光弹性效应

在平面偏振布置中,如采用单色光源,则受力模型中同时出现两种性质的黑线,即等倾线和等差线,如图 4.11 所示为对径受压圆环在平面偏振布置中的等差线与等倾线图。这两种黑线同时产生,互相影响。为了消除等倾线,得到清晰的等差线图案,以提高实验精度,在光弹性实验中经常采用双正交的圆偏振布置(见图 4.12)。

在图 4.12 中,单色光通过起偏镜后成为平面偏振光

$$u = a \sin \omega t \qquad (4.23)$$

到达第一块 1/4 波片后,沿 1/4 波片的快、慢轴分解成两束平面偏振光

$$\begin{cases} u_1 = a \sin \omega t \cdot \cos 45° \\ u_2 = a \sin \omega t \cdot \cos 45° \end{cases} \qquad (4.24)$$

图 4.11　对径受压圆环在平面偏振布置中的干涉条纹图

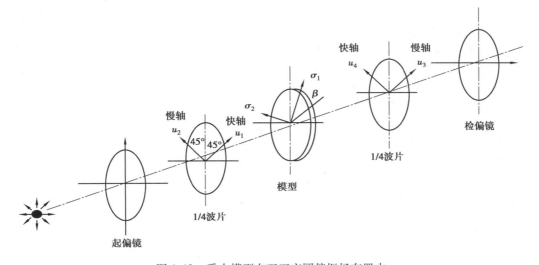

图 4.12　受力模型在双正交圆偏振场布置中

通过 1/4 波片后,相对产生相位差 $\pi/2$,即

$$
\begin{cases}
u_1' = \dfrac{\sqrt{2}}{2}a\,\sin(\omega t + \dfrac{\pi}{2}) = \dfrac{\sqrt{2}}{2}a\,\cos\omega t\,(沿快轴) \\[4mm]
u_2' = \dfrac{\sqrt{2}}{2}a\,\sin\omega t\,(沿慢轴)
\end{cases}
\tag{4.25}
$$

这两束光合成后即为圆偏振光。设于此圆偏振布置中的受力模型上 O 点主应力 σ_1 的方向与第一块 1/4 波片的快轴呈 β 角。当圆偏振光到达模型上的 O 点时,又沿主应力 σ_1,σ_2 的方向分解为两束光波。

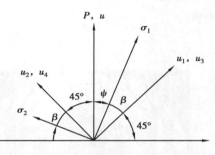

图 4.13　双正交圆偏振布置中各镜轴
与应力主轴的相对位置

沿 σ_1 方向振动的光波为

$$
u_{\sigma_1} = u_1'\cos\beta + u_2'\sin\beta = \frac{\sqrt{2}}{2}a\,\cos(\omega t - \beta)
\tag{4.26}
$$

沿 σ_2 方向振动的光波为

$$
u_{\sigma_2} = u_2'\cos\beta - u_1'\sin\beta = \frac{\sqrt{2}}{2}a\,\sin(\omega t - \beta)
$$

通过模型后,产生一个相位差 δ,得

$$
u_{\sigma_1} = \frac{\sqrt{2}}{2}a\,\cos(\omega t - \beta + \delta)
$$

$$
u_{\sigma_2} = \frac{\sqrt{2}}{2}a\,\sin(\omega t - \beta)
\tag{4.27}
$$

到达第二块 1/4 波片长时,光波沿此波片的快、慢轴分解为

$$
\begin{cases}
u_3 = u_{\sigma_1}'\cos\beta - u_{\sigma_2}'\sin\beta = \dfrac{\sqrt{2}}{2}a[\cos(\omega t - \beta + \delta)\cos\beta - \sin(\omega t - \beta)\sin\beta] \\[4mm]
u_4 = u_{\sigma_1}'\sin\beta + u_{\sigma_2}'\cos\beta = \dfrac{\sqrt{2}}{2}a[\cos(\omega t - \beta + \delta)\sin\beta + \sin(\omega t - \beta)\cos\beta]
\end{cases}
\tag{4.28}
$$

通过第二块 1/4 波片后,产生一个相位差 $\pi/2$,得

$$
\begin{cases}
u_3' = \dfrac{\sqrt{2}}{2}a[\cos(\omega t - \beta + \delta)\cos\beta - \sin(\omega t - \beta)\sin\beta]\,(沿快轴) \\[4mm]
u_4' = \dfrac{\sqrt{2}}{2}a[\cos(\omega t - \beta)\cos\beta - \sin(\omega t - \beta + \delta)\sin\beta]\,(沿慢轴)
\end{cases}
\tag{4.29}
$$

最后,通过检偏镜后,得偏振光为

$$
u_5 = (u_3' - u_4')\cos 45°
$$

将式(4.29)代入上式,考虑 $\beta = 45° - \psi$,运算后得

$$
u_5 = a\,\sin\frac{\delta}{2}\cos(\omega t + 2\psi + \frac{\delta}{2})
\tag{4.30}
$$

此偏振光的光强与其振幅的平方成正比,即

$$
I = K(a\,\sin\frac{\delta}{2})^2
\tag{4.31}
$$

引入相位差与光程差的关系 $\delta = 2\pi\Delta/\lambda$,得

$$I = K(a \sin \frac{\pi\Delta}{\lambda})^2 \qquad (4.32)$$

此式表明,光强仅与光程差有关,为使光强 $I=0$,只要 $\sin \frac{\pi\Delta}{\lambda}=0$,有

$$\frac{\pi\Delta}{\lambda} = N\pi, \text{即 } \Delta = N\lambda \quad (N = 0,1,\cdots) \qquad (4.33)$$

式(4.33)说明,只有在模型中产生的光程差 Δ 为单色光波长的整数倍时,消光成为黑点,这就是等差线的形成条件。可见,加入了两块 1/4 波片后,在圆偏振布置中,能消除等倾线而只呈现等差线图案。

如将检偏镜偏振轴 A 旋转 $90°$,使之与起偏镜偏振轴 P 平行,而 1/4 波片的快、慢轴仍如图 4.12 所示一样布置,即得平行圆偏振布置(亮场)。将受力模型放入。与双正交圆偏振布置(暗场)同样的方法推导,可得到在偏检镜后的光强表达式为

$$I = K(a \cos \frac{\delta}{2})^2 \qquad (4.34)$$

将 $\delta = 2\pi\Delta/\lambda$ 代入式(4.34),令光强 $I=0$,得 $\cos \frac{\pi\Delta}{2}=0$,从而有

$$\frac{\pi\Delta}{\lambda} = \frac{m}{2}\pi, \text{即 } \Delta = \frac{m}{2}\lambda \quad (m = 1,3,5\cdots)$$

$$(4.35)$$

比较式(4.33)及式(4.35)可知,在双正交圆偏振布置中,发生消光(即 $I=0$)的条件为光程差 Δ 是波长的整数倍,产生的黑色等差线为整数级,即分别为 0 级、1 级、2 级……而平行圆偏振布置发生消光的条件为光程差 Δ 是半波长的奇数倍,产生的黑色等差线为半数级,即分别为 0.5 级、1.5 级、2.5 级……

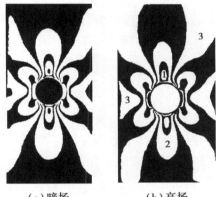

(a)暗场　　　　(b)亮场

图 4.14　中间有孔的拉伸板的等差线图

如图 4.14 所示为中间有圆孔的拉伸板的等差线图。图 4.14(a)为在双正交圆偏振布置时拍摄的,是暗场等差线图;图 4.14(b)为在平行圆偏振布置时拍摄的,是亮场等差线图。

4.2　二维光弹性

4.2.1　白光入射时的等差线(等色线)

采用白光作为光源时,等倾线为黑色条纹,而等差线则为彩色条纹,等差线也称为等色线。

白光是由红、橙、黄、绿、青、蓝、紫 7 种主色组成,每种色光对应一定的波长。如图 4.15 所示中对顶角内的两色称为互补色。互补两种颜色的色光混合即成白光,如红与绿、橙与青、黄与蓝、黄绿与紫均为互补色。若在白光中有某一色光从图 4.15 所示的色谱中消失,则呈现的是它的互补色光。

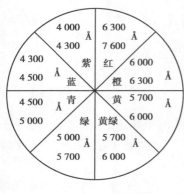

图 4.15　互补色图

根据光弹性实验的原理，如果以白光入射，当模型中某点的光程差恰等于某一种色光波长的整数倍时，则该色光将被消除，而与该色光对应的互补色光就呈现出来。凡光程差数值相同的点，会形成同一种颜色的条纹。

在模型上光程差 $\Delta=0$ 的点，任何波长的色光均被消除，呈现为黑点。当光程差逐渐加大时，首先被消光的是波长最短的紫光，然后依蓝、青、绿……的次序消光，与这些色光对应的互补色（黄、红、蓝、绿）就依次呈现出来。当光程差继续增大时，消光进入第二个循环，即光程差等于紫光波长的两倍时，紫光消失，呈现互补色黄光，再继续消光，呈现出红、蓝、绿光。如光程差继续增加，则消光进入第三个循环。但所得到的条纹颜色随循环次数的增大而变淡，这是因为当光程差不断增加时，会有几种波长的光波同时被消光，如 $\Delta=2\times6\,000\text{Å}=3\times4\,000\text{Å}$ 时，即有黄绿色第二次消光伴有紫色第三次消光，剩下互补色就变淡了。当条纹级数越高，同时消光的颜色就越多，其对应的互补色光所组成的条纹颜色就越淡。用白光观察等差线时，一、二级等差线条纹主要由黄、红、蓝、绿 4 种颜色组成，三、四级条纹主要由粉红和淡绿两种颜色组成，四级以上条纹由很淡的红色和黄绿色组成，而且实际上已不易辨认了。当 $N>5$ 时，通常采用单色光光源，可以得到清晰的等差线条纹图。

用白光描绘等差线时，常以红、蓝交界的过渡颜色（绀色）作为整数 N 的分划线，在三、四级以上则以粉红及淡绿交界的过渡颜色作为整数级 N 的分划线。这个颜色很灵敏，微小的应力变化就会使它变为红色或蓝色光。与绀色对应的互补色光是黄光，绀色条纹的位置与单色光钠光（黄色）的干涉位置相对应。

4.2.2　等差线条纹级数的确定

在双正交圆偏振布置中，受力模型呈现以暗场为背景的等差线图，各条纹的级数为整数级，即 $N=0,1,2,\cdots$，但如何确定各等差线的条纹级数 N 的具体数值呢？首先确定 $N=0$ 的点（或线）。属于 $N=0$ 的点称为各向同性点，是模型上主应力差等于零（即 $\sigma_1=\sigma_2$ 或 $\sigma_1=\sigma_2=0$）的点，这些点的光程差 $\Delta=0$，对任何波长的光均发生消光而形成黑点，与此对应的条纹级数为零级。只要模型形状不变，载荷作用点及方向不变，这些黑点或黑线所在的位置不随外载荷大小的改变而变。

零级条纹的判别方法如下：

①采用白光光源，在双正交圆偏振布置中模型上出现的黑色条纹（点或线），属于零级条纹。因其光程差为零，对任何波长的光均发生消光，故形成黑条纹。其他非零级条纹（$N\neq0$），其光程差不为零，均为彩色条纹。

②模型自由方角上，因 $\sigma_1=0$，$\sigma_2=0$，故对应的条纹级数 $N=0$。如图 4.16 所示为纯弯曲梁 4 个方角处的黑色条纹均为零级条纹。

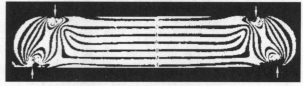

图 4.16　纯弯曲梁的等差线图

③拉应力和压应力的过渡处必有一个零级条纹。应力分布具有连续性,在拉应力过渡到压应力之间,必存在应力为零的区域,其条纹级数 $N=0$。如图 4.17 所示,对径受压圆环的 A,B,C,D,E,F,G,H 各点,都为拉应力和压应力的过渡处,其条纹级数均为零。图 4.16 中纯弯曲梁的中性层,也是拉应力和压应力的过渡处,其条纹级数也为零。

确定了零级条纹,其他条纹级数可根据应力分布的连续性依次数出。条纹级数的递增方向(或递减方向),可采用白光光源,观察其等色线的颜色变化而定,当颜色的变化为黄、红、蓝、绿,则为级数增加的方向;反之,为级数减少的方向。

图 4.17 对径受压圆环的等差线图

要注意区别单色光的等差线图中出现的暂时性黑点。这些点在某特定载荷下造成的光程差,正好是单色光波的整数倍,也形成黑点,但并非真的零级点。当外载荷增加或减少时,这些点时而变黑,时而变亮,称为暂时性黑点。当它的条纹级数比附近区域的级数都低时称为隐没点,比周围的级数都高时称为发源点。如采用白光作光源时,因为这些点的光程差 $\Delta \neq 0$,所以均呈现为彩色斑点。

当等差线图上没有零级的黑点或黑线时,可用以下两种方法确定条纹级数 N:

①连续加载法。将模型置于光弹性仪中的加载架上,一边加载,一边观察。最初出现的那一条条纹为 $N=1$。再继续加载,$N=1$ 的这一级条纹将向应力低的区域移动,可以跟随这一条纹来判别相继出现的其他条纹的级数。

②补偿法。取一已知条纹级数的受载试件(如受纯弯曲的其条纹级数能数出的光弹性试件),将此试件这样放置,使其某一已知级数的条纹与待测点的主应力方向平行。在白光光源下,试件上该级条纹与待测点的条纹叠加后,如呈现为黑色条纹(零级条纹),即被测点的光程差得到了补偿,这时被测点的条纹级数与试件上该已知条纹的级数相同,由此可确定被测点的条纹级数。这种方法可用于有零级条纹的等差线图上确定其他条纹的级数。

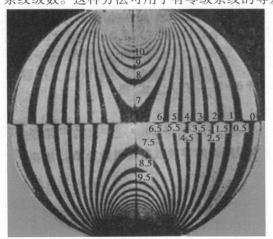

图 4.18 对径受压圆盘的等差线

在平行圆偏振布置(亮场)中,受力模型呈现的等差线条纹级数为 $N=0.5,1.5,2.5,\cdots$,它们分别处在 0 级与 1 级、1 级与 2 级、2 级与 3 级……之间。如图 4.18 所示为对径受压圆盘的等差线图,它的上半部是在双正交圆偏振布置中拍摄的,为暗场等差线,条纹级数为整数级;它的下半部是在平行圆偏振布置中拍摄的,为亮场等差线,条纹级数为半数级。

4.2.3　非整数条纹级数的确定

在光弹性实验中,非整数级条纹级数的确定有许多方法,下面介绍旋转检偏镜法。该方法有双波片法及单波片法两种。双波片法采用双正交圆偏振布置,两偏振片的偏振轴 P 和 A 分别与被测点的两个主应力方向相重合,如图 4.19 所示。单波片法是只用模型后的一块 1/4 波片,两偏振片的偏振轴正交,与主应力方向呈 45°,波片的快、慢轴与 P 或 A 平行,如图 4.20 所示。

（1）双波片法

对图 4.19 所示的各镜片主轴位置,从起偏镜起到检偏镜之前,用与 4.1.5 同样的方法进行光学分析,最后转动检偏镜,使被测点 A 成为黑点。此时,检偏镜的偏振轴转过了 θ 角而处于 A' 的位置,通过检偏镜后的偏振光为

$$u'_5 = u'_3\cos(45° - \theta) - u'_4\cos(45° + \theta)$$

利用式(4.29),其中取 β 角等于 45°,代入上式并简化之,得

$$u'_5 = a\,\sin\left(\theta + \frac{\delta}{2}\right)\cos\left(\omega t + \frac{\delta}{2}\right) \tag{4.36}$$

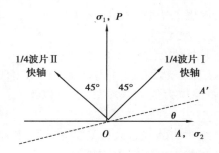

图 4.19　双波片法各主轴的相对位置

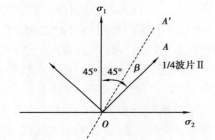

图 4.20　单波片法各主轴的相对位置

欲使 O 点成为黑点(即光强为零),必使 $\sin\left(\theta + \frac{\delta}{2}\right) = 0$,也即

$$\theta + \frac{\delta}{2} = N\pi \quad (N = 0,1,2,\cdots)$$

将 $\delta = \dfrac{2\pi\Delta}{\lambda}$ 代入上式,得

$$\theta + \frac{\pi\Delta}{\lambda} = N\pi \quad \text{或} \quad \frac{\Delta}{\lambda} = N - \frac{\theta}{\pi}$$

令被测点的等差线条纹级数为 N_0,则得

$$N_0 = \frac{\Delta}{\lambda} = N - \frac{\theta}{\pi}$$

式中　N——整数级条纹数。

检偏镜可顺时针或逆时针转动。设测点两旁附近的整数条纹级数为 $(N-1)$ 和 N,如检偏镜向某方向旋转 θ_1 角而 N 级条纹移至测点,则测点的条纹级数为

$$N_0 = N - \frac{\theta_1}{\pi} \tag{4.37}$$

如向另一方向旋转 θ_2 角而 $(N-1)$ 级条纹移至测点,则测点的条纹值为

$$N_0 = (N - 1) + \frac{\theta_2}{\pi} \qquad (4.38)$$

根据上述推导,双波片法的补偿步骤如下:

①求出被测点的主应力方向。以白光作光源,在正交平面偏振布置下,同步旋转起偏镜和检偏镜,直到某等倾线通过该点。根据该等倾线角度可确定被测点主应力的方向。

②采用圆偏振布置。使起偏镜和检偏镜的偏振轴分别与该点的应力主轴重合,而1/4波片与偏振轴的相对位置不变,成为双正交圆偏振布置。

③单独旋转检偏镜,可看到各条等差线均在移动。当被测点附近的整数级等差线 N 通过该点时(见图4.21),记下检偏镜旋转的角度 θ_1,这时被测点的条纹级数按式(4.37)计算。若转动检偏镜时,$N-1$ 级条纹移向被测点,转角为 θ_2,则被测点的条纹级数按式(4.38)计算。

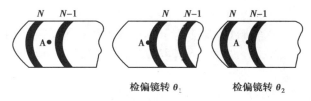

图4.21 小数级条纹的测量

用此方法可求得模型上任意一点的等差线条纹级数,不需要任何附加设备也有足够的补偿精度,这是目前常用的一种方法。

(2)单波片法

对图4.20所示各主轴的位置,与双波片法一样,也能导出与式(4.37)、式(4.38)同样的结果。本法与双波片法的补偿步骤相同。先找出被测点的主方向,各镜片主轴布置成图4.20的位置,转动检偏镜,使被测点 A 成为黑点,记下检偏镜转动的角度,即可按式(4.37)、式(4.38)计算出被测点的条纹级数。

4.2.4 等倾线绘制和主应力判别

1)等倾线绘制

绘制等倾线图时采用白光光源的正交平面偏振布置,此时,等差线除零级条纹外总是彩色条纹,而等倾线总是黑色条纹。

通常,起偏镜和检偏镜的偏振轴分别以水平和垂直位置为基准,这时模型上出现的是0°等倾线,在这条等倾线上的各点,其主应力方向之一与水平夹角为零。只要同步反时针方向旋转起偏镜及检偏镜,保持两偏振轴正交,即可获得不同角度的等倾线。例如,每隔一定的角度(5°或10°等),描绘出对应的等倾线,并标明其倾角度数,直至旋转到90°,此时的等倾线又与0°等倾线重合。如图4.22所示为简支梁的不同倾角的等倾线图。

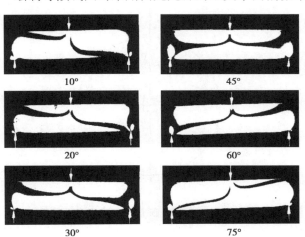

图4.22 简支梁等倾线图

在解决实际工程问题中,有时不必描绘整张等倾线图,只要根据所要求的截面或点,逐点测量即可。

然而,在实际工作中,要获得一组满意的等倾线图是相当困难的,这是因为:

①等差线与等倾线互相干扰。

②在主应力方向改变不显著的区域,等倾线变得模糊一片,难以确定其正确位置。

③模型内如存在初应力,将会扰乱图线的分布。

在描绘等倾线时,必须细心。要缓慢地同步旋转起偏镜和检偏镜,反复观察等倾线的变化趋势,直到基本掌握其规律后,再具体分度描绘。必要时,把0°,30°,45°,60°等倾线拍摄下来,供进一步校正时使用。

在实验技术上,为了避免等倾线和等差线互相干扰,可以利用光学敏感性较低的材料(如有机玻璃),制造一个同样尺寸的模型,单独绘制等倾线。还可变动载荷大小,使等倾线较为清晰。

2)主应力 σ_1 或 σ_2 的判别

有了等倾线图,即能确定主应力方向。但两个互相垂直的主应力方向,哪一个是 σ_1 方向(或 σ_2 方向),无法从等倾线图上判定。为判别 σ_1 或 σ_2 方向,常采用以下方法:

(1)分析法

根据模型形状和受载情况进行理论分析,确定模型上某点的主应力 σ_1 和 σ_2 的方向,再根据应力变化的连续性,推断出其他点的 σ_1 或 σ_2 方向。

例如,受弯矩 M 作用的纯弯曲梁(见图4.23),其上边缘为压应力,即 σ_2;下边缘为拉应力,即 σ_1。

又如,对径受压圆盘(见图4.24),根据理论分析可知,中心点的应力状态在 x 方向为拉应力 σ_1,在 y 方向为压应力 σ_2。再根据应力变化连续性分析,则右边上半部与中心点邻近的一条10°等倾线上,应是主应力 σ_1 与水平线夹角为10°,圆盘右上部的等倾线角度表示 σ_1 与水平线的夹角。其左边上半部与中心点邻近的一条80°等倾线上,应是主应力 σ_2 方向与水平线夹角80°,圆盘左上半部的等倾线角表示 σ_2 与水平线的夹角。

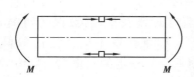

图4.23 纯弯曲梁主应力方向

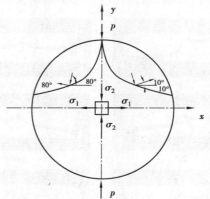

图4.24 对径受压圆盘主应力方向的分析

(2)用1/4波片判别

在白光的正交平面偏振布置中,使偏振轴与主应力方向呈45°。先观察一个主应力方向为已知的点(如对径受压圆盘的中心点),将一块 1/4 波片放入,使其快、慢轴方向分别与已知点的 σ_1,σ_2 方向一致,发现较高(或较低)条纹级数移向圆盘中心点。再把这块 1/4 波片的快、慢轴与被测点的主应力方向一致,也发生同样的结果,则该点的 σ_1,σ_2 必与圆盘中心点的 σ_1,σ_2 方向一致。

4.2.5　等倾线的特征

为了迅速、正确地获得满意的等倾线图,必须掌握等倾线的特征。

(1)自由曲线边界(不受外载的模型边界称为自由边界)上的等倾线

对自由曲线边界上的某点,曲线的切线和法线方向就是此点的主应力方向。如等倾线与边界相交时,交点处模型边界的切线或法线与水平轴的夹角即为该点等倾线的角度。如图 4.25 所示曲线边界上的某点 M,其主应力方向(也即法线方向)与水平轴夹角为 θ_M,则过 M 点的等倾线即为 θ_M 度等倾线,线上各点的主应力方向均与水平轴呈 θ_M 或 $\dfrac{\pi}{2}+\theta_M$ 角。

这个特性对正确地描绘等倾线有很大的帮助。如图 4.26 所示为对径受压圆盘的等倾线图,其边界处的应力为零,在靠近边界地方的等倾线很模糊,但可根据上述特性予以确定。例如,5°及 10°的等倾线,必与边界上的 A,B 点相交,而 A,B 点上的法线与水平线的夹角分别为 5°及 10°。

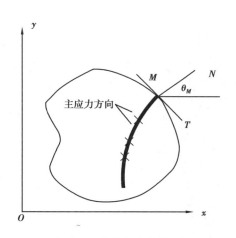

图 4.25　曲线空边的等倾线

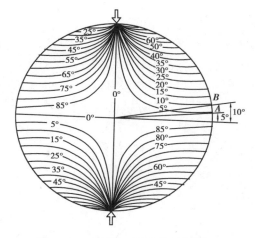

图 4.26　对径受压圆盘的等倾线图

(2)直线边界上的等倾线

对自由的或只受法向载荷的直线边界,其本身就是某一角度的等倾线。因为边界上各点无剪应力,边界线即为应力主轴,且直线边界上各点主应力方向相同,所以边界线与等倾线重合。等倾线的度数 θ 由直线边界与水平线的夹角决定。如图 4.27 所示的两顶角受压方块的 4 条边界即为 45°等倾线。

(3)对称轴上的等倾线

当模型的几何形状和载荷都以某轴线为对称时,则对称轴必为应力主轴,它就是一条等倾线。如图 4.28 所示的 x,y 轴就是 0°或 90°等倾线,其他对称等倾线度数可根据它与水平轴线的夹角确定。

在对称轴两侧的等倾线图案必定相同,对称点上的等倾线度数之和必等于90°。

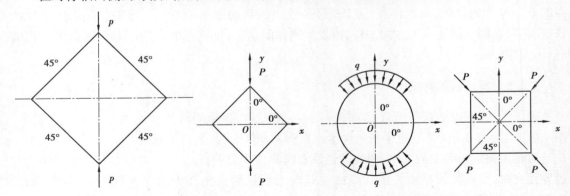

图4.27　两顶角受压方块　　　　　图4.28　对称轴上的等倾线
　　　　　边界的等倾线

(4)等倾线与各向同性点

在各向同性点上,应力圆为一个点,各向同性点上的任一方向都是主应力方向,所有不同角度的等倾线都必须通过它们。如图4.29所示左半图为对径受压圆环的等倾线图,其中A,B,C,D,E,F,G,H,K,L为各向同性点,不同角度的等倾线将全部通过它们。

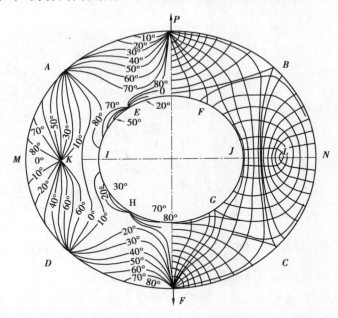

图4.29　对径受压圆环的等倾线和主应力迹线

等倾线表示一点的主应力方向,除非在各向同性点上,一般不相交。遇到等倾线相交的情况,可断定交点为各向同性点。

在各向同性点上,如果通过它的等倾线的角度是逆时方向增加的($\theta_1 < \theta_2 < \theta_3$),称该点为正各向同性点,如图4.30所示的$o_1$和$o_3$点。反之,如角度按顺时针方向增加,则称为负各向同性点,如图4.30所示的o_2点。由于等倾线的连续性,因此相邻两个各向同性点必为反向,即

各向同性点是正、负间隔的(见图4.30)。

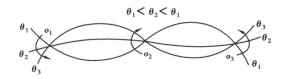

$$\theta_1 < \theta_2 < \theta_1$$

图 4.30　正负各向同性点

4.2.6　主应力迹线与最大剪应力迹线

1) 主应力迹线的绘制

主应力迹线是表示主应力方向的曲线族,此曲线的切线方向和法线方向即为该点的两个主应力方向。主应力迹线图总是由两族曲线组成,通常用实线族表示 σ_1 方向,虚线族表示 σ_2 方向(见图4.29右半图)。主应力迹线直接指示了主应力方向,这对某些工程问题具有实际意义,如混凝土中的钢筋布置,就是以主应力迹线为依据的。

设已获得一组不同度数的等倾线,根据它们绘制主应力迹线的具体步骤如下(见图4.31):

①取水平轴线 o-o' 作为基准线。

②在基准线上画出 $10°,20°,30°,\cdots$ 的斜线,分别与同度数的等倾线相交。

③在各条等倾线上,按相应的斜线作出许多平行短线。

④以这些短线为切线,连成一条光滑的曲线,画一系列这样的曲线,即得一族主应力迹线,以 S_1 表示。

⑤作一系列与 S_1 正交的光滑曲线,即得到另一族主应力迹线 S_2。

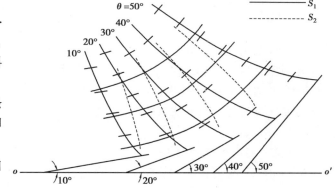

图 4.31　主应力迹线的绘制

2) 主应力迹线的特性

①因为一点的两个主应力是互相垂直的,所以两族主应力迹线一定是正交曲线族。

②无各向同性点的自由边界或对称轴,本身就是一条主应力迹线,另一族迹线与它正交。

③正各向同性点附近的两族主应力迹线呈联锁式,将正各向同性点包在其中(图4.29右半图中的 L 点)。负各向同性点附近的两族主应力迹线呈非联锁式(图4.29右半图中的 B,C 点)。

3) 最大剪应力迹线

最大剪应力迹线是表示最大剪应力方向的曲线族。在主应力迹线图上,将主应力方向转45°即为最大剪应力方向,据此,可绘出最大剪应力迹线。它也可以直接由等倾线绘出。对金属锻压问题,常常要了解锻件的最大剪应力方向,这就需要作最大剪应力迹线图。

4.2.7　平面光弹性应力计算

从光弹性实验可测得两组实验数据：一组为等差线条纹级数 N；另一组为等倾线角度 θ。由等差线条纹级数，根据公式 $\sigma_1 - \sigma_2 = \dfrac{Nf}{h}$，可确定模型中各点的主应力差值。由等倾线角度可确定模型中各点的主应力方向。本节介绍根据这些资料算出模型的边界应力及内部应力的方法。

1）边界应力和应力集中系数

（1）边界应力

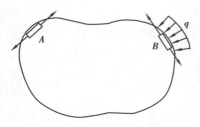

图 4.32　模型边界的应力

在平面光弹性模型边界上的应力，可直接由等差线图求得。模型自由边界上任一点都处于单向应力状态，即只有一个与边界切线同向的主应力。如图 4.32 所示模型边界上的 A 点，其切向主应力可按下式求得

$$\begin{cases} \sigma_1 \\ \sigma_2 \end{cases} = \pm \frac{Nf}{h} \qquad (4.39)$$

在模型边界上的 B 点，受有法向压力 q，则该点的切向主应力为

$$\begin{cases} \sigma_1 \\ \sigma_2 \end{cases} = \pm \frac{Nf}{h} - q \qquad (4.40)$$

由式（4.39）或式（4.40）计算的应力究竟是 σ_1 还是 σ_2，需根据其符号来确定。常用的方法有钉压法，即在垂直于模型的边界上，对研究的某点施加一个微小的法向压力，同时观察该点条纹级数的变化。如条纹级数增加，则该点的边界应力为第一主应力 σ_1；反之，则为第二主应力 σ_2。

（2）应力集中系数

在平面光弹性实验中，可以准确地测定边界应力，还可以准确地测定有开孔和缺口的试件应力集中区的最大应力和应力集中系数。

自由边界上应力集中区的最大应力为

$$\sigma_{\max} = N_{\max} \frac{f}{h} \qquad (4.41)$$

式中　$N_{\max}$——应力集中区的最大条纹级数。

应力集中系数为

$$\alpha_K = \frac{\sigma_{\max}}{\sigma_N} \qquad (4.42)$$

式中　σ_N——最大应力点的计算名义应力。

2）内部应力分离方法

用光弹性实验方法，可以获得等差线图和等倾线图两种资料，等差线给出主应力差值，等倾线给出主应力方向。平面问题内部各点的完整应力状态由 3 个量（σ_1，σ_2 和主应力方向 θ 或 σ_x，σ_y 和 τ_{xy}）来确定，需要补充其他的资料，才能将主应力分离

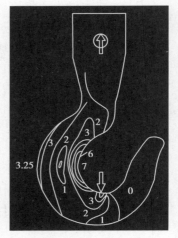

图 4.33　吊钩等差线图

出来。这种方法统称为应力分离方法。在应力分离方法中,常用剪应力差法。这是计算模型某一截面上应力分布最常用的方法。它利用光弹性实验得到的等差线和等倾线,再借助弹性力学中平面问题的平衡方程,即能计算出模型某一截面上的应力分布。下面用剪应力差法计算截面上的应力。

(1)剪应力的计算

如图 4.34 所示为平面应力状态的模型,沿 Ox 截面任一点的剪应力 τ_{xy},根据应力圆可知

$$\tau_{xy} = \frac{\sigma_1 - \sigma_2}{2}\sin 2\theta \tag{4.43}$$

其中,θ 为 σ_1 方向与 x 轴的夹角,并自 x 轴逆时针方向为正,而主应力差 $(\sigma_1 - \sigma_2)$ 可由等差线得到,即

$$\sigma_1 - \sigma_2 = \frac{Nf}{h}$$

代入式(4.43)可得

$$\tau_{xy} = \frac{1}{2}\frac{Nf}{h}\sin 2\theta \tag{4.44}$$

其应力符号按弹性理论规定。

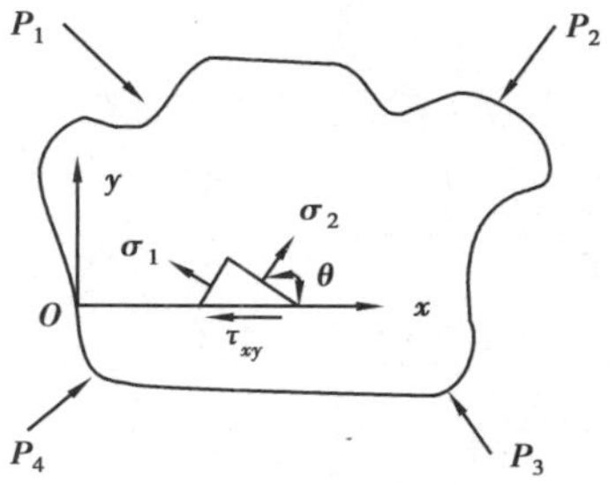

(2)正应力 σ_x 的计算

正应力 σ_x 的计算是利用弹性理论平面问题的平衡方程式,当忽略体积力时为

图 4.34 平面应力状态模型

$$\begin{cases} \dfrac{\partial \sigma_x}{\partial x} + \dfrac{\partial \tau_{xy}}{\partial y} = 0 \\[2mm] \dfrac{\partial \tau_{xy}}{\partial x} + \dfrac{\partial \sigma_y}{\partial y} = 0 \end{cases} \tag{4.45}$$

将第一式沿 x 轴的 0 到 i 进行积分,得

$$(\sigma_x)_i = (\sigma_x)_0 - \int_0^i \frac{\partial \tau_{xy}}{\partial y}\mathrm{d}x \tag{4.46}$$

式中　$(\sigma_x)_i$——计算点的 σ_x 值;

　　$(\sigma_x)_0$——起始边界上 0 点的 σ_x 值,一般 0 点选为原点;

　　$\dfrac{\partial \tau_{xy}}{\partial y}$——剪应力沿 y 轴的变化率。

用有限差分的代数和代替积分,则得

$$(\sigma_x)_i = (\sigma_x)_0 - \sum_0^i \frac{\Delta \tau_{xy}}{\Delta y}\Delta x \tag{4.47}$$

其中,$\Delta \tau_{xy}$ 是在间距 Δx 中剪应力沿 Δy 的增量,即间距 Δx 上的上辅助截面与下辅助截面的剪应力差值,$\Delta x/\Delta y$ 是相应的间距 Δx 与 Δy 的比值。

由式(4.47)可知,如要计算某一截面 Ox 上的正应力 σ_x,必须先在该截面的上下作相距为 Δy 的两辅助截面 AB 及 CD,并将 Ox 轴等分成若干份(见图 4.35)。然后才能从边界开始逐点求和,以确定各分点的 σ_x 值。若间距为 Δx 的相邻两点以 $i-1$ 和 i 表示,则式(4.47)可改写为

$$(\sigma_x)_i = (\sigma_x)_{i-1} - \Delta \tau_{xy}\Big|_{i-1}^i \frac{\Delta x}{\Delta y} \tag{4.48}$$

式(4.48)即为剪应力差法求正应力的基本公式。

其中,$\Delta\tau_{xy}$为上、下两辅助截面的剪应力差值,即

$$\Delta\tau_{xy} = \tau_{xy}^{AB} - \tau_{xy}^{CD} \tag{4.49}$$

$\Delta\tau_{xy}|_{i-1}^{i}$表示相邻两点$i-1$和$i$的剪应力差的平均值,即

$$\Delta\tau_{xy}|_{i-1}^{i} = \frac{(\Delta\tau_{xy})_{i-1}(\Delta\tau_{xy})_i}{2} \tag{4.50}$$

在数值计算时,坐标分格的疏密按计算精度要求而定,在应力变化急剧的区域,应适当增密。

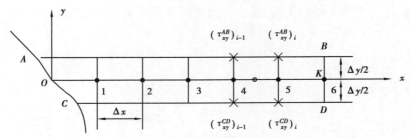

图4.35 剪应力差法计算图式

●—σ_x的计算点;×—τ_{xy}的计算点;○—$\Delta\tau_{xy}$的平均值

(3)σ_y的计算

算出σ_x后,就很容易得到σ_y,由应力圆可知

$$\sigma_y = \sigma_x \pm \sqrt{(\sigma_1 - \sigma_2)^2 - 4\tau_{xy}^2} \tag{4.51}$$

或

$$\sigma_y = \sigma_x - (\sigma_1 - \sigma_2)\cos 2\theta \tag{4.52}$$

将$(\sigma_1 - \sigma_2) = \dfrac{Nf}{h}$代入上式,得

$$\sigma_y = \sigma_x \pm \sqrt{\left(\frac{Nf}{h}\right)^2 - 4\tau_{xy}^2} \tag{4.53}$$

或

$$\sigma_y = \sigma_x - \frac{Nf}{h}\cos 2\theta \tag{4.54}$$

其中,N为Ox轴上各点的等差线条纹级数;τ_{xy}为Ox轴上各点剪应力,由等差线和等倾线资料根据式(4.44)算出;θ表示主应力σ_1方向与x轴的夹角,由等倾线资料获得,并自x轴逆时针方向转到σ_1为正;σ_x可由式(4.48)算得。

式(4.53)中正负号的选择,视σ_x,σ_y两者的大小而定。当$\sigma_x < \sigma_y$时,取正号;当$\sigma_x > \sigma_y$,取负号。或根据θ(x轴与σ_1的夹角)来判断,当$\theta = 45°$时,$\sigma_x = \sigma_y$;当$\theta < 45°$时,$\sigma_x > \sigma_y$;当$\theta > 45°$时,$\sigma_x < \sigma_y$。

(4)应力计算步骤

①在等差线和等倾线图上画出计算截面OK(见图4.35),将OK等分成若干段,间距为Δx,标出各分点。再作OK的上辅助截面线AB和下辅助截面线CD,两辅助截面与OK截面的间距均为$\dfrac{\Delta y}{2}$。通常为了计算方便取$\Delta x = \Delta y$。

②根据等差线及等倾线图,用图解内插法(或逐点测量)求出各分点的条纹级数值和主应力 σ_1 与 x 轴的夹角(以逆时针转向为正),分别记为 $(N_{ok})_i$,$(N_{AB})_i$,$(N_{CD})_i$ 及 $(\theta_{ok})_i$,$(\theta_{AB})_i$,$(\theta_{CD})_i$。

③按式(4.44)计算各截面上各分点的剪应力。

④按式(4.49)求上截面与下截面各分点的剪应力差值,再按式(4.50)求在 Δx 之间 $\Delta\tau_{xy}$ 的平均值。

⑤$\dfrac{\Delta x}{\Delta y}$ 的正负号,与所取的坐标和剪应力差的计算有关。Δx 若与正 Ox 轴同向则 Δx 为正,当 $\Delta\tau_{xy}$ 按式(4.49)计算时,Δy 取正号,反之为负。

⑥求 σ_x 的初始值 $(\sigma_x)_0$。点 0 应取在自由边界上或取在已知分布载荷作用的边界上,这时,$(\sigma_x)_0$ 为已知值。

⑦根据式(4.48)求各点的 σ_x。当 $i=1$ 时,有

$$(\sigma_x)_1 = (\sigma_x)_0 - \tau_{xy}\Big|_0^1 \frac{\Delta x}{\Delta y}$$

当 $i=2$,则有

$$(\sigma_x)_2 = (\sigma_x)_1 - \tau_{xy}\Big|_1^2 \frac{\Delta x}{\Delta y}\cdots$$

⑧按式(4.53)或式(4.54)计算各点的 σ_y。

⑨作 OK 截面上 σ_x,σ_y 及 τ_{xy} 的应力分布图。

⑩作静力平衡校核。根据内力与外力必须平衡的条件,对已得的结果进行校核,以估计结果的误差。

计算时,一般用表格进行。应力单位先用"条"表示,再乘以 f/h,换算成以 $\mathrm{N/m}^2$ 为单位的模型应力值。

剪应力差法的精确度受到等差线和等倾线测量精确度的影响极大,而且在计算过程中其误差是逐步累积的,如其中一点的数据错误就会影响全局,在试验和计算中,对每个步骤必须仔细认真。在制作表格时,可利用 Excel,在单元格中插入公式,只要输入各点的等差线和等倾线参数,就可以自动计算出应力。

4.2.8　材料条纹值的测定

材料条纹值 f 是光弹性材料的一个主要性能参数,它只与模型材料常数 C 和光波长 λ 有关,而与模型形状、尺寸和受力方式无关。只需在与模型相同的材料上,截取一个标准试件,如单向拉伸试件、纯弯曲试件或对径受压圆盘等(这些形状的试件都有应力的理论解),采用与模型实验同样的光源,在一定的外力下,测出试件某点的条纹级数 N,并利用理论公式算出相应点的 $(\sigma_1-\sigma_2)$ 值,就可根据 $(\sigma_1-\sigma_2)=\dfrac{Nf}{h}$ 求出材料的条纹值 f。

1)单向拉伸试件

拉伸试件宽度为 b,厚度为 h,载荷为 P。

根据材料力学公式,知试件中的应力为 $\sigma_1=\dfrac{P}{bh}$,$\sigma_2=0$。

在某载荷 P 的作用下,由试验测得单向拉伸区域的等差线条纹级数 N 值。

用式(4.22)算出材料条纹值为

$$f = \frac{P}{hN} \qquad (4.55)$$

2)纯弯曲试件

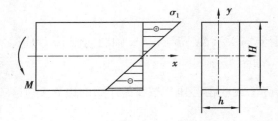

图 4.36 纯弯曲梁试件及应力分布

纯弯曲试件(见图 4.36),作用弯矩为 M,梁高为 H,厚度为 h。

根据材料力学公式,算出梁边缘处的应力为 $\sigma_1 = \frac{6M}{hH^2}$, $\sigma_2 = 0$。

在实验所得的等差线图上,找出梁边缘处的条纹级数 N,再用式(4.22)算出材料条纹值为

$$f = \frac{6M}{NH^2} \qquad (4.56)$$

有时,不找边缘处的条纹级数(一般为非整数),而取某一个整数条纹级数 N 的点,量取此点离中性层的距离 y 值,计算 $\sigma_1 = \frac{My}{I}$,然后求出 f 值。

3)对径受压圆盘

圆盘直径为 D,厚度为 h,载荷为 P(见图 4.37)。由弹性力学可知,在圆盘中心处应力为

$$\sigma_1 = \frac{2P}{\pi Dh}, \quad \sigma_2 = -\frac{6P}{\pi Dh} \qquad (4.57)$$

于是得

$$\sigma_1 - \sigma_2 = \frac{8P}{\pi Dh} \qquad (4.58)$$

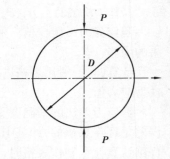

图 4.37 对径受压圆盘尺寸

从光弹性实验的等差线图上,测得圆心处的条纹级数 N,根据式(4.22)算出材料条纹值为

$$f = \frac{8P}{\pi DN} \qquad (4.59)$$

材料条纹值 f 测得精确与否,直接影响光弹性实验的精确度。考虑材料受力后的蠕变和温度对 f 值的影响,由加载起到测定条纹级数的时间间隔以及测定时的室温,应与模型实验时一致。

第5章

数字图像相关法

本章介绍使用二维(2D)数字图像相关进行平面变形测量和三维(3D)数字图像相关进行平面或曲面试样的形状和变形测量的基本概念。二维数字图像相关能够测量平面物体面内移动和变形的全场位移信息,其精度为±0.01 像素量级。三维数字图像相关能够测量曲面或平面物体上完整的三维表面位移场,平面内的精度为±0.01 像素,平面外的精度为 $Z/50\ 000$,其中,Z 为物体到相机的距离。

5.1 引言

数字图像相关是指获取物体图像、以数字形式存储图像并执行图像分析以提取全场形状和变形测量的一类非接触方法。在图像分析领域内,数字图像相关通常被人为是数字图像配准技术的一个分支。数字图像相关可以通过许多类型的目标图案进行匹配,包括线、网格、点和随机散斑。最常用的一种方法是使用随机散斑图,比较整个图像的子区域,以获得完整的测量场。

数码相机通常用于获取数字化图像以进行详细分析:①在传感器平面上获得高质量的图像;②在每个传感器位置上执行强度数字化;③将数字数据传输到存储位置。电荷耦合器件(CCD)相机和互补金属氧化物半导体(CMOS)相机已经成功应用于图像获取。自 20 世纪 70年代以来,CCD 一直是占主导地位的固态成像设备,主要是因为它们以当时可用的制造技术提供了优质的图像。随着制造技术的进步,CMOS 图像传感器(对均匀性和缩小特征尺寸的要求是之前硅片制造商无法获得的)已成为各种应用的可行选择。今天,CMOS 相机提供了更多的芯片功能(如像素级数据访问),更低的芯片级功耗,更小的系统尺寸。然而,这些功能被降低的图像质量和在某些情况下降低的灵活性所平衡。由于这些原因,CMOS 相机非常适合大容量、空间有限的应用。值得注意的是,高质量的消费级相机已经成功地用于成像和实验后图像分析。大多数这类相机的缺点包括:①在存储之前对数字数据进行相机操作,导致信息丢失和增加测量误差的可能性;②固定的相机设置,导致对不断变化的实验条件的适应性降低;③相机和附件的总体积较大。

除了数码相机,利用包括光学、扫描电子显微镜和原子力显微镜在内的各种成像系统,可以从数米到数微米以及各种力学载荷和环境条件下对试件位移测量数据提取精确的表面应变。

数字图像相关技术经过改进和扩展被用于:①使用各种照明源对范围广泛的材料系统进行三维表面形状和变形测量;②使用原子力显微镜和扫描电子显微镜在纳米尺度上进行二维表面变形测量;③使用计算机辅助断层扫描等技术对生物和多孔材料的体积成像,测量内部变形;④使用高速摄像系统对材料的动态/冲击行为进行测量。随着处理器速度的提高和计算软件的改进,该方法已扩展用于自动检查、系统控制和实时结构评估等领域。鉴于计算机技术的持续发展,以及生物传感器和纳米科学的最新进展,数字图像相关的发展具有广阔的前景。

5.2 数字图像相关的理论基础

通常采用两个关键假设将图像转换为物体形状、位移和应变的实验测量。首先,假设图像中点的运动与物体上点的运动之间有直接的对应关系。只要这个假设成立,图像运动就可以用来量化物体上点的位移。物体通常被近似为连续介质,图像点和目标点之间的对应关系被描述为物体变形时图像子集中点之间的关系。其次,假设每个子区域具有足够的对比度(光强的空间变化),以便进行精确匹配来定义局部图像运动。这个假设可以通过允许每个图像子区域使用适当的函数形式(如线性函数、二次函数)来提高匹配精度,从而提高被测物体变动的准确性。对比度变化可以通过使用高对比度随机散斑(如涂漆、粘贴、表面加工)来获得,也可以由材料自然表面特征来获得。

5.2.1 针孔相机模型

成像过程的一种常见模型是针孔相机模型。如图 5.1 所示,以针孔 O、焦距 f、成像平面中心 C 的针孔相机对物象点 B 成像。将物象点 B 附近发出的光强分布成像到 P 点附近的像平面上,通过定义一组坐标系来表示成像过程。第一个坐标系是世界坐标系(WCS),具有坐标轴 (X_W, Y_W, Z_W)。在实际应用中,WCS 常用于在标定步骤中确定特定目标位置。例如,如果使用二维平面网格进行校准,网格线可以分别定义为 X_W 轴、Y_W 轴、Z_W 轴垂直于平面网格。第二个坐标系是位于针孔 O 处的相机坐标系(CCS)。在很多情况下,Z_C 轴通过点 O-C 与光轴对齐,而 X_C 和 Y_C 则与相机传感器轴对齐。第三组坐标系是传感器坐标系(SCS),其中 (X_S, Y_S) 与传感器平面的行方向和列方向对齐。第三个传感器坐标 Z_S 很少使用,因为二维坐标足以描述像素位置。SCS 以像素为单位 (X_S, Y_S),其中像素定义传感器位置,如像素位置 $(10, 15)$ 是传感器平面第 11 行上的第 16 个传感器位置。SCS 位于针孔相机的成像平面上。第四个系统是物体坐标系(OCS),它可以被任意定位。在图 5.1 中,坐标系位于光轴与物体的交点处。

在向量形式中,将 B 在 WCS 中的位置定义成 r_B,将 WCS 的原点在 CCS 中位置定义为 t_O,将 B 在 CCS 中的位置定义为 S_B。每一项的向量分量可以写成

$$S_B = (X_B, Y_B, Z_B),$$
$$t_O = (t_x, t_y, t_z), \tag{5.1}$$
$$r_B = (X_W, Y_W, Z_W)$$

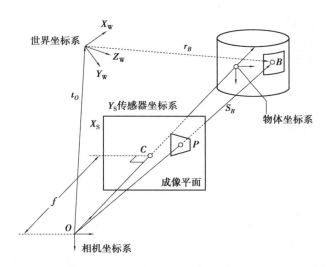

图 5.1　针孔相机模型:三维点 B 周围的成像区域在成像平面上的对应图像

这些组成部分可以表示为

$$\begin{pmatrix} X_B \\ Y_B \\ Z_B \\ 1 \end{pmatrix} = \begin{pmatrix} R_{11} & R_{12} & R_{13} & t_x \\ R_{21} & R_{22} & R_{23} & t_y \\ R_{31} & R_{32} & R_{33} & t_z \\ 0 & 0 & 0 & 1 \end{pmatrix} \begin{pmatrix} X_W \\ Y_W \\ Z_W \\ 1 \end{pmatrix} \tag{5.2}$$

其中,R_{ij} 是 WCS 和 CCS 之间的旋转矩阵。式(5.2)是常用的描述刚体运动的形式。

由于成像平面与 CCS 之间的距离为 f,因此在 CCS 中,B 点对成像平面的透视投影由 (X,Y,f) 给出,可表示为

$$\begin{pmatrix} X \\ Y \\ f \\ 1 \end{pmatrix} = \begin{pmatrix} f/Z_B & 0 & 0 & 0 \\ 0 & f/Z_B & 0 & 0 \\ 0 & 0 & f/Z_B & 0 \\ 0 & 0 & 0 & 1 \end{pmatrix} \begin{pmatrix} x_B \\ Y_B \\ Z_B \\ 1 \end{pmatrix} \tag{5.3}$$

将矩阵形式与 Z_B 位置坐标分离,并在形式中使用齐次坐标

$$\Lambda \begin{pmatrix} X \\ Y \\ 1 \end{pmatrix} = \begin{pmatrix} f & 0 & 0 & 0 \\ 0 & f & 0 & 0 \\ 0 & 0 & 1 & 0 \end{pmatrix} \begin{pmatrix} x_B \\ Y_B \\ Z_B \\ 1 \end{pmatrix} \tag{5.4}$$

其中,Λ 是用于从式(5.3)矩阵中消除 Z_B 的比例因子。对投影变换,因子 $\Lambda = Z_B$。

设传感器坐标系原点与光轴交点之间的偏移距离为 C,位置 (C_x, C_y) 以像素为单位,可写成以下变换:

$$\begin{pmatrix} x_S \\ Y_S \\ 1 \end{pmatrix} = \begin{pmatrix} \lambda_x & s & C_x \\ 0 & \lambda_y & C_y \\ 0 & 0 & 1 \end{pmatrix} \begin{pmatrix} X \\ Y \\ 1 \end{pmatrix} \tag{5.5}$$

其中,(λ_x, λ_y) 为传感器坐标(像素)与成像平面距离的比例因子。

传感器坐标可以写成标量形式：

$$\begin{cases} X_S = C_x + f\lambda_x \dfrac{R_{11}X_W + R_{12}Y_W + R_{13}Z_W + t_x}{R_{31}X_W + R_{32}Y_W + R_{33}Z_W + t_z} \\[3mm] Y_S = C_y + f\lambda_y \dfrac{R_{21}X_W + R_{22}Y_W + R_{23}Z_W + t_y}{R_{31}X_W + R_{32}Y_W + R_{33}Z_W + t_z} \end{cases} \tag{5.6}$$

式(5.6)表明，WCS 和 CCS 有 6 个独立参数：3 个角度和 3 个刚体位移。因为这些参数定义了相机的外部方向和位置，所以它们被称为外部参数。相机的任何重定向都会改变这些参数中的一个或多个。

使用标准针孔成像模型从单个相机的传感器平面映射到对象空间是一对多的转换，因为仅使用单个相机的传感器位置数据不知道沿光轴到目标点的 Z 距离。这并不影响连续概念的适用性，将未变形的图像点映射为变形的图像点。

5.2.2 图像失真

物理成像系统的成像过程会导致实际图像位置与式(5.1)—式(5.6)给出的针孔投影模型预测图像位置存在偏差，基于对这些误差来源的了解，需要对模型进行改进。假设存在一个矢量失真函数 $\boldsymbol{D}(X_S,Y_S)$，它表示实际图像位置相对于针孔模型预测的偏差，通过定义 $\boldsymbol{D}(X_S,Y_S)$，可以获得更精确的图像位置。

透镜畸变有几种数学形式，对典型的透镜系统，在传感器平面上任意点 $\boldsymbol{D}$ 处的径向透镜畸变可以用向量 $\boldsymbol{D}$ 来表示，$\boldsymbol{D}$ 定义了未失真传感器平面位置 (X_{tS},Y_{tS}) 和失真传感器平面位置 (X_S,Y_S) 之间的向量差：

$$\begin{aligned} \boldsymbol{D}(P) &= k_u r^3(P)\,e_r \\ &= k_u \big[(X_S(P) - C_x)^2 + (Y_S(\boldsymbol{P}) - C_y)^2 \big]^{\frac{3}{2}} e_r \end{aligned} \tag{5.7}$$

其中，k_u 为径向畸变系数；r 为点 P 相对于 (C_x,C_y) 在像面上的径向距离；e_r 为像面上的径向单位向量。$\boldsymbol{D}$ 在任意点 (X_S,Y_S) 处的值为径向畸变向量。失真校正位置由以下方程确定：

$$(X_S',Y_S') = (X_S + D_x(X_S,Y_S),\,Y_S + D_y(X_S,Y_S)) \tag{5.8}$$

5.2.3 针孔模型参数估计的相机标定

标定过程中共有 11 个独立参数需要确定：6 个定义网格方向和位置的外部参数 $(t_x,t_y,t_z,\theta_x,\theta_y,\theta_z)$ 和 5 个内部参数 $(C_x,C_y,f,\lambda_x,\lambda_y,k_u)$。如果所有 11 个参数都已知，则已知三维点在传感器位置是唯一确定的。在单个相机中，与已知传感器位置对应的三维位置无法唯一确定。然而，两个或多个相机中对应的传感器位置的三维位置是确定的，可以进行最优估计。

最优估计所有 11 个参数的过程称为相机标定。典型的相机标定程序使用具有预定网格间距的网格标准。如图 5.2 所示显示了带基准标记的线网格。在标定过程中，对网格进行平移和旋转，并在每个位置获取图像。为了获得每张图像中标定网格的位置和方向的初始估计值，通常通过定位和识别网格标准中的标记(如基点)来确定交点的变形位置。通过在每个变形图像中定位这些标记(至少需要 3 个非共线点)，每个视图的外部参数(方向和平移)被估计出来，并用于给出整个视图中相应网格点的初始位置。其他网格标准已成功用于校准，包括二维点图案。

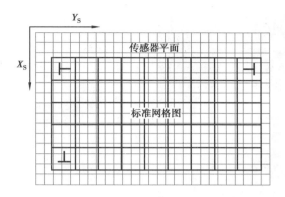

图 5.2　传感器平面内的标准网格图(基准标记在网格的左下、左上和右上的位置)

5.3　数字图像相关的匹配方法

5.3.1　图像数字化

如图 5.3 所示显示了由 3×3 传感器阵列离散采样后出现的代表性图像。每个传感器在曝光时间内执行一次平均操作,将入射辐射转换为一个整数值,记录在传感器平面上的强度分布定义为 $I(X_S, Y_S)$,其中 (X_S, Y_S) 为图像平面上的传感器坐标。然后,每个传感器的数据存储在数字阵列中的某个位置。

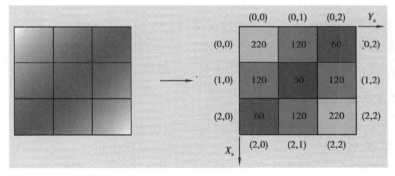

图 5.3　连续强度分布离散采样图像的数字化和存储示意图

图 5.3 和图 5.4 显示了识别像素位置的通用方案,其中,X_S 定义为强度数组中的一行,Y_S 定义为强度数组中的一列。通常,相机的行对应扫描方向,而列方向对应行扫描之间的光栅方向。根据相机中的量化级别的数量,每个强度值都以 N 位的强度分辨率存储。许多相机将每个强度值存储在一个字节中,导致 8 位分辨率,每个强度级别的总范围为 0 ~ 255,如图 5.4 所示。

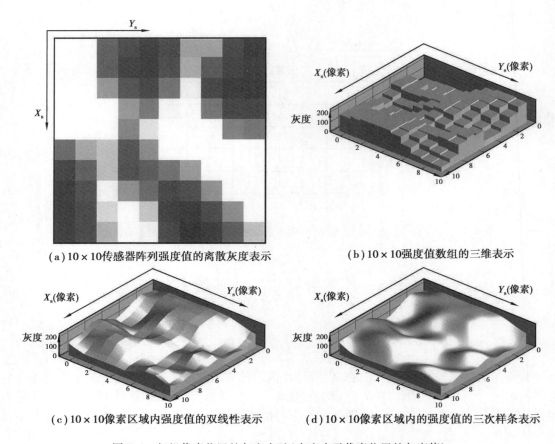

(a) 10×10 传感器阵列强度值的离散灰度表示　　　　(b) 10×10 强度值数组的三维表示

(c) 10×10 像素区域内强度值的双线性表示　　　　(d) 10×10 像素区域内的强度值的三次样条表示

图 5.4　相机像素位置的灰度表示(高度表示像素位置的灰度值)

在提取变形场的过程中,由连续强度模式采样得到的数值数组是主要数据。图 5.4(a)、(b)分别显示了 10×10 强度值数组的数字化数据的二维灰度表示和强度变化的三维表示。数字化后的图像强度场是二维和三维 DIC 的主要实验数据。

5.3.2　强度插值

为了从数字图像中获得表面变形,需要对数字图像中的子区域进行比较。将其中一幅图像定义为参考图像(即目标图像,它被认为处于未变形或初始配置),物体变形是参考图像中相应位置的非整数位移。局部物体运动的精确亚像素估计需要参考图像中整数位置的强度值与变形图像中非整数位置的强度值进行配准。为了获得强度值的非整数估计,每个变形图像记录的离散强度图示被转换为连续函数表示。高阶插值函数,如三次 b 样条函数,已被证明具有更好的精度,在位移梯度较小时具有显著优势。

表面变形的精确亚像素测量需要精确重建物体的纹理图案。这种类型的重构需要对纹理图案进行过采样。传感器阵列具有固定数量的像素(如 1 024×1 024),在散斑制备过程中对特征大小的控制是重要的,以确保:①每个特征都被正确采样以进行精确重建;②不进行过度采样,这将导致在匹配过程中需要更大的子集大小,并降低在执行 DIC 时可实现的空间分辨率。

通过对图像中选定的行和列进行自相关,并在自相关函数为 0.50 时将特征大小定义为像素宽度,可以确定散斑中的平均特征大小。平均特征大小应在 4×4 像素量级,以确保散斑的过采样最小。

5.3.3　基于子集的图像位移

通过图像比较提取像面变形,通常选择物体的初始图像并将其指定为参考图像。所有附加的图像被指定为变形图像。图像相关性是通过比较参考图像中数字化纹理图案的子集和每个变形图像的子集来实现。由于匹配过程是在每个变形图像中定位每个参考图像子集的对应位置,因此,优化的精确匹配是在局部进行的。

如图 5.5 所示为参考图像中子集的典型组合,这些子集以蛇形模式排列,用于搜索。传感器平面有 $K×L$ 离散感光元件,共选择 $m×n$ 个子集,相邻子集之间的像素距离由 ΔX_S 或 ΔY_S 给出,其中子集之间的 ΔX_S 有一个 X_S-间距,子集之间的 ΔY_S 有一个 Y_S-间距。对图 5.5 所示的 $m×n$ 子集进行匹配,以确定每种情况下图像位移的完整场。合适的子集大小基于被成像试样散斑图案的空间分辨率。

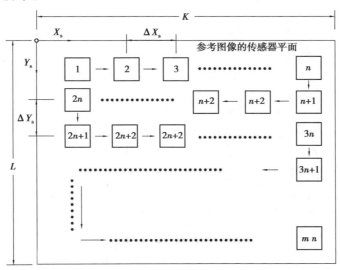

图 5.5　参考图像中选择像素子集进行图像相关的典型搜索过程

变形后子集的形状可以用高阶形状函数来建模。基于连续原则开发一种数学上可靠的方法来执行基于子集的图像比较。如图 5.6 所示为局部图像变形过程的示意图,该过程将未变形图像中的区域转换到变形图像中的新位置。对未变形物体图像(以下称未变形图像)中以 $(X_\mathrm{S}^P, Y_\mathrm{S}^P)$ 为中心的每个小子集,位于 $(X_\mathrm{S}^P, Y_\mathrm{S}^P)$ 和 $(X_\mathrm{S}^P+\Delta X_\mathrm{S}, Y_\mathrm{S}^P+\Delta Y_\mathrm{S})$ 位置的点 P 和 Q 的强度值可以用基于子集的坐标 $\gamma_\mathrm{S} = X_\mathrm{S} - X_\mathrm{S}^P$ 和 $\eta_\mathrm{S} = Y_\mathrm{S} - Y_\mathrm{S}^P$ 表示为

$$\begin{cases} I(P) = I(X_\mathrm{S}^P, Y_\mathrm{S}^P) \\ I(Q) = I(X_\mathrm{S}^P + \gamma_\mathrm{S}^Q, Y_\mathrm{S}^P + \eta_\mathrm{S}^Q) \end{cases} \tag{5.9}$$

如果 $X_\mathrm{S}^P+\Delta X_\mathrm{S}$ 和 $Y_\mathrm{S}^P+\Delta Y_\mathrm{S}$ 的值是整像素值,则不需要对变形图像进行插值,因为所有的强度值都位于整数位置。大多数应用程序在参考图像中使用整像素值的子集,匹配通常使用来自参考图像和变形图像中的数字化强度模式的 $N×M$ 矩形子集。

如图 5.6 所示,将图像点 P 和 Q 分别转换为图像位置 p 和 q,这两个位置不是整数像素位置。假设变形后记录的强度纹理通过连续的图像变形场与未变形模式相关,并将每个子集的

中心点定义为 P,坐标为 (X^P, Y^P),则子集中一般点的位移向量场可写成 $[u(\gamma_S, \eta_S), v(\gamma_S, \eta_S)]$ 的形式,可写出变形图像中任意点 q 处的强度值

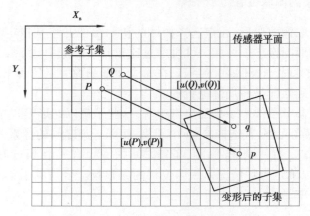

图 5.6 参考子集中传感器位置 P, Q 与变形子集中传感器位置 p, q 的映射

$$I'(q) = I[X_S^P + \gamma_S^Q + u(\gamma_S^Q, \eta_S^Q), Y_S^P + \eta_S^Q + v(\gamma_S^Q, \eta_S^Q)] \cong$$

$$I[X_S^P + u(0,0) + (1 + \frac{\partial u}{\partial \gamma_S})\Delta\gamma_S + \frac{\partial u}{\partial \eta_S}\Delta\eta_S, Y_S^P + v(0,0) + \frac{\partial v}{\partial \gamma_S}\Delta\gamma_S + (1 + \frac{\partial v}{\partial \eta_S})\Delta\eta_S]$$

$$(5.10)$$

其中式(5.10)中的第二种形式表示变形场的泰勒级数近似。每个子集的位移函数形式可由研究者选择。如果假设子集内的位移呈线性变化,则子集的位移函数可写成 $u(\gamma_S, \eta_S) \cong c_0 + c_1\gamma_S + c_2\eta_S$ 和 $v(\gamma_S, \eta_S) \cong c_3 + c_4\gamma_S + c_5\eta_S$。在这种形式中,$c_0$ 和 c_3 是图像子集中心 P 的平移,假设每个子集足够小,在一个子集内,位移梯度近似恒定,使它经历刚体旋转和均匀应变,得到平行四边形形状。

每个子集的系数 c_i 是通过将未变形子集中每一点的强度值与变形区域中相应的强度值进行最优匹配来确定的。

使用归一化互相关函数来优化匹配子集并获得参数的最佳估计值:

$$1.0 - CC_l(c_0, c_1, \cdots, c_W)$$

$$= 1.0 - \frac{\left(\sum_{i=1}^{i=N}\sum_{j=1}^{j=M} I(\gamma_S^i, \eta_S^j) I'(\gamma_S^i + u(\gamma_S^i, \eta_S^j), \eta_S^j + v(\gamma_S^i, \eta_S^j))\right)}{\left(\sum_{i=1}^{i=N}\sum_{j=1}^{j=M} I^2(\gamma_S^i, \eta_S^j) \sum_{i=1}^{i=N}\sum_{j=1}^{j=M} I'(\gamma_S^i + u(\gamma_S^i, \eta_S^j), \eta_S^j + v(\gamma_S^i, \eta_S^j))\right)^{\frac{1}{2}}} \quad (5.11)$$

式(5.11)最小化的 $c_0, c_1, \cdots, c_W$ 表示子集位移场的最佳估值。对完全匹配和正交(完全不匹配)模式,$(1.0 - CC_l)$ 为零。式(5.11)所示的归一化对光照的变化相对不敏感,可以在背景光照变化高达 30% ~ 40% 的情况下获得最优的仿射变换参数。此外,在图像匹配过程中得到的归一化相关系数可用于识别成像比较不佳和估计位移精度可能下降的情况。

已经有许多成功的优化方法来获得 $(1.0 - CC_l)$ 的最优值,包括 Newton-Raphson 方法、Coarse-Fine 方法以及 Levenberg-Marquardt 方法。Levenberg-Marquardt 与 Newton-Raphson 方法一样快速,具有更好的收敛特性。

优化过程可以描述为：

①输入子集参数的初始估计值。

②执行搜索过程来最小化。使项$(1.0-CC_l)$最小的u,v和位移梯度的值是位移和位移梯度的最优估计。

③使用前一个子集的结果作为子集参数的初始估计值,对下一个子集重复步骤②。

④重复步骤②和③,直到在感兴趣的区域内获得数据。

在灰度值中存在噪声的情况下,特征散斑图归一化相关值$(1.0-CC_l)$的大小提供了变形子集和未变形子集之间匹配的置信度的定量度量。低于 0.001 的值通常被认为是合理的匹配,高于 0.01 通常被认为是较低质量的匹配。如果散斑图中没有包含足够的对比,那么在测量中就是非唯一性的。在这种情况下,$(1.0-CC_l)$的准确性并不能很好地反映基于图像的运动测量的准确性。

5.4　二维数字图像相关

对二维变形测量,一台相机就足够了。需要一个非相干光源和一个高分辨率数码相机。在实验过程中,二维物体的表面需要平整且保持平整,并与相机成像平面上的传感器阵列平行。

5.4.1　二维数字相关测试系统的构成

二维图像相关系统的典型硬件包括:① 12.7 mm^2 传感器格式的 CCD(或 CMOS)相机;②传感器阵列中的 1 280 像素 × 1 024 像素;③每个像素的 8 ~ 10 位强度分辨率;④带有数字图像采集组件的计算机系统;⑤带有安装头的坚固三脚架;⑥焦距从 17 ~ 200 mm 的高质量镜头;⑦照明(如光纤照明器)。

图像分析软件可以实时、重复地获得表面变形:①面内位移分量的精度为±0.01 像素以上;②面内表面应变ε_{xx},ε_{yy}和ε_{xy}的点对点精度为±100με。

除了需要高对比度的纹理图案来进行基于子集精确匹配外,二维 DIC 还要求平面物体的变形与传感器平面平行。

假设世界坐标系原点在相机针孔处,与传感器平面的行、列对齐,且图像失真可忽略,则可简化式(5.6)中的投影方程为

$$X_S = (\Lambda_x)X_W + C_x$$
$$Y_S = (\Lambda_y)Y_W + C_y \tag{5.12}$$

其中,$\Lambda_x = (f/Z)\lambda_x$, $\Lambda_y = (f/Z)\lambda_y$。由于$f/Z$是平面到平面针孔投影的常数,$\Lambda_x$和$\Lambda_y$可以看作物体的比例或放大因子。在图像失真存在的情况下,世界坐标与传感器坐标之间的关系有 5 个独立的参数:Λ_x,Λ_y,C_x,C_y和k_u。

如果失真很小,则不需要对C_x,C_y和k_u进行校准。这种情况,可以通过成像附着在平面物体表面的标准网格来获得Λ_x和Λ_y的估计值。通过对标准网格成像,在传感器平面上沿行

和列方向近似对齐,可以分析图像获得沿水平方向和行方向具有已知间距的几个标记的像素位置。使用这些值,在大多数情况下可以确定 Λ_x 和 Λ_y 的精度为 0.2%。

5.4.2 散斑制备与应用

为了获得所需大小的可用随机散斑,已经开发了多种方法。在每一种情况下,表面必须进行适当的准备,以便图案会随着所研究的材料系统变形或移动。这个过程可能包括样品表面的蚀刻、抛光和涂层。

常见的一种方法是在表面涂上一层薄薄的白色喷漆。当塑料变形非常大时使用白色环氧喷漆,当塑料应变小于 30%~40% 时使用搪瓷漆。

以下几种不同的技术可以获得高质量的随机散斑:

①用喷枪对黑色颜料进行轻微的喷涂,可以获得尺寸为 50μm 及以上的散斑图案。

②在湿漆表面涂上一层碳粉,可以获得尺寸 ≈30-50μm 的散斑图案。

③用盛有黑色颜料的刷子进行喷绘,得到 250μm 到几毫米的图案。

④带有印记斑点图案的板材,从 0.25 mm 到几毫米的图案已经被打印。

⑤金属材料的化学蚀刻。根据晶粒尺寸和材料组成,制成了从 1μm(在扫描电子显微镜下观察)到 200 μm 的图案。

⑥光刻技术在抛光金属试样上形成 1μm 至 20μm 的图案。

不管用什么方法来构造随机散斑图案,每个图案都应该用实验装置进行成像,然后对数字化的图像进行处理,以获得:①图像中强度值分布的直方图;②散斑大小的估计,以确定散斑图案中的平均特征大小。

最佳散斑图案在强度图案的整个范围内具有相对广泛、平坦的直方图,且在场中分布均匀。强度在 50~220 被认为是好的。最佳散斑的平均散斑大小由自相关函数峰值为 0.50 时的散斑大小确定,对中等水平的采样,其范围为 3~7 像素。如果散斑尺寸太小,无法精确匹配,则可以使用更高的放大倍率来改进散斑采样。

如果散斑大小太大,无法与 $N \times N$ 子集进行精确匹配,则有两种选择:①可以通过增加子集大小来实现精确匹配。数据将是准确的,但子集大小的增加,空间分辨率将降低。②如果适用于该应用,可以使用较低的放大倍率来减小散斑大小。如果两种选择都不能接受,那么表面应该重新制作散斑。

由于热发射光子的存在,强度值为 0 的情况很少见。强度值为 255 表示强度分辨率可能由传感器饱和而丢失。所有更高的强度值将被赋予 255 的值,导致无法识别任何高于这个值的图像纹理。必须避免饱和,以确保准确的图像匹配。

5.4.3 位移和应变测量

第 5.4.2 节中的程序用于将适当的纹理图案应用于所要测量的样品表面,使用与散斑图案相适应的子集大小来执行强度插值的二维 DIC 计算,以获得每个感兴趣区域变形后的各点位移分量集。利用式(5.12)中的放大因子,将测量的像平面移动转换为物体移动,以公制单位获得物体位移。利用中心点位移集和位移数据的局部有限差分或局部平滑等方法得到应变。

式(5.11)的使用需要注意两点:①利用所有子集的零梯度来获得位移场在计算上是有效

的。②对小应变应用,零位移梯度的选择没有明显的偏差,并为基础位移场提供了合理的精度;对应变或旋转>0.03,选择零梯度会导致测量位移的误差迅速增大。

在匹配过程中为每个小子集(如 29 × 29)确定的梯度项[式(5.11)中的 c_1, c_2, c_4 和 c_5]可能有相当大的可变性,即使在均匀应变区域,范围可达±5×10⁻³ 的值。这种可变性是由多种因素综合造成的,包括插值误差、子集各向异性、有限的对比度和强度模式中的噪声。实际应用中这些值的可变性通常用于改进对局部传感器位移矢量($u_l(P)$,$v_l(P)$)的估计,但不用于估计实际的表面变形。通过获取图像平面上集度中心点位移向量,以最佳精度生成一个完整的位移场。对一个设计良好的实验,位移场的典型标准偏差为每个位移分量的±5×10⁻³ 像素,在较不理想的情况下观察到的值为±0.015 像素级。

在图像平面上获取位移数据集后,将数据场转换为位移梯度。使用鲁棒方法进行局部平滑,以减少被测位移场中的噪声,并提供估计局部位移梯度的函数形式。有效获取局部变形的方法为局部最小二乘拟合。例如,使用二次函数形式来拟合点 P 周围区域的位移,该区域在所有方向上与最近的 10 个邻域相对应,对高质量随机散斑,在子集上使用 8 位数字转换器、样条插值、映射和二次形函数,可以获得±50×10⁻⁶ 级梯度的标准偏差。该精度估计适用于位移平滑变化的区域,但不适用于变形出现阶跃变化或急剧梯度的区域。

5.5　三维数字图像相关

单相机二维 DIC 系统要求试样的测试面是平面,基本没有平面外运动。理论和实验都表明,当使用单一相机和二维 DIC 时,相对较小的面外运动将改变放大倍数,并在测量的面内位移场中引入误差。这些限制可以通过使用两个或多个相机从不同方向观察试样表面来克服。

5.5.1　三维数字相关测试系统的构成

为机器人、摄影测量和其他形状和运动测量应用开发的立体视觉原理,可以很容易地推广到多摄像头系统,特别是双摄像头系统,以精确测量曲面或平面物体的完整三维形状和变形,即使该物体经历较大的面外旋转和位移。如图 5.7 所示为双相机立体视觉的布置。

三维图像相关是基于简单的双目视觉概念,利用式(5.1)—式(5.8)来建模每个相机。一旦相机被校准,同一物体点在两个传感器的平面位置可以用于确定物体位移三维位置的精确估计。需要注意的是,用于精确形状和变形测量的三维 DIC 比二维计算机视觉要复杂得多,这是因为:①复杂的立体校准程序对精确三维形状和变形测量是必不可少的;②对精确的跨相机图像相关性的要求;③多相机排列图像建模的重要性,以提高测量的准确性。

现代三维 DIC 系统的典型硬件包括:①两个 CCD 相机,通常使用一对匹配的相机;②带有数字图像采集组件的计算机系统,能够同时记录两个相机的图像;③两个带安装头的坚固三脚架;④一个用于安装两个相机的刚性杆,并在实验过程中尽量减少相机之间的相对运动可能性;⑤两个高质量的镜头(17 ~ 105 mm 为标准);⑥照明(如两个 250 W 的卤素聚光灯)。

立体视觉图像分析软件功能包括:①标定相机系统;②进行实验并同时获取立体图像对;③分析多组立体图像对获得表面变形。

实验结果表明:①交叉相机图像相关识别相同图像点的精度为+0.015 像素或更好;

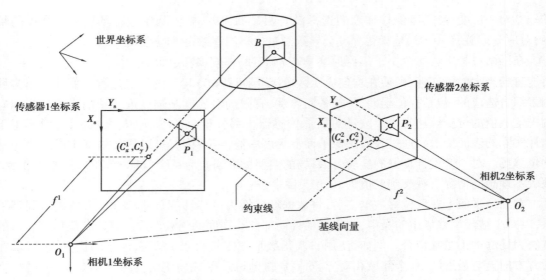

图 5.7 双相机立体视觉系统示意图

②平面内表面应变 $\varepsilon_{xx},\varepsilon_{yy}$ 和 ε_{xy} 的点对点精度为 $\pm100~\mu\varepsilon$。这种精度即使在物体受到大的刚体旋转和任意数量的刚体平移时也可以实现,因为这些运动不会破坏应变测量。

三维 DIC 方法已在大型和小型结构的广泛力学测量中得到验证。

5.5.2 相机标定

在立体视觉系统中,标定相机通常采用两种方法:一种是分别校准每台相机;另一种是校准相机系统。在这两种情况下,相机标定过程的第一部分通常是相同的。每台相机都使用第 5.2 节所述的带失真校正的针孔投影模型建模。两台相机都查看相同的标准网格,当网格移动到 N_{VIEWS} 位置时,两台相机同时获取图像。获取图像后,提取每台相机传感器平面内的网格位置,并存储在文件中进行标定。标准网格的每张图像必须保持在被校准相机的景深范围内。离焦图像会在校准过程中引入误差,降低校准过程的质量,从而降低测量阶段的精度。

独立相机标定步骤:如果每台相机都是独立校准的,则使用式(5.8)中定义的误差函数获得每个网格位置的 6 个外部参数和 5 个相机内部参数。一旦每台相机被标定,两台相机的第一个网格的 6 个外部参数和两台相机的 5 个内部标定参数可以用来确定 WCS 中点的三维位置,如图 5.8 所示。

相机系统的校准:如果两台相机都被校准为一个立体装置,那么假设相机在整个实验过程中是刚性连接的。在这种情况下,校准的程序略有不同。假设图 5.8 中的相机 1 为参考相机,将整个立体装置视为单个系统,待确定的内在未知数为:①相机 1 的 5 个固有相机参数;②相机 2 的 6 个固有相机参数;③相机 1 的针孔相机系统与相机 2 的针孔相机系统的 5 个刚体运动参数。

这 16 个参数包括两个传感器的相对方向和位置,被认为是固有的,因为在实验过程中相机保持相对固定的位置。外部未知数是将第一个网格标准的世界系统与相机 1 的针孔系统相关联的 6 个刚体运动参数和将剩余的网格位置与世界坐标系联系起来的 6 个外部参数。

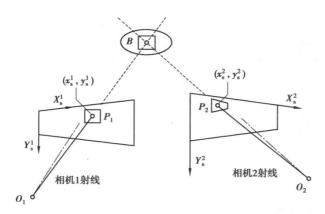

图 5.8　立体系统中两条斜射线通过匹配子集中心时的最佳三维位置示意图

5.5.3　跨相机匹配

一旦相机被校准,确定三维位置的过程需要在两台相机中识别同一目标点的传感器位置 (X_S, Y_S)。利用二维图像相关处理来识别两台相机获得的图像中对应子区域的位置。为了识别与同一目标点对应的图像位置,选择其中一个图像(如相机 1)进行图像相关,以识别剩余相机(如相机 2)的另一个传感器平面中的对应位置。重复上述过程,得到相机 2 整个传感器平面中对应子集位置的集合。通常,图像匹配过程使用图 5.5 所示的搜索过程和第 5.3 节的初始参数估计过程。由于相关过程是在图像子集上执行的,子集的匹配可以被限制为立体相机约束或无约束。

无约束的基于子集的图像相关通过使用适合情况的二维子集及位移函数来匹配单独相机中的子区域。匹配过程与第 5.3 节中描述的二维数字图像相关过程相同。在这种形式中,匹配过程不使用针孔透视模型中的任何一个来将三维位置转换为相机中相应的图像位置。通常选择子集位移函数,以便在匹配过程中考虑针孔视角畸变的影响。

这种方法的优点包括:①使用已建立的二维图像相关概念;②匹配过程不需要约束从而提高子集匹配的速度;③消除由针孔模型的不准确性造成的潜在位置错误;④能匹配子集而不需要描述局部物体几何形状。该方法的主要缺点是在匹配过程中缺乏与对象区域的物理关系。

5.5.4　无约束匹配三维位置测量

校准完成后,图像采集同步,使两台相机在实验过程中同时采集图像。在加载过程中获取 N 对图像,三维测量过程如下:

(1)初始形状测量

①选择一台主相机(相机 1)。

②在相机 1 中选择子集,并进行图像相关,以定位相机 2 中匹配的位置。

③用图 5.8 所示的过程确定每个匹配子集对的共有物点的最佳三维位置。

④由此产生的三维点集表示物体的初始形状。

(2)物体变形测量

①在相机 1 中选择用于确定初始 3D 轮廓的相同的子集。

②对相机 1 中的给定子集,进行图像相关,定位相机 1 在变形图像中的匹配位置。

③对相机 1 中的相同子集,进行图像相关,找到相机 2 在变形图像中的匹配位置。

④光线从相机 1 的针孔穿过相机 1 中变形子集的中心,从相机 2 的针孔穿过相机 2 中匹配的变形子集的中心。如图 5.8 所示的过程用于确定每个匹配子集对在变形状态下的公有物体点的三维位置。目标点 B 是通过最小化基于图像相关的传感器位置和基于模型的传感器位置之间的差异来确定的,传感器位置是已知相机参数和待确定(X_B, Y_B, Z_B)的函数。

⑤重复处理未变形的三维位置和变形的位置,以匹配整个图像的子集,确定初始和变形配置。

⑥在视场范围内减去变形点和未变形点的三维位置,得到物体位移值,并以此表示三维位移场。

⑦对每组变形图像重复①—④中所述的过程,主相机子集为匹配过程提供基础。

5.5.5　基于约束交叉相机图像匹配的三维位置测量

在没有相机失真的情况下,连接两个针孔位置的向量(称为立体相机系统的基线向量)和共有三维物体点的两条射线形成了一个平面 O_1O_2B。由图 5.7 可知,射线 O_1B 在相机 2 传感器平面上的投影与射线 O_2B 相交于 B 在相机 2 传感器平面上的投影处;射线 O_2B 在相机 1 传感器平面上的投影与射线 O_1B 在 B 在相机 1 传感器平面上的投影处相交。

这些结果可以用数学形式表示,并描述极线约束方程。当定位两台相机中的一个公有点时,它们可以用来将搜索区域限制在沿约束线的位置上。本节采用使用平面物体表面的受约束的跨相机匹配形式,描述如下:

(1)初始形状测量

①选择一台主相机(如相机 1)。

②从相机 1 中未变形的图像中选择一个子集,射线作为未知物体坐标(X_{B1}, Y_{B1}, Z_{B1})的函数通过子集中的每个像素投影。

③物体上的局部区域近似为一个小平面。如图 5.9 所示,可以写出平面的方程为

$$X_{B_1} n_x B_1 + Y_{B_1} n_y B_1 + (Z_{B_1} - Z_0) n_z B_1 = 0 \tag{5.13}$$

其中,$(n_x B_1, n_y B_1, n_z B_1)$为垂直于目标平面的单位;$(n_x B_1)^2 + (n_y B_1)^2 + (n_z B_1)^2 = 1$;$Z_0$ 为光轴与目标平面相交的位置。

④每个像素实际上都投影到这个对象平面上。

⑤假设平面的位置和方向的初始值,然后将像素位置投影到相机 2 中未变形图像的传感器平面上,并校正失真。

⑥相机 1 的强度值与相机 2 中投影位置的强度值使用相关度进行匹配。

⑦重复这个过程,更新平面的所有 5 个参数(平面中心的三维位置和法线的两个方向角),直到收敛。

⑧得到物体点的三维位置。

⑨重复这一过程,直到获得密集的三维位置集。这是最初的物体形状。

(2)物体变形测量

①在相机 1 中选择用于确定初始三维轮廓的相同的主相机和相同的子集。

②对相机 1 的未变形图像中的一个给定子集,使用相机 2 的变形图像重复上述初始形状测量的②—⑧步骤。

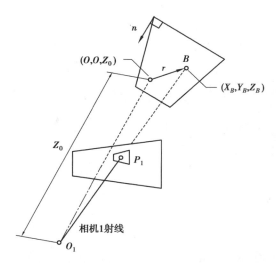

图 5.9 物体表面在 B 点附近经过像点 P_1 与局部切平面相交的射线投影，
矢量 n 垂直于局部平面。向量 r 为光轴与扩展切平面的交点指向目标点 B

③得到每个物体点 C 的三维变形位置。

④用变形位置减去未变形位置得到目标点 C 的位移分量。

⑤对每组变形图像重复上述过程，主相机子集为匹配过程提供基础。

三维位移测量的约束匹配既有优点也有缺点。这种方法的优点包括：①直接测量物体的水平参数（如表面法线的方向），以提供测量精度的交叉检查；②直接使用校准过程中开发的针孔参数。该方法的缺点包括：①产生的匹配过程复杂；②在未校正失真的情况下直接使用透视投影模型可能在测量中存在偏差；③试图从局部平面修改物体形状时增加了复杂性。在进行约束匹配时可能产生偏差，一般采用无约束匹配和三维投影的方法在立体视觉系统中获得三维位置。

第6章

实验力学实验

6.1 电阻应变计的粘贴技术

1）实验目的

①初步掌握常温用电阻应变计的粘贴技术。

②为后续进行的应力集中系数实验做好在试件上粘贴应变计、接线、防潮、检查等准备工作。

2）实验设备和器材

①常温用电阻应变计。

②万用表。

③502 黏结剂。

④电烙铁、镊子等工具。

⑤带孔板状拉伸试件。

⑥丙酮等清洗器材,防潮用硅胶。

⑦测量导线若干。

⑧100 V 兆欧表。

3）实验方法和步骤

（1）检查、分选应变计

用万用表测量各应变计电阻值,选择电阻值差在 ± 0.5 Ω 内的 $10 \sim 15$ 枚应变计供粘贴用。

（2）构件测点表面处理

先将试件待贴位置用细砂纸打成 45°交叉纹,并用棉球蘸丙酮将贴片位置附近擦洗干净直到棉球洁白为止。按如图 6.1 所示布片图用画针画方向线,线的间距根据应变计的宽度确定,并尽量紧密。画线后再用棉球进行擦洗。

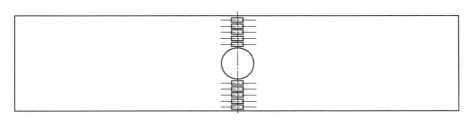

图 6.1 应变计粘贴位置示意图

（3）粘贴应变计

①将新购买或经冰箱保存的性能有效的 502 黏结剂瓶口开一小细孔，以便只流出少量胶液。一手捏住应变计引出线，一手拿 502 黏结剂瓶，将瓶口向下在应变计基底底面上涂抹一层黏结剂，然后立即将应变计底面向下平放在试件贴片部位上，并使应变计基准对准方向线，将一小片聚四氟乙烯薄膜盖在应变计上，用拇指滚压应变计挤出多余黏结剂（注意按压时不要使应变计移动），反复滚压约 1 min 后再放开，轻轻掀开薄膜，检查有无气泡、翘曲、脱胶等现象，否则需重贴。注意：①黏结剂不要用得过多或过少，过多，则胶层太厚影响应变计性能；过少则黏结不牢不能准确传递应变。②滚压时用力要适当，如用力过大，胶几乎全部被挤出，黏结不牢，甚至压坏应变计敏感栅；如用力过小，黏结不牢固。③不要被 502 胶黏住手指或皮肤，如被黏上可用丙酮洗掉。502 黏结剂有刺激性气味，不宜多吸入，不要滴及眼睛。

②检查。将引出线与试件轻轻脱离，用万用表检查应变计是否通路，如属敏感栅断开则需重贴，如属焊点与引出线脱开可补焊。

（4）接线

①应变计与接线端子的连接。在应变计引出线一端距端头 2~4 mm 处粘贴接线端子，并将引出线焊在接线端子上，如图 6.2 所示。

②测量导线与接线端子的连接。准备 2 m 长的测量导线，将导线一端的端头剥去约 4 mm 塑料皮，涂上焊锡，将其焊在接线端子上。将导线的另一端剥去约 20 mm 塑料皮，并编号，留作以后做实验时接在应变仪上。

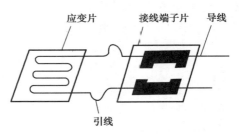

图 6.2 接线端子片连接导线示意图

③固定导线。将测量导线用胶带固定在试件上，防止导线或应变计扯断，固定时应尽量整齐美观。

（5）应变计电阻及绝缘电阻检查

用万用表从导线编号的一端检查应变计是否通路，并记下电阻值，然后用兆欧表检查各应变计（含已连接的导线）与试件之间的绝缘电阻，应大于 200 MΩ 方可。如导线不通或绝缘电阻达不到要求，则需进行检查找出原因，直到满足要求为止。

（6）防尘防潮处理

用硅胶覆盖应变计区域作防潮层，检查通路和绝缘，然后将试件收存好。

如果用其他黏结剂则粘贴工艺不同，应按具体情况改变。

4）实验报告要求

①简述贴片、接线、检查等主要步骤。

②画出贴片示意图，要求含应变计贴片位置尺寸、布片方位和编号等。

6.2　应变计灵敏系数的标定

1）实验目的

①了解电阻应变计的电阻变化率 $\Delta R/R$ 与所受应变 ε 之间的关系。

②掌握电阻应变计灵敏系数的测定方法。

2）实验设备

①弯曲梁实验装置。

②千分表。

③静态电阻应变仪。

3）实验原理

粘贴在试件上的电阻应变计，在承受的应变为 ε 时其电阻产生的变化率 $\Delta R/R$ 与 ε 之间有下列关系：

$$\frac{\Delta R}{R} = K\varepsilon \tag{6.1}$$

由此分别测量 $\dfrac{\Delta R}{R}$ 及 ε 的值即可求得灵敏系数 K。

本实验采用纯弯曲等截面矩形梁（见图 6.3），在纯弯曲段梁上、下表面沿轴向各粘贴 1 片应变计（图中的 1 号和 5 号）。梁弯曲变形以后，梁纯弯曲段上、下表面沿轴向的真实应变 ε 可用千分表上的读数 f 由下式求得

$$\varepsilon = \frac{12hf}{3l^2 - 4a^2} \tag{6.2}$$

式中　f——梁跨中千分表的读数；

　　　l——梁的跨度；

　　　h——梁的高度。

　　　a——加载点到支座的距离。

应变计的电阻变化率 $\Delta R/R$，可用高分辨率万用表分别测出 R 及 ΔR 而得到，也可用应变仪测定，本实验用应变仪测定。

设应变仪的灵敏系数值为 $K_{仪}$（本实验所用应变仪默认 $K_{仪} = 2.0$），测出的指示应变为 $\varepsilon_{仪}$，则

$$\frac{\Delta R}{R} = K_{仪}\,\varepsilon_{仪} \tag{6.3}$$

综合以上三式，可用下式求出应变计的灵敏系数 K 为

$$k = \frac{\Delta R/R}{\varepsilon} = \frac{k_{仪}\,\varepsilon_{仪}}{12hf}(3l^2 - 4a^2) \tag{6.4}$$

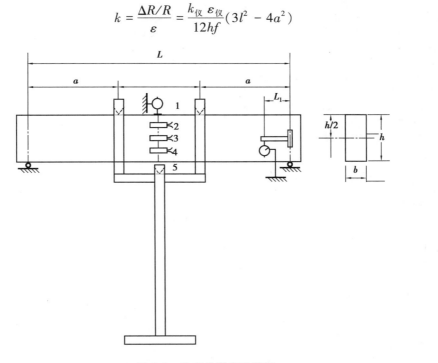

图 6.3　纯弯曲梁实验装置

4）实验步骤

①测量弯曲梁的跨距 L 和高度 h。

②在梁纯弯曲段跨中安装千分表,为保证接触良好应使千分表有一定的初读数。

③将纯弯曲段梁上下表面的纵向应变计按半桥(分别以梁上、下表面的 $1^{\#}$ 和 $5^{\#}$ 应变计为工作片,接温度补偿片)接法接入应变仪,将应变仪所接各点读数预调到平衡(即显示为 0)。

④逐个加砝码(本实验选择 3 个),分别记下每次加载后梁跨中千分表的读数和各点应变读数。

⑤加载与卸载共 3 次,取 3 次平均值用式(6.4)来计算每片应变计的灵敏系数 K_i,$i=1$,2,3。

⑥计算每片应变计的平均灵敏系数 K

$$\bar{k} = \frac{\sum Ki}{n} \tag{6.5}$$

5）实验报告要求

①简述实验目的、所用仪器、实验原理及实验的主要步骤。

②记录并处理实验数据(参见表 6.1),计算出应变计的灵敏系数。

③实验结果分析。

表 6.1   应变计灵敏系数的标定实验记录表

F/N	1# 应变计读数		5# 应变计读数		千分表读数	
	ε_1 /(μm·m^{-1})	$\Delta\varepsilon_1$ /(μm·m^{-1})	ε_5 /(μm·m^{-1})	$\Delta\varepsilon_5$ /(μm·m^{-1})	f/mm	Δf/mm
$F_0 = 0$						
$F_1 = 60$						
$F_2 = 120$						
$F_3 = 180$						
$F_0 = 0$						
$F_1 = 60$						
$F_2 = 120$						
$F_3 = 180$						
$F_0 = 0$						
$F_1 = 60$						
$F_2 = 120$						
$F_3 = 180$						

6)思考题

①为什么用纯弯曲梁或等强度梁来标定应变计的灵敏系数 K?

②本实验是否需要确定每级加载的载荷大小? 为什么?

③试分析本实验的误差来源。

6.3　电阻应变计横向效应系数的测定

1）实验目的

①学习一种测定电阻应变计横向效应系数的方法。

②练习使用静态电阻应变仪。

2）实验设备和仪器

①贴有应变片的等强度梁、补偿块及加载砝码。

②静态电阻应变仪。

3）实验原理

在等强度梁表面轴向和横向贴有两枚应变片，如图 6.4 所示，当等强度梁受力而产生弯曲时应变计 1 受拉产生应变 ε_1，应变计 2 因泊松效应产生应变 $\varepsilon_2 = -\mu\varepsilon_1$，用电阻应变仪分别测量其相对电阻变化，有下列公式：

$$\frac{\Delta R_1}{R_1} = K_{仪}\varepsilon_{1仪} = K_Z\varepsilon_1 + K_H(-\mu\varepsilon_1) = K_Z\varepsilon_1 + K_H\varepsilon_2 \tag{6.6}$$

$$\frac{\Delta R_2}{R_2} = K_{仪}\varepsilon_{2仪} = K_Z\varepsilon_2 + K_H(-\mu\varepsilon_2) = K_Z\varepsilon_2 + K_H\varepsilon_1 \tag{6.7}$$

式中　$K_{仪}$——电阻应变仪的灵敏系数，一般 $K_{仪} = 2.00$；

　　　K_Z——应变计的纵向灵敏系数；

　　　K_H——应变计的横向灵敏系数；

　　　μ——梁材料的泊松比。

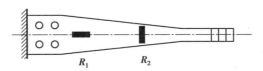

图 6.4　等强度梁贴片示意图

令应变片的横向效应系数 $H = \dfrac{K_H}{K_Z}$，由上面两式相除得

$$\frac{\varepsilon_{1仪}}{\varepsilon_{2仪}} = \frac{K_Z\varepsilon_1(1 - \mu H)}{K_Z\varepsilon_1(-\mu + H)} = \frac{1 - \mu H}{H - \mu} \tag{6.8}$$

由此可得

$$H = \frac{\varepsilon_{2仪} + \mu\varepsilon_{1仪}}{\varepsilon_{1仪} + \mu\varepsilon_{2仪}} \times \% \tag{6.9}$$

4）实验步骤

①实验采用多点测量中半桥单臂公共补偿接线法。将等强度梁的测点应变计 R_1 和 R_2 分别接到电阻应变仪的两个测试通道的 AB 端，温度补偿片接电阻应变仪公共补偿端。

②调整好仪器，检查整个测试系统是否处于正常工作状态。

③按应变仪的操作方法对测试通道进行平衡操作。

④依次逐个用砝码加载,本实验每个砝码为 5N,共 5 个。依次记录每次加载后各点应变仪的读数,填入表 6.2。

⑤卸下砝码。

⑥重复步骤③—⑤共 3 次以上。

⑦做完实验后,卸掉砝码,关闭仪器电源。

表 6.2 电阻应变计横向效应系数的测定实验数据参考用表

载荷/N	$\varepsilon_{1仪}$ /(μm·m^{-1})	$\varepsilon_{2仪}$ /(μm·m^{-1})	横向效应系数 $H/\%$	横向效应系数平均值 $\bar{H}/\%$

5)实验报告要求

①简述实验目的、所用仪器、实验原理及实验的主要步骤。

②自行拟订实验记录表格和实验结果处理表格。

③实验结果分析。

6.4 测量电桥的应用

1)实验目的

①掌握测量电桥的应用。

②掌握单片、半桥、全桥、串联、并联几种接法,并比较其测量灵敏度。

2)实验内容

①将等强度梁上的应变计分别采用单片(同补偿块一起用)、半桥、全桥接线法接入电桥桥臂,比较其读数应变。

②将等强度梁上的应变计分别串联、并联后按半桥接法接入电桥,比较测得的读数应变。

3)实验仪器

①电阻应变仪一台。

②等强度梁实验架一台。

③温度补偿块一块。

4)原理与装置

等强度梁试件如图 6.5 所示。

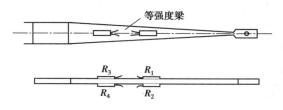

图 6.5　等强度梁试件

根据惠斯通电桥原理可知,如图 6.6 所示平衡电桥,在各桥臂上的电阻有变化时,BD 端输出电压为

$$\Delta u = u \frac{R_1 R_2}{(R_1 + R_2)^2}\left(\frac{\Delta R_1}{R_1} - \frac{\Delta R_2}{R_2} - \frac{\Delta R_3}{R_3} + \frac{\Delta R_4}{R_4}\right)$$

(6.10)

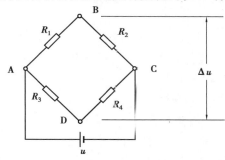

图 6.6　电桥电路

若在 4 个桥臂上接上规格相同的电阻应变计,阻值均为 R,灵敏系数均为 K,那么当构件变形,4 个应变计分别承受 $\varepsilon_1, \varepsilon_2, \varepsilon_3, \varepsilon_4$ 时,各桥臂上电阻变化分别为 $\Delta R_1, \Delta R_2, \Delta R_3, \Delta R_4$,这时由式(6.10)可知,BD 端电压输出为

$$\Delta u = \frac{u}{4}\left(\frac{\Delta R_1}{R} - \frac{\Delta R_2}{R} - \frac{\Delta R_3}{R} + \frac{\Delta R_4}{R}\right)$$

那么有

$$\frac{4\Delta u}{u} = k\varepsilon_{读} = k\varepsilon_1 - k\varepsilon_2 - k\varepsilon_3 + k\varepsilon_4$$

即

$$\varepsilon_{读} = \varepsilon_1 - \varepsilon_2 - \varepsilon_3 + \varepsilon_4$$

(6.11)

实验中,采用 5 种不同的电桥接法,其读数应变与实际应变之间的关系可由式(6.11)得出。

5)实验步骤

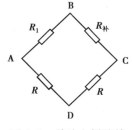
图 6.7　单片电桥连接

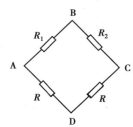
图 6.8　半桥连接

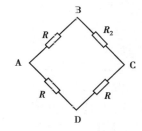
图 6.9　全桥连接

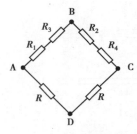
图 6.10　串联接法

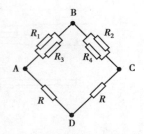
图 6.11　并联接法

（1）单片电桥连接

用等强度梁上的一片应变计及补偿块上的应变计，分别接入应变仪的 AB 和 BC 桥臂，CD 和 AD 桥臂接入应变仪中的标准电阻（见图 6.7）。加载并按应变仪的操作方法进行测量，得到读数应变。

（2）半桥连接

将等强度梁上的 $1^{\#}$ 应变计接入应变仪的 AB 桥臂，$2^{\#}$ 应变计接入应变仪的 BC 桥臂（或 $3^{\#}$ 应变计接入 AB 桥臂，$4^{\#}$ 接入 BC 桥臂），CD 和 AD 桥臂接入应变仪中的标准电阻，如图 6.8 所示。加载并按应变仪的操作方法进行测量，得到读数应变。

（3）全桥连接法

将等强度梁上的 $1^{\#}$，$2^{\#}$，$3^{\#}$，$4^{\#}$ 应变计按图 6.9 所示分别接入应变仪的 AB，BC，CD，AD 桥臂，加载并按应变仪的操作方法进行测量，得到读数应变。

（4）串联接法

将应变计 $1^{\#}$ 和 $3^{\#}$，$2^{\#}$ 和 $4^{\#}$ 分别串联后，按图 6.10 所示半桥方式连接，加载并按应变仪的操作方法进行测量，得到读数应变。

（5）并联接法

将应变计 $1^{\#}$ 和 $3^{\#}$，$2^{\#}$ 和 $4^{\#}$ 分别并联，按图 6.11 所示半桥方式连接，加载并按应变仪的操作方法进行测量，得到读数应变。

6）思考题

①用式（6.11）推出单片、半桥、全桥、串联、并联接线法所得读数应变 $\varepsilon_{读}$ 与等强度梁上测点应变 ε 的关系。

②分析单片、半桥、全桥、串联、并联接线法测应变时，温度补偿的实现方式，指出哪种接法使测量灵敏度有较大提高。

③若两工作应变计（或一工作应变计，一温度补偿片）按对桥方式接入应变仪电桥，其温度补偿能否实现？

7）实验记录表参考格式

表 6.3　读数应变数据

载荷/N		读数应变 $\varepsilon_{读}/(\mu m \cdot m^{-1})$				
P	ΔP	单片连接	半桥连接	全桥连接	串联连接	并联连接
$\varepsilon_{读}$增量的平均值 /$(\mu m \cdot m^{-1})$						

表 6.4　计算结果及误差

接桥方式	$\varepsilon_{读}$均值 /$(\mu m \cdot m^{-1})$	由 $\varepsilon_{读}$ 求出的应变 /$(\mu m \cdot m^{-1})$	理论应变计算值 /$(\mu m \cdot m^{-1})$	误差/%
单片连接				
半桥连接				
全桥连接				
并联连接				
串联连接				

6.5　等强度梁材料弹性模量 E、泊松比 μ 的测定

1)实验目的
①测定常用金属材料的弹性模量 E 和泊松比 μ。
②验证胡克定律。

2）实验仪器设备和工具

①等强度梁实验装置。

②静态电阻应变仪。

③游标卡尺、钢直尺。

3）实验原理与方法

等强度梁实验装置如图 6.12 所示。实验时使用的等强度梁上表面粘贴 4 枚电阻应变片，补偿块上粘贴 2 枚温度补偿片。

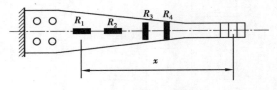

图 6.12　等强度梁实验装置

（1）弹性模量 E 测定实验

测量等强度梁纵轴线上应变片的应变值 ε，再利用所得的应力值计算等强度梁材料的弹性模量 E。

由

$$\sigma = \frac{Fx}{W}\left(\text{其中 } W = \frac{b_x h^2}{6}\right)$$

可得

$$\sigma = \frac{Fx}{\dfrac{b_x h^2}{6}} = \frac{6Fx}{b_x h^2}$$

有弹性模量 E 为

$$E = \frac{\sigma}{\varepsilon_x}$$

（2）泊松比 μ 测定实验

沿等强度梁纵轴线粘贴两片电阻应变计 R_1 和 R_2，沿等强度梁的横轴线粘贴两片电阻应变计 R_3 和 R_4，测得纵轴线应变值 ε_x 和横轴线应变值 ε_y，则泊松比为

$$\mu = \left| \frac{\varepsilon_y}{\varepsilon_x} \right|$$

4）实验步骤

①测量等强度梁的有关尺寸，确定试样有关参数，记录到表 6.5 中。

②实验采用多点测量中半桥单臂公共补偿接线法。将等强度梁上的应变计 R_1、R_2、R_3、R_4 接到电阻应变仪的某四个测试通道的 AB 端上，温度补偿片接电阻应变仪公共补偿通道德 BC 桥臂。

③按应变仪的操作方法对选定的四个测试通道进行平衡。

④用砝码逐级加载，共分四级，每级为 1 个砝码 5 N，每增加一级载荷，依次记录各点应变仪的读数，直至终载荷。实验数据记录到表 6.6 中。

⑤做完实验后，卸掉载荷，关闭仪器电源。

表 6.5　等强度梁试样相关数据

距载荷点 x 处梁的宽度 bx/mm		弹性模量 E/GPa	
载荷作用点到梁截面尺寸测量点的距离 x/mm		泊松比 μ	
梁的厚度 h/mm			

表 6.6　实验数据

载荷/N		应变($\mu m \cdot m^{-1}$)							
		R_1		R_2		R_3		R_4	
F	ΔF	ε_1	$\Delta\varepsilon_1$	ε_2	$\Delta\varepsilon_2$	ε_3	$\Delta\varepsilon_3$	ε_4	$\Delta\varepsilon_4$
0									
5									
10									
15									
20									
平均值		$\Delta\bar{\varepsilon}_1 =$		$\Delta\bar{\varepsilon}_2 =$		$\Delta\bar{\varepsilon}_3 =$		$\Delta\bar{\varepsilon}_4 =$	
		$\Delta\bar{\varepsilon}_{纵} =$				$\Delta\bar{\varepsilon}_{横} =$			

5)实验结果处理

(1)材料弹性模量 E

$$E = \frac{\Delta Fx}{W\Delta\bar{\varepsilon}_{纵}}(其中\ W = \frac{b_x h^2}{6}) \qquad (6.12)$$

(2)材料泊松比 μ

$$\mu = \left| \frac{\Delta\bar{\varepsilon}_{横}}{\Delta\bar{\varepsilon}_{纵}} \right| \qquad (6.13)$$

6)思考题

①轴向受单向拉伸时,横向应变等于 ε_y,则横向正应力为 $E\varepsilon_y$,这样对吗?为什么?

②如果将图 6.12 中的 R_1,R_3 两枚电阻应变计接为半桥,互为补偿,这时应变仪的读数与轴向应变 ε_x 有何关系?

6.6 静态多点应变测量——孔边应力分布及应力集中系数的测定

1)实验目的

①掌握静态多点应变测量的方法。

②学习拟订实验加载方案。

③学习数据处理及回归分析方法。

④测定孔边应力分布及应力集中系数。

2)实验设备和器材

①已贴片的带孔板状拉伸试件。

②静态电阻应变仪。

③万能材料试验机。

④游标卡尺。

3)实验方法和步骤

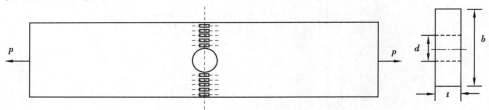

图 6.13 已粘贴应变计的带孔板状拉伸试件示意

①加载方案的制订:

a. 测量试件圆孔处的试件宽度 b、厚度 t 及圆孔的直径 d。

b. 测量每片应变计的贴片位置到试件边缘的距离。

c. 实验时分四级加载,所加最大载荷不能超过材料的屈服强度,最大载荷 $P_{max} = A \times \sigma_s \times 80\% / K$,其中 $A = (b-d)t$,$\sigma_s = 235$ MPa 为材料的屈服强度,K 为估计的孔边应力集中系数,可以按 2.4 选取。初载荷 P_0 = 选用量程×10%。每级载荷的增量为

$$\Delta P = \frac{P_{max} - P_0}{4}$$

以计算结果取整为准。

例:$b = 60.00$ mm,$d = 20.00$ mm,$t = 10.00$ mm,$\sigma_s = 235$ MPa,则 $A = (b-d)t = (60-20) \times 10.00 = 400.00$ mm^2,$P_{max} = A \times \sigma_s \times 80\% / K = 400.00 \times 235 \times 0.8 / 2.4 = 31.3$ kN,试验机的量程为 100 kN,初载荷 P_0 = 量程×10% = 10 kN,每级载荷的大小为

$$\Delta P = \frac{P_{max} - P_0}{4} = \frac{31.3 - 10}{4} = 5.3 \text{ kN}$$

则每级载荷的增量可取为 5 kN。

②依次将每片电阻应变计接入应变仪的 AB 桥臂,在公共补偿桥路的 BC 桥臂中接入一片温度补偿应变计(可在另一已贴片的试件中选择一片)。

③按应变仪的方法将应变仪调平衡。

④按拟订的加载方案逐级加载,按应变仪的操作方法进行测量,得到读数应变,然后卸载到零。

⑤重复步骤③和④,共 3 次。

4)数据处理

①计算每级增量下的每点的应力 $\Delta\sigma = E\varepsilon$(弹性模量 $E = 200$ GPa),观察是否呈线性变化。

②计算四级载荷增量下各点应力的平均值 $\overline{\Delta\sigma_i}$。

③按平均值 $\overline{\Delta\sigma_i}$ 对孔边应力进行曲线拟合。

④计算对应于 ΔP 的圆孔处截面的理论平均应力 $\Delta\sigma_{理}$,计算每个 $\overline{\Delta\sigma_i}$ 与 $\Delta\sigma_{理}$ 的比值。

⑤计算孔边应力集中系数。

5)实验报告要求

①简述实验目的、设备和器材、实验方案的制订、实验步骤。

②画试件图、应变计布片图(含位置数据和编号)。

③绘制实验数据的原始记录表和数据处理表。

④孔边应力分布的拟合曲线和拟合方程,孔边应力集中系数的处理结果。

⑤结果分析。

6.7　平面应力状态主应力的测定

1)实验目的

①学习电阻应变花的应用。

②用实验方法测定平面应力状态下的主应力及主平面方向。

③测定指定截面的内力并与理论值进行比较。

④利用实验数据,计算加载砝码的质量,并与理论值进行比较。

2)实验仪器和设备

①小型弯扭组合实验台。

②静态电阻应变仪。

③游标卡尺及钢直尺。

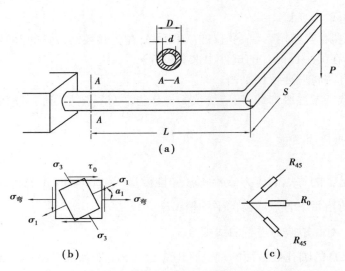

图 6.14　弯扭组合实验台及测点应力状态图

3）实验原理

如图 6.14 所示为弯扭组合实验台示意图,它由空心圆轴和固定横杆组成,空心圆轴的一端固定,另一端与横杆相连,轴与杆的轴线彼此垂直,并且位于同一水平面内。在横杆自由端加砝码,使圆轴发生扭转与弯曲的组合变形,测定圆轴表面 A 点处的弯曲正应力 σ 及扭转剪应力 τ。其应力状态如图 6.14(b)所示,根据应力状态理论,可以求出 A 点的主应力 σ_1 和 σ_3 以及主平面方向 α_0 的理论值。

本实验用测定线应变的方法测定 σ_1,σ_3 和 a_0 的实测值。

在 A 点处贴三栅电阻应变花 R_0,R_{45},R_{-45}(即三轴 45°应变花),使 R_0 应变片与空心圆轴轴线一致,另外两个应变片 R_{45},R_{-45} 与 R_0 片各呈±45°夹角,如图 6.14 所示。另在相同材料不受力试块上贴温度补偿片 $R_补$,用单臂连接法接入应变仪,3 个测点调平衡后分级施加载荷 ΔF(ΔF 为每级砝码质量),测出三片应变片的线应变值 $\Delta\varepsilon_0$,$\Delta\varepsilon_{45}$,$\Delta\varepsilon_{-45}$。

根据平面应力状态下的应变测量结果,由下式算出主应变 $\Delta\varepsilon_1$,$\Delta\varepsilon_3$ 和主平面方向 α_0 的实测值。

$$\begin{matrix}\Delta\varepsilon_1\\\Delta\varepsilon_3\end{matrix} = \frac{\Delta\varepsilon_{-45} + \Delta\varepsilon_{45}}{2} \pm \frac{\sqrt{2}}{2}\sqrt{(\Delta\varepsilon_{-45} - \Delta\varepsilon_0)^2 + (\Delta\varepsilon_0 - \Delta\varepsilon_{45})^2}$$

$$\alpha_0 = \frac{1}{2}\mathrm{tg}^{-1}\left(\frac{\Delta\varepsilon_{45} - \Delta\varepsilon_{-45}}{2\Delta\varepsilon_0 - \Delta\varepsilon_{-45} - \Delta\varepsilon_{45}}\right)$$

再用平面应力状态下的广义胡克定律求出 A 点处的主应力 σ_1 和 σ_3 的实测值。

$$\Delta\sigma_1 = \frac{E}{1 - \mu^2}(\Delta\varepsilon_1 + \mu\Delta\varepsilon_3)$$

$$\Delta\sigma_3 = \frac{E}{1 - \mu^2}(\Delta\varepsilon_3 + \mu\Delta\varepsilon_1)$$

4）实验步骤

①测量空心圆轴的内、外直径 d,D 及长度,其中 L 为测点到横臂中线的垂直距离;S 为加

力点到圆轴中线的距离。

②在应变仪中选定 3 个通道,依次将应变计 R_0,R_{45},R_{-45} 接入 3 个通道的 AB 端,将补偿应变计 $R_补$ 接入应变仪的公共补偿端,如图 6.15 所示。

③按应变仪的操作方法对选定的 3 个通道进行平衡。

④采用增量加载方法。在砝码盘上加一个砝码(即增量 $\Delta F = 60$ N),并记录所要测各点的应变值,直至加到规定载荷(本实验为 3 个砝码共 180 N),卸去载荷重复做 2~3 次。

5)实验结果处理

根据材料的弹性模量和泊松比算出实验测定的主应力及主平面方向,并与理论值进行比较。

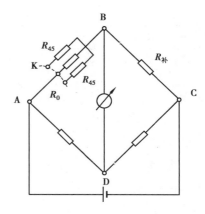

图 6.15　接桥方式

表 6.7　平面应力状态主应力的测定实验记录表

应变片位置	1 (R_{-45})		2 (R_0)		3 (R_{45})	
F/N	ε_{-45} /(μm·m^{-1})	$\Delta\varepsilon_{-45}$ /(μm·m^{-1})	ε_0 /(μm·m^{-1})	$\Delta\varepsilon_0$ /(μm·m^{-1})	ε_{45} /(μm·m^{-1})	$\Delta\varepsilon_{45}$ /(μm·m^{-1})
$F_0 = 0$						
$F_1 = 60$						
$F_2 = 120$						
$F_3 = 180$						
$F_0 = 0$						
$F_1 = 60$						
$F_2 = 120$						
$F_3 = 180$						

续表

应变片位置	1(R_{-45})		2(R_0)		3(R_{45})	
F/N	ε_{-45} /(μm·m^{-1})	$\Delta\varepsilon_{-45}$ /(μm·m^{-1})	ε_0 /(μm·m^{-1})	$\Delta\varepsilon_0$ /(μm·m^{-1})	ε_{45} /(μm·m^{-1})	$\Delta\varepsilon_{45}$ /(μm·m^{-1})
$F_0=0$						
$F_1=60$						
$F_2=120$						
$F_3=180$						
平均 $\Delta\varepsilon_i$						

(1)主应力的计算

①理论值计算。

分别计算弯曲正应力 $\Delta\sigma$ 及扭转剪应力 $\Delta\tau$：

$$\begin{cases} \Delta\sigma = \dfrac{\Delta F \cdot L}{W} \\ \Delta\tau = \dfrac{\Delta F \cdot S}{W_n} = \dfrac{\Delta F \cdot S}{2W} \end{cases} \qquad (6.14)$$

其中，$W = \dfrac{\pi}{32}D^3\left[1-\left(\dfrac{d}{D}\right)^4\right]$

求主应力及主平面方向的理论值：

$$\begin{cases} \begin{aligned}\Delta\sigma_1 \\ \Delta\sigma_2\end{aligned} = \dfrac{1}{2}\left[\Delta\sigma \pm \sqrt{\Delta\sigma^2 + 4\Delta\tau^2}\right] \\ \alpha_0 = \dfrac{1}{2}\tan^{-1}\left[\dfrac{-2\Delta\tau}{\Delta\sigma}\right] \end{cases} \qquad (6.15)$$

②按实验原理中介绍的公式计算主应力及主平面的实测值。

③计算主应力及主平面方向的实测相对误差：

$$\begin{cases} \beta_i = \dfrac{\Delta\sigma_{i实} - \Delta\sigma_{i理}}{\Delta\sigma_{i理}} \times 100\% \\ \gamma_i = \dfrac{\Delta\alpha_{0i实} - \Delta\alpha_{0i理}}{\Delta\alpha_{0i理}} \times 100\% \end{cases} \qquad (6.16)$$

式中　β_i——两个主应力实测值与理论值的相对误差，$i=1,2$；

　　　$\Delta\sigma_{i实}$——两个主应力实测值的增量，$i=1,2$；

$\Delta\sigma_{i理}$——两个主应力理论值的增量，$i=1,2$；

γ_i——两个主应力方向实测值与理论值的相对误差，$i=1,2$；

$\Delta\alpha_{0i实}$——两个主应力方向实测值的增量，$i=1,2$；

$\Delta\alpha_{0i理}$——两个主应力方向理论值的增量，$i=1,2$。

（2）计算 $A\text{-}A$ 截面的内力

根据《材料力学》和《实验力学》的相关理论知识，利用测点的应变数据，计算 $A\text{-}A$ 截面的扭矩和弯矩值，并计算其与理论值的相对误差。

（3）利用实验数据计算加载砝码的质量

根据《材料力学》和《实验力学》的相关理论知识，利用测点的应变数据，计算加载砝码的质量，并计算其与实际值（每个砝码为 60 N）的相对误差。

6）实验报告要求

①简述实验目的、实验原理及实验步骤。

②绘制实验数据的原始记录表和数据处理表。

③计算出主应力的大小和方向并与理论值进行比较。

④计算出截面 $A\text{-}A$ 上的弯矩和扭矩的大小并与理论值进行比较。

⑤根据实验数据计算出砝码的质量并与理论值进行比较。

⑥结果分析。

6.8　压力传感器的标定

1）实验目的

①了解压力传感器的构造。

②学习压力传感器的标定方法。

③测定压力传感器的线性度、重复性、滞后及灵敏度。

2）实验设备

①压力传感器 1 个。

②万用电表 1 个。

③静态电阻应变仪。

3）实验原理

（1）线性度

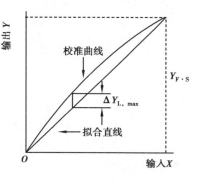

图 6.16　传感器的线性度

线性度（非线性误差）指在标准条件（环境温度为 20 ℃±5 ℃，相对湿度不大于 85%）下，传感器校准曲线与拟合直线之间最大偏差与满量程（F·S）输出值的百分比，如图 6.16 所示。用 ξ_L 代表线性度，则有

$$\xi_L = \frac{\Delta Y_{L,max}}{Y_{F\cdot S}} \times 100\% \tag{6.17}$$

$$\Delta Y_{L,max} = \max(\overline{y}_i - Y_i) \tag{6.18}$$

式中　$\Delta Y_{L,max}$——传感器的校准曲线对拟合直线的最大偏差；

$\overline{y}_i$——传感器在第 i 个校准点处的总平均特性值;

Y_i——传感器在第 i 个校准点处的参比特性值;

$Y_{F \cdot S}$——传感器的满量程输出。

（2）滞后

传感器的滞后,也称为回差,表示传感器在正（输入量增大）反（输入量减小）行程间输出-输入曲线不重合的程度,由图 6.17 表示,其值用满量程输出的百分比表示为

$$\xi_H = \frac{\Delta Y_{H,max}}{Y_{F \cdot S}} \times 100\% \tag{6.19}$$

$$\Delta Y_{H,max} = \max \left| \overline{y}_{d,i} - \overline{y}_{u,i} \right| \tag{6.20}$$

式中　　ξ_H——滞后;

$\Delta Y_{H,max}$——正反行程实际平均特性之间的最大偏差;

$\overline{y}_{d,i}$——反行程实际平均特性;

$\overline{y}_{u,i}$——正行程实际平均特性。

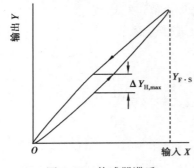

图 6.17　传感器滞后

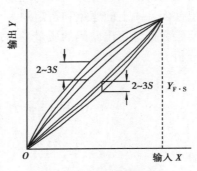

图 6.18　传感器重复性

（3）重复性

传感器的重复性是其偶然误差的极限值。传感器在某校准点处的重复性可计算为在该校准点处的一组测量值的样本标准偏差在一定置信度下的极限值,并以其满量程输出的百分比来表示,而传感器的重复性则取为各校准点处重复性的最大者。计算公式为

$$\xi_R = \frac{c S_{max}}{Y_{F \cdot S}} \times 100\% \tag{6.21}$$

式中　　c——包含因子,$c = t_{0.95}$;

S_{max}——最大的样本标准偏差,可从 m 个校准点的 $2m$ 个标准偏差的中选取最大者。即下面式（6.22）和式（6.23）中 $S_{u,i}$ 和 $S_{d,i}$ 的较大者。

传感器的校准试验,一般只作 $n = 3 \sim 5$ 个循环（见图 6.18）,其测量值属于小样本。对小样本,t 分布比正态分布更符合实际情况。相关标准（GB/T 18459—2001）规定按 t 分布取包含因子 $c = t_{0.95}$（保证 95% 的置信度）,见表 6.8。

表 6.8　包含因子的取值表

n	2	3	4	5	6	7	8	9	10
$t = 0.95$	12.706	4.303	3.182	2.776	2.571	2.447	2.365	2.306	2.262

$$S_{u,i} = \sqrt{\dfrac{\sum\limits_{j=1}^{n}\left(y_{u,ij} - \overline{y}_{u,i}\right)^2}{n-1}} \qquad (6.22)$$

$$S_{d,i} = \sqrt{\dfrac{\sum\limits_{j=1}^{n}\left(y_{d,ij} - \overline{y}_{d,i}\right)^2}{n-1}} \qquad (6.23)$$

式中　$\overline{y}_{u,i}$——正行程第 i 个校准点处的一组测量值的算术平均值;

$y_{u,ij}$——正行程第 i 个校准点处的第 j 个测量值($i=1\sim m$;$j=1\sim n$);

$\overline{y}_{d,i}$——反行程第 i 个校准点处的一组测量值的算术平均值;

$y_{d,ij}$——反行程第 i 个校准点处的第 j 个测量值($i=1\sim m$;$j=1\sim n$),m 为测量循环数,n 为校准点数。

(4)灵敏度

传感器的校准曲线的拟合直线的斜率就是其灵敏度 K,计算公式为

$$K = \frac{输出量变化}{输入量变化} = \frac{Y}{X} = \frac{\Delta Y}{\Delta X} \qquad (6.24)$$

对应变计式测力传感器,如用电阻应变仪指示,输入为 kN,输出为应变读数 $\mu m/m$,则灵敏度单位为$(\mu m/m)kN^{-1}$。

4)实验步骤

①用万用电表测量传感器每两根引出线之间的电阻,将其中电阻最大的一对分别标为 A,C,另一对分别标为 B,D,并按此编号分别接入应变仪某通道的 A,B,C,D 接线柱(按全桥方式)。

②根据传感器的量程确定加载方案,要从零开始逐级加载,从满量程的 10% 直到 100%,共 10 级。

③将传感器置于压力机上,首先对应变仪进行平衡,然后根据确定的加载方案逐级加载到满量程,再逐级卸载到零,每级载荷需稳定 30 s 以上,记录正反行程中每级载荷下的应变读数到表 6.9 中。如此重复做 5 次。

表 6.9　传感器标定实验数据记录表

载荷/kN	第 1 次循环示值/($\mu m\cdot m^{-1}$)		第 2 次循环示值/($\mu m\cdot m^{-1}$)		第 3 次循环示值/($\mu m\cdot m^{-1}$)		第 4 次循环示值/($\mu m\cdot m^{-1}$)		第 5 次循环示值/($\mu m\cdot m^{-1}$)	
	正行程	反行程	正行程	反行程	正行程	反行程	正行程	反行程	正行程	反行程
0										

续表

载荷/kN	第1次循环示值/($\mu m \cdot m^{-1}$)		第2次循环示值/($\mu m \cdot m^{-1}$)		第3次循环示值/($\mu m \cdot m^{-1}$)		第4次循环示值/($\mu m \cdot m^{-1}$)		第5次循环示值/($\mu m \cdot m^{-1}$)	
	正行程	反行程	正行程	反行程	正行程	反行程	正行程	反行程	正行程	反行程

5)数据处理

①由表6.9中的数据,计算5次循环各校准点所有数据的平均值,按最小二乘法拟合直线,计算各校准点示值平均值与拟合直线的差值,找出其中的最大值 $\Delta Y_{L,max}$,按式(6.17)计算线性度,其中 $Y_{F \cdot s}$ 为校准结果中载荷为满量程的100%时示值的平均值。

②由表6.9中的数据,计算5次循环各校准点所有数据的平均值,按最小二乘法拟合直线,拟合直线的斜率即为灵敏度。

③由表6.9中的数据,计算5次循环中各相同校准正行程的示值平均值与反行程示值平均值的偏差,找出其中的最大值 $\Delta Y_{H,max}$,按式(6.19)计算滞后。

④由表6.9中的数据,计算5次循环中各相同校准正行程和反行程示值标准差,找出其中的最大值S_{max},按式(6.21)计算重复性。

6)实验报告要求

①简述实验目的、所用仪器、实验原理及实验的主要步骤。

②自行拟订实验结果处理表格,计算出线性度、滞后、重复性和灵敏度。

③实验结果分析。

6.9　光弹性观察实验

1)实验目的

①了解光弹性仪各部分的名称和作用,掌握光弹性仪的使用方法。

②观察光弹性模型受力后在偏振光场中的光学效应。

2)实验设备与模型

①光弹性仪一台。

②光弹性模型数个——梁、圆盘、圆环、桥拱、拉伸试件等。

3)基本原理概述

光弹性实验所使用的仪器为光弹性仪,一般由光源(包括单色光源和白光光源)、一对偏振镜、一对 1/4 波片以及透镜和屏幕等组成,其装置简图如图 6.19 所示。

光弹性实验中最基本的装置是平面偏振光装置,它主要由光源和一对偏振镜组成,靠近光源的一块称为起偏镜,另一块称为检偏镜,如图 6.20 所示。当两偏振镜轴正交时形成暗场,通常调整一偏振镜轴为竖直方向,另一为水平方向。当两偏振镜轴相互平行时,则呈亮场。

在正交平面偏振光场中,由双折射材料制成的模型受力后,使入射到模型的平面偏振光分解为沿各点主应力方向振动的两列平面偏振光,且其传播速度不同,通过模型后,产生光程差 Δ,此光程差与模型的厚度 h 及主应力差 $(\sigma_1 - \sigma_2)$ 成正比,即

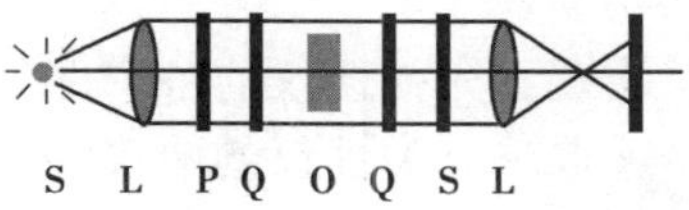

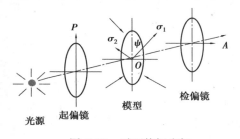

图 6.19　光弹性仪光路图
S—光源;P—起偏镜;O—模型;
L—透镜;Q—1/4 波片

$$\Delta = Ch(\sigma_1 - \sigma_2) \qquad (6.25)$$

其中,C 为比例系数,此式称为平面应力-光学定律。

当光程差为光波长 λ 的整数倍时,即

$$\Delta = N\lambda , N = 0,1,2,\cdots \qquad (6.26)$$

产生消光干涉,呈现暗点,同时满足光程差为同一整数倍波长的诸点,形成黑线,称为等差线,由式(6.25)和式(6.26)可得到

$$\sigma_1 - \sigma_2 = \frac{Nf}{h} \qquad (6.27)$$

其中,$f = \dfrac{\lambda}{c}$ 称为材料条纹值。由此可知,等差线上各点的主应力差相同,对应于不同的 N 值则有 0 级、1 级、2 级……等差线。

此外,在模型内凡主应力方向与偏振镜轴重合的点,也形成一暗黑的干涉条纹,称为等倾线,等倾线上各点的主应力方向相同,由等倾线可以确定各点的主应力方向。当二偏振镜轴分别为垂直、水平放置时,对应的为零度等倾线。这表明,等倾线上各点的主方向皆与基线(水平方向)成 0°夹角,此时若再将两个偏振镜轴同步反时针方向旋转 10°即得 10°等倾线,其上各点主应力方向与基线夹角为 10°,其他以此类推。

等差线和等倾线是光弹性实验要收集的两个必要的资料,据此可根据模型的受力特性计算其应力。

为了消除等倾线以便获得清晰的等差线图,在两偏振镜之间加入一对 1/4 波片,以形成正交圆偏振光场,各镜片的相对位置如图 6.21 所示。

图 6.20　平面偏振光场

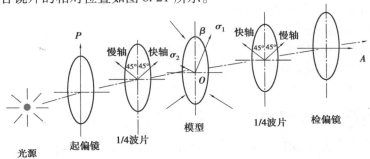

图 6.21　圆偏振光场

一般观测等差线时,首先采用白光光源,此时等差线为彩色,称为等色线,当 $N=0$ 时呈现黑色,等差线的级数即可根据零级确定,非零级条纹均为彩色,色序按黄红绿次序指示着主应差 $(\sigma_1-\sigma_2)$ 的增加,并以红绿之间的深紫色交线为整数条纹,在具体描绘等差线图时,可采用单色光如钠光,以提高测量精度。

4)实验步骤

①观看光弹性仪的各个部分,了解其名称和作用。

②取下光弹性仪的两块 1/4 波片,将二偏振镜轴正交放置,开启白光光源,然后单独旋转检偏振镜,反复观察平面偏振场光强变化情况,分析各光学元件的布置和作用,并正确布置出正交和平行两种平面偏振光场。

③调整加载机构,放入圆盘模型,使之对径受压,逐级加载,观察等差线与等倾线的形成。同步旋转两偏振镜轴,观察等倾线的变化及特点。

④在正交平面偏振场中加入两片 1/4 波片。先将一片 1/4 波片放入并转动至 45°,再将另一片 1/4 波片放入并转动使成暗场,即得双正交圆偏振光场,观察等差线的变化情况。

⑤熄灭白光,开启单色光源,观察模型中的等差线图,比较两种光源下等差线的区别和特点。

⑥换上其他 1～2 个模型,重复步骤③至⑤,观察在不同偏振光场和用不同光源情况下,模型内等差线和等倾线的特点和变化规律。

⑦关闭光源,取下模型,清理仪器、模型及有关工具。

5)实验报告要求

①绘出光弹性仪装置简图,简述各光学元件的作用。

②简要说明仪器调整过程,并绘出正交和平行平面偏振光场以及圆偏振光场布置简图。

③简述在不同偏振光场和不同光源下观察到的模型中的干涉条纹现象。

6.10　材料条纹值及应力集中系数的测定

1)实验目的

①利用拉伸试件测量材料条纹值 f。

②测定带孔拉伸试件受拉后的应力集中系数。

2)实验设备与模型

①光弹性仪一台,加载夹具一套。

②材料条纹值测试用带孔光弹性模型一个。

3)实验原理与方法

(1)材料条纹值 f 的测定

材料条纹值 f 是反映光源与材料性质的一个参数,它表示材料的灵敏度。f 的物理意义是当模型材料为单位厚度时,对应于某一定波长的光,产生一级等差线所需的主应力差值。由于 $f=\dfrac{\lambda}{c}$,它只与材料的应力光学系数和光源波长有关,而与模型的几何形状及受力方式无关。因此,可以通过应力有理论解的试件(如轴向拉伸、纯弯曲、径向受压圆盘等试件)标定出来。标定时,对应一定的外载,测出试件已知应力点的条纹级数 N,利用 $\sigma_1-\sigma_2=\dfrac{Nf}{h}$,便可算出 f 值。

$(\sigma_1-\sigma_2)$代表两个主应力之差,N 为条纹级数,h 为模型厚度。

本实验用轴向拉伸试件来标定f值。如图 6.22 所示。图中均匀拉伸段的理论应力值为

$$\sigma_1=\frac{P}{d_1h},\sigma_2=0\qquad(单向拉伸)$$

$$f=\frac{P}{Nd_1}\tag{6.28}$$

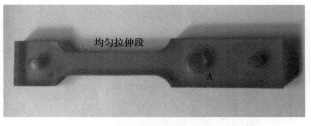

图 6.22　带孔拉伸试件

(2)应力集中系数 α_k 的测定

一般工程构件的截面尺寸并非均匀,往往有孔或缺口,造成局部削弱,在尺寸变化区域,引起应力局部急剧增大,此现象称为应力集中。如图 6.23 所示为具有中心圆孔的拉伸试件。图中画出了过孔中心的横向对称截面上的轴向应力分布。

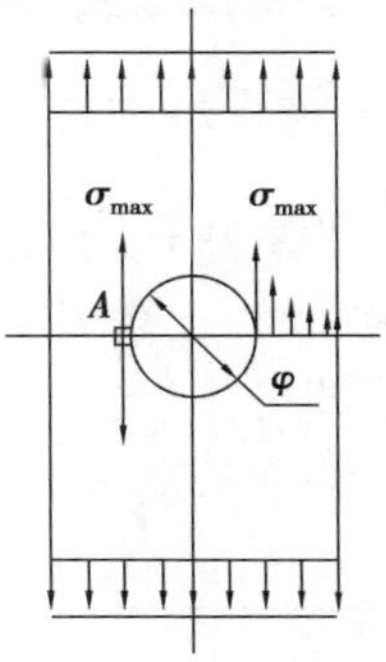

图 6.23　带孔拉伸试件应力分布

应力集中的程度可用应力集中系数 α_k 表示,当最大应力不超过光弹性材料比例极限时,应力集中系数定义为

$$\alpha_k=\frac{\sigma_{max}}{\sigma_n}\tag{6.29}$$

式中　σ_{max}——最大的边界应力;

σ_n——局部削弱截面的平均应力 $\sigma_n=\dfrac{P}{(d_2-\varphi)h_2}$,$h_2$ 为模型厚度。

本实验所采用的试件如图 6.23 所示,在孔边测得条纹级数 N(A 点的),则 $\sigma_{max}=N\dfrac{f}{h_2}$

名义应力 $\sigma_n=\dfrac{P}{F}=\dfrac{P}{(d_2-\varphi)h_2}$

应力集中系数为

$$\alpha_k=\frac{\sigma_{max}}{\sigma_n}=\frac{N\dfrac{f}{h_2}}{\dfrac{P}{(d_2-\varphi)h_2}}=\frac{Nf(d_2-\varphi)}{P}$$

即

$$\alpha_k=\frac{f}{P}(d_2-\varphi)N\tag{6.30}$$

式中　f——材料条纹值;

P——载荷;

N——条纹级数;

d_2——试件宽度;

φ——圆孔直径。

在实验中,取 N 为整数,$\Delta N=1$,测取相应的 P 值,而非给定 ΔP 逐级测取 N 值。这样便于实验,可避免给定 ΔP 后,可能出现非整数级条纹,不便测取。此法称为条纹级次法。

4)实验步骤

(1)测材料条纹值

①装夹试件,布置双正交偏振光场,开启光源。

图 6.24　试件上带孔区域

②逐渐加载,均匀拉伸段将发生颜色变化,按黄、红、蓝、绿顺序出现,当完成一个循环后又按此色序重复。规定红、蓝过渡色(绀色)为整数级条纹,当绀色第一次出现时,$N=1$;第二次出现时,$N=2$,以此类推。在记录时,先记 N,然后记下相应载荷 $P_1,P_2,P_3,\cdots$。进行数次后,每一组 N 值及 P 值可求得一个 f 值,然后求平均值即得材料条纹值。

(2)应力集中系数的测定

①把视线集中到试件上有孔的区域,并注意孔边区域的条纹,如图 6.24 所示。

②从 0 开始,加载至测点(A 点)出现第一级条纹 $N=1$,记录相应 P_1 值,再加载至出现第二级条纹,记录 P_2,以此类推。把每一组 N 及 P_2 代入式(6.30),分别算出 $\alpha_{n1},\alpha_{n2},\cdots$,取其平均值即可。

5)实验结果

表 6.10　条纹值测定记录表($d_1=$　mm)

条纹级数 N	载荷 P_i/kgf	条纹值 $f=\dfrac{P_i}{Nd_1}$	$f=\dfrac{\sum f_i}{n}$

表 6.11　应力集中系数测定记录表($d_2=$　mm　$\varphi=$　mm)

条纹级数 N	载荷 P_i/kg	$\alpha_{ki左}$	载荷 P_i/kg	$\alpha_{ki右}$	$\overline{\alpha}_{ki左}$	$\overline{\alpha}_{ki右}$	$\overline{\alpha}_k$

注:因加工的因素,试件左右两边的对称性尚不够好,故取 $\overline{\alpha}_{ki左},\overline{\alpha}_{ki右}$ 之平均值 $\overline{\alpha}_k=\dfrac{\overline{\alpha}_{ki左}+\overline{\alpha}_{ki右}}{2}$ 为应力集中系数。

6)计算机验算实验结果

上述两表,可直接用 Excel 绘制,单元格中有关计算的部分,使用 Excel 的计算功能。

6.11　对径受压圆盘的应力分析

1）实验目的

①利用圆盘对径受压测量材料条纹值 f。

②掌握剪应力差法,计算任意截面的应力分量,本实验计算水平直径的应力分布。

2）实验设备及模型

①对径受压圆盘一个, $h=5$ mm, $D=50$ mm。

②静态光弹仪一台。

3）实验原理

圆盘在对径受压力作用下的应力分析,是一个较典型的平面应力问题,由于模型和载荷都是对称的,在水平直径上没有剪应力,在圆心处,根据弹性力学理论解有

$$\begin{cases} \sigma_1 = \dfrac{2F}{\pi Dh} \\ \sigma_2 = -\dfrac{6F}{\pi Dh} \end{cases} \tag{6.31}$$

式中　F——载荷;

　　　D——圆盘直径;

　　　h——模型厚度。

由光弹性实验测得圆心处的等差线条纹级数 N,则有

$$\sigma_1 - \sigma_2 = \frac{Nf}{h} \tag{6.32}$$

将式(6.31)代入式(6.32)得

$$f = \frac{8F}{\pi DN} \tag{6.33}$$

圆心处时间边缘效应很小,用对径受压圆盘来测定材料的条纹值往往精度较高。

为了计算水平直径的应力,可采用剪应力差法,考虑受力的对称性,只取一辅助截面 AB,如图 6.25 所示。

AB 截面的剪应力为

$$(\tau_{xy}^{AB})_i = \frac{1}{2}\frac{N_i f}{h}\sin 2\theta_i \ (i=0,1,2,\cdots) \tag{6.34}$$

θ 为 x 轴与 σ_1 的夹角,并自 x 轴逆时针方向转到 σ_1 为正。

剪应力差为

$$(\Delta\tau_{xy})_i = 2(\tau_{xy}^{AB})_i \tag{6.35}$$

剪应力差的平均值为

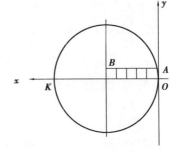

图 6.25　对径受压圆盘

$$\left[\Delta\tau_{xy}\right]^i_{i-1} = \frac{(\Delta\tau_{xy})_{i-1} + (\Delta\tau_{xy})_i}{2} \tag{6.36}$$

OK 截面上的剪应力为

$$(\tau^{OK}_{xy})_i = 0 \tag{6.37}$$

OK 截面上的正应力为

$$(\sigma_x)_i = (\sigma_x)_{i-1} - \left[\Delta\tau_{xy}\right]^i_{i-1}\frac{\Delta x}{\Delta y} \qquad i = 0,1,2,\cdots \tag{6.38}$$

$\Delta x, \Delta y$ 方向与坐标轴方向一致时为正,反之为负。$(\sigma_x)_0$ 为边界应力值。

$$(\sigma_y)_i = (\sigma_x)_i - \frac{Nf}{h}\cos 2\theta_i \tag{6.39}$$

4) 实验步骤

①材料条纹值 f 的测取。

②AB、OK 截面上各点的等倾线及等差线测量。

③计算 OK 截面各点剪应力及正应力,绘制应力分布曲线。

④实验记录及计算表(表 6.12)。

表 6.12　实验记录、计算表

点号	N_i	θ_i	$(\tau^{AB}_{xy})_i$	$(\Delta\tau_{xy})_i$	$\left[\Delta\tau_{xy}\right]^i_{i-1}$	$\left[\Delta\tau_{xy}\right]^i_{i-1}\frac{\Delta x}{\Delta y}$	点号	$(\sigma_x)_i$	N_i	θ_i	$(\sigma_y)_i$
0							0				
1							1				
2							2				
3							3				
4							4				
5							5				

⑤静力平衡校核。

内力的合力可根据 σ_y 曲线所包围的面积求得,近似为

$$F' = 2h\Delta x\left[\frac{1}{2}(\sigma_y)_0 + (\sigma_y)_1 + (\sigma_y)_2 + (\sigma_y)_3 + (\sigma_y)_4 + \frac{1}{2}(\sigma_y)_5\right] \tag{6.40}$$

与外力比较的误差为

$$\delta = \frac{F' - F}{F} \times 100\% \tag{6.41}$$

⑥与弹性力学计算结果比较。

由弹性力学可解得对径受压圆盘水平直径各点的应力为

$$\sigma_x = \frac{2F}{\pi Dh}\left(\frac{1 - 4\xi^2}{1 + 4\xi^2}\right)^2, \quad \sigma_y = \frac{2F}{\pi Dh}\left(1 - \frac{4}{(1 + 4\xi^2)^2}\right) \tag{6.42}$$

其中 $\xi = \dfrac{x'}{D}$,x' 的原点在圆心。

表 6.13   理论与实验结果比较

点号	0	1	2	3	4	5
$\xi = \dfrac{x'}{D}$	0.5	0.4	0.3	0.2	0.1	0.0
$(\sigma_x)_{i理}$						
$(\sigma_x)_{i实}$						
误差						

习　题

1. 设某个被测应变计灵敏系数测定数据如下：$k_1 = 2.10$，$k_2 = 2.00$，$k_3 = 2.11$，$k_4 = 2.12$，$k_5 = 2.12$，$k_6 = 2.13$，$k_7 = 2.13$，$k_8 = 2.13$，$k_9 = 2.13$，$k_{10} = 2.13$，$k_{11} = 2.13$，$k_{12} = 2.14$，$k_{13} = 2.14$，$k_{14} = 2.14$，$k_{15} = 2.19$，试按照拉依达准则和格拉布斯准则确定是否存在异常数据。

2. 计算下列一组测量值的算术平均值、标准偏差和变异系数：$n = 15$，$x_1 = 8.60$，$x_2 = 9.46$，$x_3 = 9.70$，$x_4 = 9.76$，$x_5 = 9.78$，$x_6 = 9.87$，$x_7 = 9.95$，$x_8 = 10.06$，$x_9 = 10.10$，$x_{10} = 10.18$，$x_{11} = 10.20$，$x_{12} = 10.39$，$x_{13} = 10.48$，$x_{14} = 10.63$，$x_{15} = 11.21$。

3. 请给出下面算式的计算过程和结果：$34.85 - 15.826 + 11.3 = ?$

4. 请按修约间隔分别为 1，5，10，对下列数据进行修约：576.500，512.5，514.62，512.500 1，577.500，517.500 1。

5. 请给出下面一组数据的一元线性回归方程，取显著水平 $\alpha = 0.05$，对其进行相关系数检验。

表1　测试数据

x_i	10	20	30	40	50	60	70	80
y_i	100	182	325	385	512	630	705	832

6. 试述电阻应变测量技术的基本原理、测试流程及优缺点。

7. 电阻应变计的工作原理是什么？它由哪几部分组成？

8. 试简述应变计灵敏系数的测定原理、方法及主要步骤。

9. 用等强度梁测定一批应变计的灵敏系数，共抽测 10 枚。如习题图 1 所示，加荷载 P 后，由三点挠度计测跨中挠度 $f = 0.910$ mm，挠度计跨度 $L = 200$ mm，梁厚度 $h = 10.00$ mm，用静态电阻应力仪测得各应变计应变读数 $\varepsilon_仪$ 如表 2 所列，应变仪灵敏系数 $K_仪 = 2.00$，试确定该批应变计灵敏系数平均值及相对标准误差。

表2　各应变计应变读数 $\varepsilon_仪$

应变计号	1	2	3	4	5	6	7	8	9	10
$\varepsilon_仪/(\mu m \cdot m^{-1})$	920	935	940	930	927	921	919	924	930	928

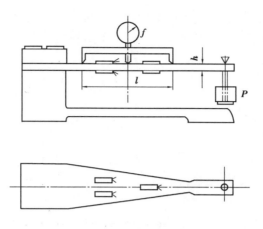

习题图 1　等强梁装置及三点挠度计示意图

10. 一金属应变计($R = 120\ \Omega, K = 2.00$)粘贴在轴向拉伸试件表面,应变计轴线与试件轴线平行,试件材料为碳钢,弹性模量 $E = 2.00 \times 10^5$ MPa,若加载到应力 $\sigma = 200$ MPa,试求应变计电阻值的变化 ΔR。若加载更大,应变达 3 000 μm/m,问应变计电阻值变化 ΔR 为多大?

11. 将应变计分别粘贴在拉伸试件轴向和横向上,如习题图 2 所示,加载后分别由应变仪测得轴向和横向应变读数为 $\varepsilon_{d1} = 980\ \mu$m/m 和 $\varepsilon_{d2} = -290\ \mu$m/m,$K_{仪} = 2.00$,已知应变计在 $\mu_0 = 0.290$ 泊松比的标定梁上测得灵敏系数 $K = 2.18$,应变计横向效应系数 $H = 3.0\%$,试确定该试件材料的泊松比,如不计应变计的横向效应,将引起多大的误差?

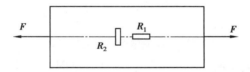

习题图 2　测量材料的泊松比示意图

12. 如习题图 3 所示粘贴于拉伸试件上的 4 个应变计,有(a)、(b)、(c)、(d)4 种可能的接桥方法(R 为固定电阻)。试求(b)、(c)、(d)3 种接法的电桥输出电压对接法(a)输出电压的比值(不计温度效应)。

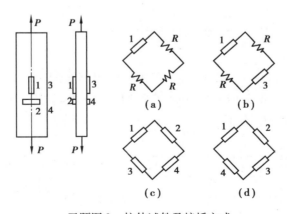

习题图 3　拉伸试件及接桥方式

13. 如习题图 4 所示悬臂梁已粘贴 4 枚相同的应变计,在力 P 作用下,应如何接成桥路才能分别测出弯曲产生的应变和拉压产生的应变,并力求输出信号较大(不计温度效应,并可接固定电阻)。

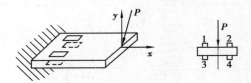

习题图 4　悬臂梁受力及贴片示意图

14. 应变电桥如习题图 5 所示,R_1,R_2 为应变计($R=120\ \Omega,K=2.00$),若分别并联 $R_a=1.50\times10^6\ \Omega,R_b=1.00\times10^6\ \Omega$ 和 $R_C=0.50\times10^5\ \Omega$,问各相当于产生多大应变?

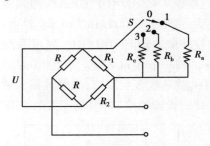

习题图 5　应变电桥并联电阻示意图

15. 一等强度梁上、下表面各粘贴一枚应变计,如习题图 6 所示,$R=120\ \Omega,K=2.10$,已知梁长 $L=300\ \text{mm}$,厚 $h=5\ \text{mm}$,根部宽度 $b=40\ \text{mm}$,梁弹性模量 $E=2.00\times10^5\ \text{MPa}$,载荷 $P=100\ \text{N}$,试计算:①应变计电阻变化量 ΔR;②当 R_1,R_2 接成半桥,桥压 $U=3\ \text{V}$ 时,电桥输出电压 ΔU。

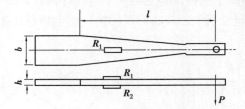

习题图 6　等强度梁及布片方式

16. 如习题图 7 所示矩形截面的悬臂梁,F 作用在 xoy 纵向平面内,有一偏心距 e,已知材料的弹性模量 E,问如何贴片、组桥方可测出偏心距 e 及力 F 的大小。

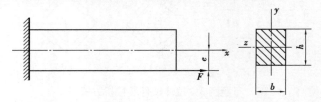

习题图 7　偏心受拉悬臂梁

17. 拐臂结构受载如习题图 8 所示,设几何尺寸,材料常数均已知,试分析能分别测出载荷 F_x,F_Y,F_Z 的贴片和组桥方案,力求用最少的应变计且有较高的输出灵敏度,分别写出 F_x,F_Y,F_Z 与读数应变 ε_d 的关系式。

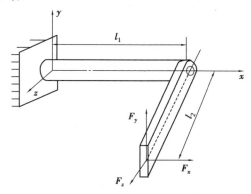

习题图 8　拐臂结构

18. 用一组直角(三栅)应变花测得构件上某点处沿 3 个方向的应变分别为 $\varepsilon_0 = 450$ μm/m,$\varepsilon_{45} = -300$ μm/m,$\varepsilon_{90} = -250$ μm/m,设已知钢材料的弹性模量 $E = 2.05×10^5$ MPa,泊松比 $\mu = 0.30$。试计算该测点处的主应力和主方向角(与 0°方向夹角)。

19. 用一组等角应变花测得构件上某点沿 3 个方向的应变分别为 $\varepsilon_0 = 600$ μm/m,$\varepsilon_{60} = -200$ μm/m,$\varepsilon_{120} = 100$ μm/m,已知构件铝弹性模量 $E = 7.50×10^4$ MPa,$\mu = 0.30$,试计算主应变、主应力和主方向角。

20. 试简述高温电阻应变计灵敏系数随温度变化特性的测定方法和主要步骤。

21. 试简述高温电阻应变计热输出曲线的测定方法和主要步骤。

22. 试述高压液下应变测量的特殊问题。

23. 传感器静态特性有哪些重要指标? 它们的定义是什么?

24. 设计一个测量载荷 P 的传感器,它由悬臂梁和贴在它上面的应变片组成,确定应变片数量及在梁上的布置方式,使它与惠斯通电桥连接时,能得到灵敏度最大且与作用在梁右半部分任何位置(见习题图 9)上的载荷成比例地输出。

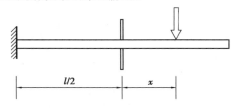

习题图 9　悬臂梁式载荷传感器

25. 某测力传感器的标定数据见表 3,试求该传感器的线性度、滞后和灵敏度。

表 3　测力传感器数据

载荷 P/kN	应变仪读数 $\varepsilon_仪$/(μm·m^{-1})	
	正行程	反行程
0	0	3

续表

载荷 P/kN	应变仪读数 $\varepsilon_仪/(\mu\text{m} \cdot \text{m}^{-1})$	
	正行程	反行程
2	401	405
4	800	805
6	1 202	1 208
8	1 605	1 608
10	2 010	2 010

26. 试述光弹性实验的基本原理和优缺点。

27. 什么是光弹性实验中的等差线？什么是等倾线？

28. 圆偏振布置中,当起偏镜与检偏镜振轴互相平行时,按双正交圆偏振布置同样的方法推导出通过检偏镜后的光强表达式。

29. 某1/4 波片,对 $\lambda = 5\,480\text{Å}$ 的光波,产生相位差为 $\pi/2$,如采用 $\lambda = 5\,893\text{Å}$ 的光波,产生相位差为多少？

30. 试述数字图像相关技术的基本原理。

参考文献

[1] 张如一,陆耀桢. 实验应力分析[M]. 北京:机械工业出版社,1981.

[2] 计欣华,邓宗白,鲁阳,等. 工程实验力学[M]. 北京:机械工业出版社,2005.

[3] 盖秉政. 实验力学[M]. 哈尔滨:哈尔滨工业大学出版社,2006.

[4] 天津大学材料力学教研室光弹组. 光弹性原理及测试技术[M]. 北京:科学出版社,1980.

[5] 张如一,沈观林,李朝弟. 应变电测与传感器[M]. 北京:清华大学出版社,1999.

[6] 吴宗岱,陶宝祺. 应变电测原理及技术[M]. 北京:国防工业出版社,1982.

[7] 马良埕,冯仁贤,徐德炳,等. 应变电测与传感技术[M]. 北京:中国计量出版社,1993.

[8] 张如一,沈观林,潘真微. 实验应力分析实验指导[M]. 北京:清华大学出版社,1982.

[9] 范钦珊,王杏根,陈巨兵,等. 工程力学实验[M]. 北京:高等教育出版社,2006.

[10] 贾有权. 材料力学实验[M]. 北京:人民教育出版社,1964.

[11] 张天军,韩江水,屈钧利. 实验力学[M]. 西安:西北工业大学出版社,2008.

[12] 刘雯雯,侯建华,王志. 实验力学[M]. 北京:中国建筑工业出版社,2018.

[13] 中国认证认可协会. 检验检测机构人员通用基础知识培训教材[M]. 北京:中国质检出版社,2017.

[14] 陈巨兵,林卓英,余征跃. 工程力学实验教程[M]. 上海:上海交通大学出版社,2007.

[15] 费业泰. 误差理论与数据处理[M]. 5 版. 北京:机械工业出版社,2004.

[16] 中华人民共和国国家质量监督检验检疫总局. 测量不确定度评定与表示:JJF 1059.1—2012[S]. 北京:中国标准出版社,2013.

[17] 刘延柱,陈文良,陈立群. 振动力学[M]. 北京:高等教育出版社,1998.

[18] 中华人民共和国国家质量监督检验检疫总局. 传感器主要静态性能指标计算方法:GB/T 18459—2001[S]. 北京:中国标准出版社,2004.

[19] 中华人民共和国国家质量监督检验检疫总局,中国国家标准化管理委员会. 金属粘贴式电阻应变计:GB/T 13992—2010[S]. 北京:中国标准出版社,2011.

[20] 中华人民共和国国家质量监督检验检疫总局,中国国家标准化管理委员会. 压力传感器性能试验方法:GB/T 15478—2015[S]. 北京:中国标准出版社,2016.

[21] 中华人民共和国国家质量监督检验检疫总局,中国国家标准化管理委员会. 数值修约规则与极限数值的表示和判定:GB/T 8170—2008[S]. 北京:中国标准出版社,2009.

［22］中华人民共和国国家质量监督检验检疫总局. 力传感器:JJG 391—2009［S］. 北京:中国计量出版社,2010.

［23］中华人民共和国国家质量监督检验检疫总局. 压力传感器(静态):JJG 860—2018［S］. 北京:中国质检出版社,2015.

［24］中华人民共和国国家质量监督检验检疫总局,中国国家标准化管理委员会. 数据的统计处理和解释 正态样本离群值的判断和处理:GB/T 4883—2008［S］. 北京:中国标准出版社,2009.

［25］SHARPE W N. Springer handbook of experimental solid mechanics［M］. Boston,MA:Springer Science+Business Media,2008.

［26］戴福隆,沈观林,谢惠民. 实验力学［M］. 北京:清华大学出版社,2010.

［27］杨福俊,何小元,陈陆捷. 现代光测力学与图像处理［M］. 南京:东南大学出版社,2015.

［28］尹协振,续伯钦,张寒虹. 实验力学［M］. 北京:高等教育出版社,2012.

［29］PETERS W H,RANSON W F. Digital imaging techniques in experimental stress analysis［J］. Optical Engineering,1982,21(3):427.

［30］SUTTON M A,WOLTERS W J,PETERS W H,et al. Determination of displacements using an improved digital correlation method［J］. Image and Vision Computing,1983,1(3):133-139.

［31］SUTTON M A,MCNEILL S R,JANG J,et al. Effects of subpixel image restoration on digital correlation error estimates［J］. Optical Engineering,1988,27(10):1070.

［32］SUTTON M A,CHENG M Q,PETERS W H,et al. Application of an optimized digital correlation method to planar deformation analysis［J］. Image and Vision Computing,1986,4(3):143-150.

［33］BRUCK H A,MCNEILL S R,SUTTON M A,et al. Digital image correlation using Newton-Raphson method of partial differential correction［J］. Experimental Mechanics,1989,29(3):261-267.

［34］SUTTON M,CHAO Y. Measurement of strains in a paper tensile specimen using computer vision and digital image correlation. I:Data acquisition and image analysis system［J］. Tappi Journal,1988,71:173-175.

［35］CHAO Y J,SUTTON M A. Measurement of strains in a paper tensile specimen using computer vision and digital image correlation［J］. Tappi Journal,1988,71(4):153-156.

［36］SCHREIER H W,BRAASCH J R,SUTTON M A. Systematic errors in digital image correlation caused by intensity interpolation［J］. Optical Engineering,2000,39(11):2915-2921.

［37］HELM J D,SUTTON M A,MCNEILL S R. Deformations in wide,center-notched,thin panels, part Ⅰ:Three-dimensional shape and deformation measurements by computer vision［J］. Optical Engineering,2003,42(5):1293-1305.

［38］HELM J D,SUTTON M A,MCNEILL S R. Deformations in wide,center-notched,thin panels, part Ⅱ:Finite element analysis and comparison to experimental measurements［J］. Optical Engineering,2003,42(5):1306-1320.

［39］LUO P F,CHAO Y J,SUTTON M A. Application of stereo vision to three-dimensional deformation analyses in fracture experiments［J］. Optical Engineering,1994,33(3):123-133.

［40］ LUO P F, CHAO Y J, SUTTON M A, et al. Accurate measurement of three-dimensional deformations in deformable and rigid bodies using computer vision［J］. Experimental Mechanics, 1993,33(2):123-132.

［41］ HELM J D. Improved three-dimensional image correlation for surface displacement measurement［J］. Optical Engineering,1996,35(7):1911-1920.

［42］ SUTTON M A, YAN Y J, TIWARI V. The effect of out of plane motion on 2D and 3D digital image correlation measurements［J］. Optical Engineering,2008,46(10):746-757.